技能等级认定指导丛书

电工（高级工）

主　　编　金凌芳

副主编　林存元　冯启荣

参　　编　华文珠　魏克辉　王树亮　盛继华
　　　　　薛　礼　徐同盟　宗伟强

主　　审　杨国强　丁宏亮

机械工业出版社

本书按项目化教程进行开发，采用任务驱动编写模式，体现"工作中学习""学习中工作"一体化教学理念。项目 1~项目 6 对应《国家职业技能标准 电工》中操作技能考核的 6 大模块，每个项目有 6 个任务，每个任务分任务描述、任务分析、任务准备、任务实施、任务评价、任务拓展6 个栏目。项目 7 是电工高级工认定考核方式解读，介绍理论知识考核和操作技能考核的要素细目、试卷结构、题型题量、考核的重点内容等。

本书可作为电工高级工职业技能等级认定的参考用书，也可作为技工院校、职业院校和各种短训班的培训教材。

图书在版编目（CIP）数据

电工：高级工／金凌芳主编 . -- 北京 ：机械工业出版社，2025. 3. --（技能等级认定指导丛书）.
ISBN 978-7-111-77807-3

Ⅰ. TM
中国国家版本馆 CIP 数据核字第 202529U6W3 号

机械工业出版社（北京市百万庄大街 22 号　邮政编码 100037）
策划编辑：王振国　　　　　　责任编辑：王振国　章承林
责任校对：贾海霞　牟丽英　　封面设计：张　静
责任印制：常天培
固安县铭成印刷有限公司印刷
2025 年 5 月第 1 版第 1 次印刷
184mm×260mm · 19 印张 · 470 千字
标准书号：ISBN 978-7-111-77807-3
定价：59. 80 元

电话服务　　　　　　　　　　网络服务
客服电话：010-88361066　　　机 工 官 网：www.cmpbook.com
　　　　　010-88379833　　　机 工 官 博：weibo. com/cmp1952
　　　　　010-68326294　　　金 书 网：www.golden-book. com
封底无防伪标均为盗版　　机工教育服务网：www.cmpedu. com

《国家职业技能标准 电工》（2018 年版）从内容上增加了考核模块，强调了新技术的应用，从考核形式上要求体现实际操作和理论知识的有机结合，无疑增加了新标准执行的难度。2020 年 3 月浙江省人力资源和社会保障厅出台了《关于在技工院校开展职业技能等级认定试点工作的通知》，规定"在试点期间，经备案的技工院校可对本校学生开展职业技能等级认定工作""技工院校开展职业技能等级认定的，按'谁备案，谁监管'的原则"，从原先的职业资格鉴定改为职业技能等级认定，实施过程中各单位对新标准的执行和实施产生了很多困惑。鉴于以上原因，2021 年初，浙江省技工院校电工电子中心教研组以电工高级工为试点切口，按照新版《国家职业技能标准 电工》，联合各地市相关技工院校和企业共同来开发教程及题库，旨在全面提升高技能人才的培养和认定质量。

本书紧扣国家职业技能标准，是面向职业院校和培训机构教学职业技能等级认定而开发的指导用书，书中提供了职业技能等级认定的学习方向和准备范围，对参加电工高级工培训和职业技能等级认定的广大读者有着重要的参考价值，是每一位有志于提升电工专业技术技能的人员必备的指导用书。

本书特别适用于各职业院校和培训机构开展工学一体化教学、模块化考核和过程化评价，建议教材使用要结合在各校专业教学计划的修改制定中，结合在相关专业课的教学改革中，结合在教学实训、考核设备的升级改造中。

本书由浙江省技工院校电工电子中心教研组组织编审。金凌芳任主编，林存元、冯启荣任副主编，项目 1 由冯启荣、宗伟强编写，项目 2 由薛礼、金凌芳编写，项目 3 由林存元、金凌芳编写，项目 4 由徐同盟、魏克辉编写，项目 5 由盛继华、华文珠编写，项目 6 由金凌芳、王树亮编写，项目 7 由华文珠、金凌芳编写。杨国强、丁宏亮任主审，参与审稿的人员还有蒋海忠、周永宁、曹自强、林吉军、张效南、李吉军、郭张平。本书的编写得到浙江省职业技能教学研究所、浙江省技能人才评价管理服务中心领导的大力支持和悉心指导，在此表示衷心的感谢。

由于时间仓促和水平有限，书中难免有不足之处，恳请各使用单位和读者提出宝贵意见和建议。

编 者

目 录 / CONTENTS

继电控制电路装调维修

任务 1　T68 型镗床电气控制电路的测绘

任务描述

某企业一台 T68 型镗床因年久失修，电气技术图样全部丢失，现要求学生对其电气控制电路进行逐步测量和绘制，具体要求如下：

1）测绘 T68 型镗床主轴电动机 M1 正转低速运行控制电路的安装接线图。

2）按国家标准电气符号测绘 T68 型镗床主轴电动机 M1 正转低速运行控制电路的电气原理图，并简述所测绘电路的工作原理。

3）列出所测绘电路部分的元器件明细表。

4）正确使用电工工具及仪表进行测绘。

5）遵守电气安全操作规程和环境保护规定。

6）额定工时：40min。

任务分析

T68 型镗床是一种精密加工卧式机床，主要用于加工精度要求高的孔或孔与孔间距要求精确的工件，即用来进行钻孔、扩孔、铰孔、镗孔等，使用一些附件后可以车削圆柱表面、螺纹，装上镗刀还可以进行铣削。继电控制电路的测绘是维修机床电路的一项基本技能，学习继电控制电路的测绘，要具备电工操作的基础知识和基本技能，熟悉常见低压电器，会分析电气基本控制电路。通过学习本任务，要熟悉测绘继电控制电路的一般步骤、方法和注意事项，结合 T68 型镗床的结构和运动形式，从局部测绘到整机测绘，从单一功能实现到整体功能实现，逐步完善，需要操作者具有耐心细致和独立思考的品质。

任务准备

一、知道 T68 型镗床的主要结构及运动形式

T68 型镗床的外形如图 1-1-1 所示。T68 型镗床主要由床身、主轴箱、前立柱、带尾座的

图 1-1-1　T68 型镗床的外形

后立柱、下溜板、上溜板、工作台等部分组成。

　　T68 型镗床的结构示意图如图 1-1-2 所示。T68 型镗床的床身是一个整体铸件，床身的一端固定前立柱，其上的垂直导轨上装有主轴箱。主轴箱可沿着导轨垂直移动，里面装有主轴、变速箱、进给箱和操纵机构等部件。切削刀固定在主轴前端的锥形孔里或装在花盘的刀具溜板上，在工作时，主轴一边旋转，一边沿轴向做进给运动。花盘只能旋转，其上的刀具溜板可做垂直于主轴轴线方向的径向进给运动。主轴和花盘主轴通过单独的传动链传动，因此可以独立运动。

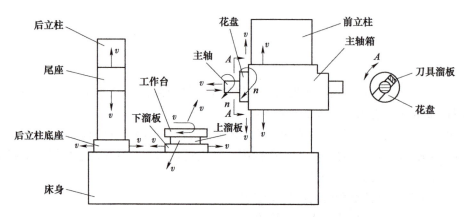

图 1-1-2　T68 型镗床的结构示意图

　　床身的另一端固定后立柱，后立柱上装有尾座，用来支承装夹在主轴上的主轴杆末端，它与主轴箱同时升降，两者的轴线始终在同一直线上。后立柱可沿床身导轨在主轴的轴线方向调整位置。

　　安装工件的工作台安置在床身中部的导轨上，它由上溜板、下溜板和可转动的台面组成，工作台可沿平行和垂直于主轴轴线的方向移动，并可以转动。

　　T68 型镗床的运动形式：

　　1）主运动：镗床主轴的旋转运动和花盘的旋转运动。

　　2）进给运动：镗床主轴的轴向进给，花盘上刀具溜板的径向进给，主轴箱的垂直进给，工作台的横向进给和纵向进给。

　　3）辅助运动：镗床工作台的回转，后立柱的轴向水平移动，尾座的垂直移动及各部分的快速移动等。

二、明确机床电气控制电路测绘的步骤

　　1）了解机床的主要结构、运动形式、使用和维修记录。

　　2）测绘工具和测绘仪器等的准备。

　　3）通电试运行，进一步熟悉机械运动情况。

　　4）草图的测绘。草图的测绘原则：先测绘主电路，再测绘控制电路；先测绘输入端，后测绘输出端；先测绘主干线，再依次按节点测绘各支路；先简单后复杂，最后要对每条电路逐一进行校验。

5）整理测绘草图。测绘出正规的安装接线图和电气原理图。

三、掌握电气测绘的方法

1. 电气绘制的基本分类

电气测绘通常分为整体测绘和局部测绘两类，工作任务不同，所采用的电气测绘方式和适用范围也不尽相同，在工作中应当根据实际情况灵活选择。

1）整体测绘。因电气维护和整理技术资料等工作的需要而对电气控制系统进行的测绘，称为整体测绘，比如，在实际工作实践中，有时需要面对无任何技术资料，且该设备在企业中的地位又比较重要的情况，这时，就应当在设备的基本状态比较完好的情况下，对该设备进行一次全面的电气测绘，即整体测绘。

2）局部测绘。对实际维护工作中遇到的技术资料部分缺损或变更后技术资料不准确的情况，通常只是有目的地对某一部分或某个环节进行测绘，称为局部测绘。从实际测绘的需要来看，局部测绘应用较多。

2. 测绘安装接线图

确保所有元器件处于正常（断电）状态。按实物画出设备的电气布置图，一般分为控制柜、电动机和设备本体上的电器，根据测绘出的电气布置图画出所有电器的内部功能示意图，在所有接线端子处均标号，测绘出安装接线图。

测绘安装接线图应注意以下几点：

1）安装接线图应表示电气元件的实际位置，同一个电气元件应画在一起。

2）安装接线图要表示出电动机、电器之间的电气连接。凡是走向相同的可以合并画成单线。控制柜内和控制柜外各元器件之间是通过接线端子排来进行电气连接的。

3）安装接线图中元器件的图形和文字符号，以及端子排上的编号应与电气原理图一致，以便于对照检查。

4）安装接线图应标明走线管的型号、规格、尺寸和导线根数。

5）测绘时应先从主电路开始，测绘出主电路的安装接线图，然后再测绘控制电路的安装接线图。

3. 测绘电气原理图

根据主电路的安装接线图测绘电气原理草图。测绘时要按照电路草图测绘原则进行测绘，测绘完成之后按实物进行编号。将测绘好的电气原理草图对照实物进行操作，检查是否与实际电路动作情况相符。如果与实际情况相符，在图纸上画出正规电气原理图，测绘完成。如果不相符，需进行修改，直至与实际电路动作情况相符。

四、牢记电气测绘的注意事项

1）电气测绘前要切断被测设备或装置电源，做到无电测绘。如果确需带电测绘，要做好防范措施。

2）要避免大拆大卸，对拆下的线头要做好标记。

3）两人测绘时要由一人指挥，以协调一致防止事故发生。

4）测绘过程中，如确需开动机床或设备，要断开执行元件或请熟练的操作工操作，同时要有人监护。对于可能发生的人身或设备事故要有防范措施。

5）测绘过程中如果发现有掉线或接错线的情况，首先做好记录，然后继续测绘，待电路图测绘完成后再作处理。切记不要把掉线随意接在某个元器件上，以免发生更大的电气事故。

五、准备测绘工具、仪表

1）场地准备。场地准备由学校指导教师或实训管理员组织实施，具体内容见表 1-1-1。

表 1-1-1　场地准备清单

序号	名称	型号与规格	单位	数量
1	机床电气控制电路测绘设备	T68 型镗床或相关模拟设备柜	台	1
2	测绘所用材料	设备使用记录本、连接线等	套	1
3	三相四线制电源	~3×380/220V、20A	处	1
4	兆欧表	500V、0~200MΩ	台	1
5	钳形电流表	0~50A	块	1
6	黑胶带	自定	卷	1
7	演草纸	自定	张	1

2）学生准备。学生准备测绘相关的工量具、仪表和文具等，具体内容见表 1-1-2。

表 1-1-2　学生准备清单

序号	名称	型号与规格	单位	数量
1	万用表	自定	块	1
2	电工通用工具	验电笔、钢丝钳、螺丝刀（包括十字槽螺丝刀、一字槽螺丝刀）、电工刀、尖嘴钳、活扳手等	套	1
3	圆珠笔或铅笔	自定	支	1
4	绘图工具	自定	套	1
5	劳保用品	绝缘鞋、工作服等	套	1

📝 任务实施

1. 组建工作小组

任务实施以小组为单位，将学生分为若干个小组，每个小组 2~3 人，每个小组中推举 1 名小组负责人，负责组织小组成员制订工作计划、实施工作计划、汇报工作成果等。

2. 制订工作计划

根据任务要求、工作流程和小组成员的分工，小组讨论制订合理的工作计划，并填写表 1-1-3。

表 1-1-3　工作计划表

序号	工作内容	计划工时	任务实施者

3. 绘图并叙述工作原理

1）在演草纸上测绘 T68 型镗床主轴电动机 M1 正转低速运行控制电路的安装接线图。

2）在演草纸上测绘 T68 型镗床主轴电动机 M1 正转低速运行控制电路的电气原理图。

3）叙述所测绘电路部分的工作原理。

4. 列出所测绘电路部分的元器件明细表

根据所测绘 T68 型镗床电气原理图中的元器件符号，写出元器件名称，查找相应型号、规格等，填写在表 1-1-4 中。

表 1-1-4　元器件明细表

序号	符号	名称	型号与规格	单位	数量
1					
2					
3					
4					
5					
6					
7					
8					
9					
10					
11					
12					
13					
14					
15					
16					
17					
18					
19					

📝 任务评价

按照表1-1-5中的考核内容及评分标准进行自评、互评和师评。

表1-1-5　考核评价表

序号	考核内容	考核要求	评分标准	配分	自评	互评	师评
1	工作准备	工作准备充分	1. 缺少万用表等测量仪表，每缺一样扣2分 2. 缺少绘图文具，每缺一样扣2分	10分			
2	电气元件连接	根据电气柜上的电气元件在规定时间内测绘出电气原理图	1. 测绘的元器件图形符号与电气原理图不符，每处扣5分 2. 连线错误，每处扣5分	30分			
3	电气元件标注	根据电气柜上的电气元件正确标注其文字符号及参数	1. 文字符号标注错误或漏标，每处扣3分 2. 参数标注错误或漏标，每处扣5分，扣完为止	25分			
4	工作原理描述	根据电气原理图写出工作原理	1. 工作原理与实际电路完全不符，扣10分 2. 工作原理部分不正确、不完整，每处扣2分，扣完为止	10分			
5	元器件清单填写	正确完整地填写元器件清单	1. 元器件型号和规格错填、漏填，每处扣1分，扣完为止 2. 元器件符号、名称、数量等错填、漏填，每处扣0.5分，扣完为止	10分			
6	文明操作规范	操作符合安全操作规程，穿戴劳保用品	违规操作，视情节严重性扣1~6分	6分			
		考试完毕清理现场、整理工具	未清理现场，工具摆放不整齐，扣1~6分	6分			
		线槽盖等要装回原位	线槽盖未安装，每处扣1分，扣完为止；其他未恢复原样的，每处扣1分	3分			
7	是否按规定时间完成	考核时间是否超时	本项目不配分，如有延时情况，每延时1min扣2分，总延时不得超过10min				
合计				100分			

否定项说明

若学生发生下列情况之一，则应及时终止其考试，学生该试题成绩记为0分：

（1）考试过程中出现严重违规操作导致设备损坏

（2）违反安全文明生产规程造成人身伤害

📝 任务拓展

1）测绘 T68 型镗床电气控制电路主电路中主轴电动机 M1 的电路。

2）测绘 T68 型镗床电气控制电路中的主轴变速及进给变速控制电路。

任务 2　X62W 型铣床电气控制电路的测绘

📝 任务描述

某企业一台 X62W 型铣床因年久失修，电气技术图样全部丢失，现要求学生对其电气控制电路进行逐步测量和绘制，具体要求如下：

1）测绘 X62W 型铣床电气控制电路中主轴电动机 M1 的起动、主轴制动、冲动控制电路的安装接线图。

2）按国家标准电气符号测绘 X62W 型铣床电气控制电路中主轴电动机 M1 的起动、主轴制动、冲动控制电路的电气原理图，并简述所测绘电路的工作原理。

3）列出所测绘电路部分的元器件明细表。

4）正确使用电工工具及仪表进行测绘。

5）遵守电气安全操作规程和环境保护规定。

6）额定工时：40min。

📝 任务分析

铣床是一种通用的多用途机床，它可以用圆柱形铣刀、角度铣刀、成形铣刀、面铣刀等刀具对各种零件进行平面、斜面、螺旋面及成形面的加工，还可以加装万能铣头、分度头和圆工作台等机床附件来扩大加工范围。通过学习本任务，要进一步明确测绘继电控制电路的一般步骤、方法和注意事项，结合 X62W 型铣床的结构和运动形式，从局部测绘到整机测绘，从单一功能实现到整体功能实现，逐步完善，需要操作者具有耐心细致和独立思考的品质。

📝 任务准备

一、知道 X62W 型铣床的主要结构及运动形式

X62W 型铣床的外形如图 1-2-1 所示。X62W 型铣床主要由床身、主轴、刀杆、横梁、工作台、回转盘、横溜板和升降台等部分组成。X62W 型铣床的结构示意图如图 1-2-2 所示。床身固定在底座上，床身内装有主轴的传动机构和变速操纵机构。在床身的顶部有水平导轨，上面装着带有一个或两个刀杆支架的横梁。

刀杆支架用来支持铣刀心轴的一端，心轴的另一端则固定在主轴上，由主轴带动铣刀铣削。刀杆支架在横梁上或床身顶部的水平导轨上部水平移动，以便安装不同的心轴。在床身的前面有垂直导轨，升降台可沿着它上下移动。在升降台上面的水平导轨上，装有可在平行于主轴轴线方向移动（前后移动）的溜板。溜板上部有可转动的回转盘，工作台就在溜板

上部的回转盘的导轨上垂直于主轴轴线方向移动。工作台上有 T 形槽，用于固定工件。这样，安装在工作台上的工件就可以在 3 个坐标上的 6 个方向调整位置或进给。由于回转盘相对于溜板可绕中心轴线左右转过一个角度，因此，工作台在水平面上除了能在水平或垂直于主轴轴线方向进给外，还能在倾斜方向进给，从而可以加工螺旋槽，所以称其为万能铣床。

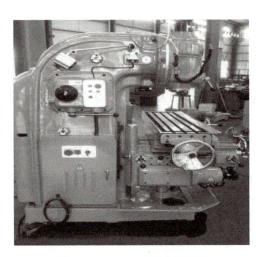

图 1-2-1　X62W 型铣床的外形

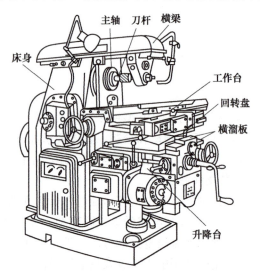

图 1-2-2　X62W 型铣床的结构示意图

X62W 型铣床的主要运动形式：

1）有 3 台电动机，分别称为主轴电动机、进给电动机和冷却泵电动机。

2）由于加工时有顺铣和逆铣两种加工方式，所以要求主轴电动机能正反转及在变速时能瞬时冲动一下，以利于齿轮的啮合，并能制动停机和两地控制。

3）工作台以 3 种运动形式在 6 个方向的移动是依靠机械的方法来达到的，要求进给电动机能正反转，且要求纵向、横向、垂直 3 种运动形式相互间应有联锁，以确保操作安全。同时要求工作台进给变速时，电动机也能瞬间冲动、快速进给及两地控制等。

4）冷却泵电动机只要求正转。

5）进给电动机与主轴电动机需实现两台电动机的联锁控制，即主轴工作后才能进给。

二、明确 X62W 型铣床电力拖动的特点及控制要求

该铣床由 3 台异步电动机拖动，它们分别是主轴电动机 M1、进给电动机 M2 和冷却泵电动机 M3。

1）铣削加工有顺铣和逆铣两种加工方式，所以要求主轴电动机能正反转，但考虑到正反转操纵并不频繁，因此在铣床床身下侧电气柜上设置了一个组合开关，来改变电源相序，从而实现主轴电动机的正反转。

2）铣床的工作台要求有前后、左右、上下 6 个方向的进给运动和快速移动，在这里要求进给电动机能正反转。进给方向的快速移动是通过电磁铁和机械挂挡来完成的。为了扩大其加工能力，在工作台上可装圆工作台，圆工作台的回转运动是由进给电动机经传动机构驱动的。

3）根据加工工艺的要求，该铣床应具有以下电气联锁措施：

①为了防止刀具和铣床的损坏，要求只有主轴旋转后才允许有进给运动和进给方向的快速移动。

②为了减小加工件的表面粗糙度，只有进给停止后主轴才能停止或同时停止。该铣床在电气上采用了主轴和进给同时停止的方式，但由于主轴运动的惯性很大，所以能达到进给运动先停止、主轴运动后停止的要求。

③6个方向的进给运动中同一时刻只允许有一个方向的运动，该铣床采用了机械操纵手柄和位置开关相配合的方式来实现6个方向的联锁。

④主轴运动和进给运动采用变速盘来进行速度选择，为保证变速齿轮进入良好啮合状态，两种运动都要求变速后做瞬时点动。

⑤当主轴电动机或冷却泵电动机过载时，为实现保护功能，进给运动必须立即停止。

三、掌握机床电气控制电路测绘的步骤、方法和注意事项

相关内容见任务1。

四、准备测绘工具、仪表

1）场地准备。场地准备由学校指导教师或实训管理员组织实施，具体内容见表1-2-1。

表 1-2-1　场地准备清单

序号	名称	型号与规格	单位	数量
1	机床电气控制电路测绘设备	X62W型铣床或相关模拟设备柜	台	1
2	测绘所用材料	设备使用记录本、连接线等	套	1
3	三相四线制电源	~3×380/220V、20A	处	1
4	兆欧表	500V、0~200MΩ	台	1
5	钳形电流表	0~50A	块	1
6	黑胶布	自定	卷	1
7	演草纸	自定	张	1

2）学生准备。学生准备测绘相关的工量具、仪表和文具等，具体内容见表1-1-2。

📝 任务实施

1. 组建工作小组

任务实施以小组为单位，将学生分为若干个小组，每个小组2~3人，每个小组中推举1名小组负责人，负责组织小组成员制订工作计划、实施工作计划、汇报工作成果等。

2. 制订工作计划

根据任务要求、工作流程和小组成员的分工，小组讨论制订合理的工作计划，并填写表1-2-2。

表 1-2-2　工作计划表

序号	工作内容	计划工时	任务实施者

3. 绘图并叙述工作原理

1）在演草纸上测绘 X62W 型铣床电气控制电路中主轴电动机 M1 的起动、主轴制动、冲动控制电路的安装接线图。

2）在演草纸上测绘 X62W 型铣床电气控制电路中主轴电动机 M1 的起动、主轴制动、冲动控制电路的电气原理图。

3）叙述所测绘电路部分的工作原理。

4. 列出所测绘电路部分的元器件明细表

根据所测绘 X62W 型铣床的电气原理图中的元器件符号，写出元器件名称，查找相应型号、规格等，填写在表 1-2-3 中。

表 1-2-3　元器件明细表

序号	符号	名称	型号与规格	单位	数量
1					
2					
3					
4					
5					
6					
7					
8					
9					
10					
11					
12					
13					
14					
15					
16					

📝 任务评价

按照表 1-2-4 中的考核内容及评分标准进行自评、互评和师评。

表 1-2-4 考核评价表

序号	考核内容	考核要求	评分标准	配分	自评	互评	师评
1	工作准备	工作准备充分	1. 缺少万用表等测量仪表，每缺一样扣 2 分 2. 缺少绘图文具，每缺一样扣 2 分	10 分			
2	电气元件连接	根据电气柜上的电气元件在规定时间内测绘出电气原理图	1. 测绘的元器件图形符号与电气原理图不符，每处扣 5 分 2. 连线错误，每处扣 5 分	30 分			
3	电气元件标注	根据电气柜上的电气元件正确标注其文字符号及参数	1. 文字符号标注错误或漏标，每处扣 3 分 2. 参数标注错误或漏标，每处扣 5 分，扣完为止	25 分			
4	工作原理描述	根据电气原理图写出工作原理	1. 工作原理与实际电路完全不符，全部扣除 2. 工作原理部分不正确、不完整，每处扣 2 分，扣完为止	10 分			
5	元器件清单填写	正确完整地填写元器件清单	1. 元器件型号和规格错填、漏填，每处扣 1 分，扣完为止 2. 元器件符号、名称、数量等错填、漏填，每处扣 0.5 分，扣完为止	10 分			
6	文明操作规范	操作符合安全操作规程，穿戴劳保用品	违规操作，视情节严重性扣 1~6 分	6 分			
		考试完毕清理现场、整理工具	未清理现场，工具摆放不整齐，扣 1~6 分	6 分			
		线槽盖等要装回原位	线槽盖未安装，每处扣 1 分，扣完为止；其他未恢复原样的，每处扣 1 分	3 分			
7	是否按规定时间完成	考核时间是否超时	本项目不配分，如有延时情况，每延时 1min 扣 2 分，总延时不得超过 10min				
合计				100 分			

否定项说明

若学生发生下列情况之一，则应及时终止其考试，学生该试题成绩记为 0 分：

（1）考试过程中出现严重违规操作导致设备损坏

（2）违反安全文明生产规程造成人身伤害

任务拓展

1）测绘 X62W 型铣床电气控制电路主电路中主轴电动机 M1 的电路。

2）测绘 X62W 型铣床电气控制电路中进给电动机 M2 的上下、左右、前后进给冲动控制电路。

任务 3　20/5t 桥式起重机电气控制电路的测绘

任务描述

某企业一台 20/5t 桥式起重机因年久失修，电气技术图样全部丢失，现要求学生对其电气控制电路进行逐步测量和绘制，具体要求如下：

1）测绘 20/5t 桥式起重机大车控制电动机 M3、M4 主电路的安装接线图。

2）根据测绘的 20/5t 桥式起重机大车控制电动机 M3、M4 主电路的安装接线图，按国家标准测绘其电气原理图。

3）列出所测绘电路部分的元器件明细表。

4）正确使用电工工具及仪表进行测绘。

5）遵守电气安全操作规程和环境保护规定。

6）额定工时：40min。

任务分析

20/5t 桥式起重机是一种用来吊起或放下重物并使重物在短距离内水平移动的起重设备，俗称吊车、行车或天车。起重设备按结构分有桥式、塔式、门式、门座式和缆索式等多种，不同结构的起重设备分别应用于不同的场合。生产车间内使用的桥式起重机，常见的有 5t、10t 单钩和 15/3t、20/5t 双钩等。本任务将对 20/5t 桥式起重机电气电路进行测绘。通过学习本任务，要熟练掌握测绘继电控制电路的一般步骤、方法和注意事项，结合 20/5t 桥式起重机的结构，从局部测绘到整机测绘，从单一功能实现到整体功能实现，逐步完善，需要操作者具有耐心细致和独立思考的品质。

任务准备

一、知道 20/5t 桥式起重机的主要结构

20/5t 桥式起重机的外形如图 1-3-1 所示。桥式起重机主要由主钩（20t）、副钩（5t）、

图 1-3-1　20/5t 桥式起重机的外形

大车和小车等部分组成。

20/5t 桥式起重机的结构示意图如图1-3-2所示。大车的轨道敷设在车间两侧的立柱上，大车可在轨道上沿车间纵向移动；大车上装有小车轨道，供小车横向移动；主钩和副钩都在小车上，主钩用来提升重物，副钩除可提升轻物，还可以协同主钩完成工件的吊运，但不允许主、副钩同时提升两个物件。当主、副钩同时工作时，物件的重量不允许超过主钩的额定起重量。这样，桥式起重机可以在大车能够行走的整个车间范围内进行起重运输。

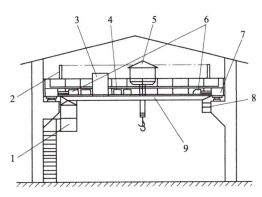

图 1-3-2　20/5t 桥式起重机的结构示意图
1—驾驶室　2—辅助滑线架　3—交流磁力控制屏
4—电阻箱　5—起重小车　6—大车拖动电动机
7—端梁　8—主滑线　9—主梁

20/5t 桥式起重机采用三相交流电源供电，由于起重机工作时经常移动，因此需采用可移动的电源供电。小型起重机常采用软电缆供电，软电缆可随大、小车的移动而伸展和叠卷。大型起重机一般采用滑线和电刷供电。三根主滑线沿着平行于大车轨道的方向敷设在车间厂房的一侧。三相交流电源经由主滑线和电刷引入起重机驾驶室内的保护控制柜上，再从保护控制柜上引出两相电源至凸轮控制器；另一相称为电源公用相，直接从保护控制柜接到电动机的定子接线端。

二、明确 20/5t 桥式起重机对电力拖动的要求

1）桥式起重机的工作环境比较恶劣，经常带负载起动，要求电动机的起动转矩大、起动电流小，且有一定的调速要求，因此多选用绕线转子异步电动机拖动，用转子绕组串电阻实现调速。

2）要有合理的升降速度，空载、轻载速度要快，重载速度要慢。

3）提升开始和重物下降到预定位置附近时需要低速，因此在30%额定速度内应分为多挡，以便灵活操作。

4）提升的第一挡作为预备级，用来消除传动的间隙和张紧钢丝绳，以避免过大的机械冲击，所以起动转矩不能太大。

5）为保证人身和设备安全，停机必须采用安全可靠的制动方式，因此采用电磁制动器制动。

6）具有完备的保护环节：短路、过载、终端及零位保护。

三、掌握机床电气控制电路测绘的步骤、方法和注意事项

相关内容见任务1。

四、准备测绘工具、仪表

1）场地准备。场地准备由学校指导教师或实训管理员组织实施，具体内容见表1-3-1。

表 1-3-1　场地准备清单

序号	名称	型号与规格	单位	数量
1	机床电气控制电路测绘设备	20/5t 桥式起重机或相关模拟设备柜	台	1
2	测绘所用材料	设备使用记录本、连接线等	套	1
3	三相四线制电源	~3×380/220V、20A	处	1
4	兆欧表	500V、0~200MΩ	台	1
5	钳形电流表	0~50A	块	1
6	黑胶布	自定	卷	1
7	演草纸	自定	张	1

2）学生准备。学生准备测绘相关的工量具、仪表和文具等，具体内容见表 1-1-2。

任务实施

1. 组建工作小组

任务实施以小组为单位，将学生分为若干个小组，每个小组 2~3 人，每个小组中推举 1 名小组负责人，负责组织小组成员制订工作计划、实施工作计划、汇报工作成果等。

2. 制订工作计划

根据任务要求、工作流程和小组成员的分工，小组讨论制订合理的工作计划，并填写表 1-3-2。

表 1-3-2　工作计划表

序号	工作内容	计划工时	任务实施者

3. 绘图并叙述工作原理

1）在演草纸上测绘 20/5t 桥式起重机大车控制电动机 M3、M4 主电路的安装接线图。

2）在演草纸上测绘 20/5t 桥式起重机大车控制电动机 M3、M4 主电路的电气原理图，并叙述所测绘电路部分的工作原理。

4. 列出所测绘电路部分的元器件明细表

根据所测绘 20/5t 桥式起重机的电气原理图中的元器件符号，写出元器件名称，查找相应型号、规格等，填写在表 1-3-3 中。

表 1-3-3　元器件明细表

序号	符号	名称	型号与规格	单位	数量
1					
2					
3					
4					
5					
6					
7					
8					
9					
10					
11					
12					
13					
14					
15					

📝 任务评价

按照表 1-3-4 中的考核内容及评分标准进行自评、互评和师评。

表 1-3-4　考核评价表

序号	考核内容	考核要求	评分标准	配分	自评	互评	师评
1	工作准备	工作准备充分	1. 缺少万用表等测量仪表，每缺一样扣2分 2. 缺少绘图文具，每缺一样扣2分	10分			
2	电气元件连接	根据电气柜上的电气元件在规定时间内测绘出电气原理图	1. 测绘的元器件图形符号与电气原理图不符，每处扣5分 2. 连线错误，每处扣5分	30分			
3	电气元件标注	根据电气柜上的电气元件正确标注其文字符号及参数	1. 文字符号标注错误或漏标，每处扣3分 2. 参数标注错误或漏标，每处扣5分，扣完为止	25分			
4	工作原理描述	根据电气原理图写出工作原理	1. 工作原理与实际电路完全不符，全部扣除 2. 工作原理部分不正确、不完整，每处扣2分，扣完为止	10分			

（续）

序号	考核内容	考核要求	评分标准	配分	自评	互评	师评
5	元器件清单填写	正确完整地填写元器件清单	1. 元器件型号和规格错填、漏填，每处扣1分，扣完为止 2. 元器件符号、名称、数量等错填、漏填，每处扣0.5分，扣完为止	10分			
6	文明操作规范	操作符合安全操作规程，穿戴劳保用品	违规操作，视情节严重性扣1~6分	6分			
		考试完毕清理现场、整理工具	未清理现场，工具摆放不整齐，扣1~6分	6分			
		线槽盖等要装回原位	线槽盖未安装，每处扣1分，扣完为止；其他未恢复原样的，每处扣1分	3分			
7	是否按规定时间完成	考核时间是否超时	本项目不配分，如有延时情况，每延时1min扣2分，总延时不得超过10min				
		合计		100分			

否定项说明

若学生发生下列情况之一，则应及时终止其考试，学生该试题成绩记为0分：

（1）考试过程中出现严重违规操作导致设备损坏

（2）违反安全文明生产规程造成人身伤害

📝 任务拓展

1）测绘20/5t桥式起重机电气控制电路中主控接触器KM的控制电路。

2）测绘20/5t桥式起重机电气控制电路中主钩上升与凸轮控制器SA的控制电路。

任务4　T68型镗床电气控制电路的检修

📝 任务描述

某五金加工厂有一台T68型镗床，经师傅检查之后，发现有三处故障，交给学生去检修，具体要求如下：

1）按程序操作设备，仔细观察故障现象。

2）能正确分析和检查故障，并能进行故障排除。

3）能正确选择和使用合适的仪表和工具进行检修。

4）学生进入实训场地要穿戴好劳保用品并进行文明操作。

5）检修工时：40min。

任务分析

机床在运行的过程中，由于各种原因难免会产生各种故障，致使机床不能正常工作，不但影响生产效率，严重时还会造成人身伤亡事故。因此，机床发生故障后，电气设备维修人员要能够及时、熟练、迅速、安全地查出故障并加以排除，尽早恢复设备的正常运行。完成该检修任务首先要熟知机床电气故障检修的一般流程、方法和注意事项。其次，要掌握 T68 型镗床的基本结构和运动形式，能分析 T68 型镗床电气控制电路的工作原理，规范操作该机床。然后，根据三处故障现象逐一分析出故障范围。最后，选择合适的检修方法去检修、排除故障。

任务准备

一、明确机床电气故障检修的一般流程

1. 检修前的故障调查

当机床发生电气故障后，切忌盲目随便动手检修。在检修前，应先通过问、看、听、摸来了解故障前后的操作情况和故障发生后出现的异常现象，以便根据故障现象判断出故障发生的部位，进而准确地排除故障。在故障调查时，必须先断电，确保检修过程中不发生触电事故。

问： 询问操作者故障前后电路和设备的运行状况及故障发生后的症状，如故障是经常发生还是偶尔发生；是否有异响声、冒烟、火花、异常振动等现象；故障发生前有无切削力过大和频繁地起动、停止、制动等情况；有无经过保养检修或改动线路等。

看： 察看故障发生前是否有明显的外在可见征兆，如各种信号、有指示装置的熔断器的情况、保护电器脱扣动作、接线脱落、触点烧蚀或熔焊、线圈过热烧毁等。

听： 在电路还能运行和不扩大故障范围、不损坏设备的前提下，可通电试运行，细听电动机、接触器和继电器等电器工作时的声音是否正常。

摸： 在刚切断电源后，尽快触摸检查电动机、变压器、电磁线圈及熔断器等，看是否有过热现象。

2. 用逻辑分析法确定并缩小故障范围

简单的电气控制电路检修时，可对每个电气组件、每根导线逐一进行检查，一般能很快找到故障点。但对复杂的电路而言，往往有上百个组件、成千条连线，若采取逐一检查的方法，不仅需消耗大量的时间，而且也容易漏查。在这种情况下，若根据电路图，采用逻辑分析法，对故障现象作具体分析，划出可疑范围，提高维修的针对性，就可以达到快而准的效果。分析电路时，通常先从主电路入手，了解设备各运动部件和机构采用了几台电动机拖动，与每台电动机相关的电气组件有哪些，采用了何种控制，然后根据电动机主电路所用电气组件的文字符号、图区号及控制要求，找到相应的控制电路。在此基础上，结合故障现象和电路工作原理，进行认真分析排查，即可迅速判定故障发生的可能范围。

当故障的可疑范围较大时，不必按部就班地逐级进行检查，这时可在故障范围内的中间环节进行检查，来判断故障究竟是发生在哪一部分，从而缩小故障范围，以提高检修速度。

3. 对故障范围进行元器件外观检查

在确定了故障发生的可能范围后，可对范围内的电气组件及连接导线进行外观检查，例如熔断器熔断，导线接头松动或脱落，接触器和继电器的触点脱落或接触不良，线圈烧坏使表层绝缘纸烧焦变色，烧化的绝缘清漆流出，弹簧脱落或断裂，电气开关的动作机构受阻失灵等，都能明显地表明故障点所在位置。

4. 核对检查接线

对照电气原理图、安装接线图，从电源端开始逐段核对端子接线线号，排除错接和漏接线现象，重点检查控制电路中容易错接线的线号，还应核对同一导线两端线号是否一致。检查端子接线牢固性，检查端子上所有接线压接是否牢固，接触是否良好，不允许有松动、脱落现象，以免通电试运行时因导线虚接产生故障。

5. 用试验法进一步缩小故障范围

经外观检查未发现故障点时，可根据故障现象，结合电路图分析故障原因，在不扩大故障范围、不损伤电气和机械设备的前提下，进行直接通电试验，或除去负载（从控制柜接线端子板卸下）通电试验，以分清故障是在电气部分还是在机械等其他部分，是在电动机上还是在控制设备上，是在主电路上还是在控制电路上。一般情况下先检查控制电路，具体做法如下：操作某一只按钮或开关时，线路中有关的接触器、继电器将按规定的动作顺序进行工作，若依次动作至某一电气组件，发现其动作不符合规定，即说明该电气组件或其相关电路有问题，再在此电路中进行逐项分析和检查，一般便可发现故障。待控制电路的故障排除并恢复正常后，再接通主电路，检查控制电路对主电路的控制效果，观察主电路的工作情况有无异常等。

在通电试验时，必须注意人身和设备安全。要遵守安全操作规程，不得随意触碰带电部分，要尽可能切断电动机主电路电源，只在控制电路带电的情况下进行检查；如需电动机运转，则应使电动机在空载下运行，以避免设备的运动部分发生误动作和碰撞；要暂时隔断有故障的主电路，以免故障扩大，并预先充分估计局部电路动作后可能发生的不良后果。

6. 用测量法确定故障点

测量法是维修电工工作中用来确定故障点的一种行之有效的检查方法。常用的测量工具和仪表有校验灯、验电笔、万用表、钳形电流表、兆欧表等。测量法主要通过对电路进行带电或断电时的有关参数（如电压、电阻、电流等）的测量，来判断电气组件的好坏、设备的绝缘情况以及电路的通断情况。随着科学技术的发展，测量手段也在不断更新。例如，在晶闸管-电动机自动调速系统中，利用示波器来观察晶闸管整流装置的输出波形和触发电路的脉冲波形，就能很快判断系统的故障所在部位。

在用测量法检查故障点时，一定要保证各种测量工具和仪表完好，使用方法正确，还要注意防止感应电、回路电以及其他并联支路的影响，以免产生误判。

7. 故障修复及注意事项

当找出点动控制电路电气设备的故障点后，就要着手进行修复、试运转、记录等，然后交付使用，但必须注意如下事项：

1）在找出故障点和修复故障时，应注意不能把找出的故障点作为寻找故障的终点，还必须进一步分析查明产生故障的根本原因。例如：在处理点动控制电路起动时的熔体熔断故障时，不能轻率地更换熔体了事，而应查找熔体熔断的深层次原因，到底是熔体配置不合理，还是电动机故障导致起动电流异常，要结合相关仪器仪表进行起动环节的检测，以免再次起动烧毁熔体。

2）找出故障点后，一定要针对不同故障情况和部位采取正确的修复方法，不要轻易采用更换电气组件和补线等方法，更不允许轻易改动电路或更换规格不同的电气组件，以防产生人为故障。

3）在故障点的修理工作中，一般情况下应尽量做到复原。但是，有时为了尽快恢复工业机械的正常运行，根据实际情况也允许采取一些适当的应急措施，但绝不可凑合行事。

4）电气故障修复完毕，需要通电试运行时，应和操作者配合，避免出现新的故障。

5）每次排除故障后，应及时总结经验，并做好检修记录。

8. 故障检修记录

故障检修记录的内容可包括工业机械的型号、名称、编号、检修日期、故障现象、故障部位、损坏的电器、故障原因、修复措施及修复后的运行情况等，具体内容见表 1-4-1。

表 1-4-1 电气电路故障检修记录表

名称		机床型号		生产日期		编号	
检修日期	故障现象	故障部位及损坏的电器	故障原因		修复措施	修复后的运行情况	

记录的目的：作为档案以备日后检修时参考，并通过对历次故障的分析，采取相应的有效措施，防止类似事故的再次发生，或对电气设备本身的设计提出改进意见等。

当线路中存在多处故障时，维修人员应按操作顺序，结合故障现象，综合判断后去查找第一处故障，并修复第一处故障，再检查第二处故障，再修复第二处故障，直至所有故障全部排除。故障发现顺序和排除过程能反映出维修人员的检修思路是否清晰。

二、掌握机床电气故障检修方法

机床电气设备出现的故障，由于机床种类的不同而有不同的特点。但对于各类机床的电气故障，一般都可以运用基本检修方法进行检修。基本检修方法包括直观检查法、验电笔测量法、电压测量法、电阻测量法、对比法、置换元件法、逐步开路法、强迫闭合法和短接法等。实际检修时，要综合运用上述方法。这里介绍常用的电压测量法和电阻测量法。

1. 电压测量法

重点提醒：使用电压测量法检修设备时必须穿戴好劳动防护品，使用绝缘良好的工具和仪表，必须单手操作和有人监护，且身体任何部位不能接触设备的金属外壳和其他零电位点。

电压测量法有电压分阶测量法和电压分段测量法两种，下面以 CA6150 型车床主电动机正转控制电路为例来分别介绍。

（1）电压分阶测量法　假设闭合 QF2，按下 SB3，接触器 KM1 线圈不得电。电压分阶测量法如图 1-4-1 所示，表 1-4-2 为电压分阶测量法检查故障分析表。

使用万用表的 AC 250V 挡进行测量。

1）测量控制电源输入端 $1^{\#}$—$0^{\#}$测量点，即 FU2 上桩到 KM1 线圈 $0^{\#}$桩间电压。控制电源的额定电压为交流 110V。若测量值为 110V，则说明控制电源无故障；若测量值为 0V，则说明控制电源有故障。检查方法如下：先测量控制电源变压器二次侧 $1^{\#}$桩与 KM1 线圈 $0^{\#}$桩间电压，确定电源 $0^{\#}$线是否断路；再测量控制电源变压器二次侧 $0^{\#}$桩与 FU2 上桩 $1^{\#}$线间电压，确定 $1^{\#}$线是否断路（保证控制电源变压器无故障的前提下）。

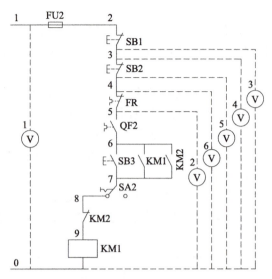

图 1-4-1　电压分阶测量法

运用电压分阶测量法必须在电源无故障的情况下进行，尤其要确保 $0^{\#}$线无断路。

表 1-4-2　电压分阶测量法检查故障分析表

故障现象	测量点	(1)$1^{\#}$—$0^{\#}$	(2)$5^{\#}$—$0^{\#}$	(3)$3^{\#}$—$0^{\#}$	(4)$3^{\#}$—$0^{\#}$	(5)$4^{\#}$—$0^{\#}$	(6)$4^{\#}$—$0^{\#}$	实际故障点
闭合 QF2，按下 SB3，KM1 线圈不得电	测量值	110V	0V	110V	110V	110V	0V	SB2—FR 间的连接断开，可能是"松头"或导线断线
	故障分析	控制电源无故障	故障范围在 $1^{\#}$—$5^{\#}$电路中	故障范围在 $3^{\#}$—$5^{\#}$电路中	$3^{\#}$连接线（SB1—SB2 间）无断路	SB2 触点接触良好无断路	$4^{\#}$连接线（SB2—FR 间）断路	

2）以 $0^{\#}$线为参考点，测量 KM1 线圈得电回路中间段任意一点电位，以缩小故障范围。例如：测得 $0^{\#}$线到 FR 下桩 $5^{\#}$线电位为 0V，则可认定故障在 TC $\xrightarrow{1^{\#}}$ FU2 $\xrightarrow{2^{\#}}$ SB1 $\xrightarrow{3^{\#}}$ SB2 $\xrightarrow{4^{\#}}$ FR $\xrightarrow{5^{\#}}$ QF2 这段电路中；若电位为 110V，则说明故障在 QF2 $\xrightarrow{6^{\#}}$ SB3 $\xrightarrow{7^{\#}}$ SA2 $\xrightarrow{8^{\#}}$ KM2 $\xrightarrow{9^{\#}}$ KM1 线圈→$0^{\#}$这段电路中。

故障范围可用此方法逐步缩小至一个触点两根线或两个触点一根线，便于下一步准确测出故障点。

3）在缩小了的故障范围中，以 $0^{\#}$线为参考点分别测量疑似故障触点和线段两端的电位。无断路应当为同电位，均为 110V。若触点未接触或连接导线断路，同一触点或一根连接线两端电位不同，即一端 110V，另一端 0V，这样就可准确查出故障点所在的触点和连接导线。断电后，用电阻测量法（万用表低阻挡）复查确认，并予以修复。

（2）电压分段测量法　使用电压分段测量法检查测量断路故障，首先要知道闭合的触点两端和无断路导线的两端通电后应该为同电位，电压降接近于零。根据这一现象，采用电压测量的方法测量同一支路中的两点电压，电压值为零可视为通路，电压值接近额定电压则说明断路（负载不能在两测量点之间）。在实际排故时，电压分段测量法一般与电压分阶测量法配合运用。电压分段测量法对继电器的常闭触点接触不良或断线等类型的故障检查较方便。但由于此测量方法针对性较强，测量较长的支路时易出现误判，如电路中有两处断点测得的电压也为零，所以要根据实际需要灵活运用此方法。

假设闭合 QF2，按下 SB3，接触器 KM1线圈不得电。电压分段测量法如图 1-4-2 所示，表 1-4-3 为电压分段测量法检查故障分析表。

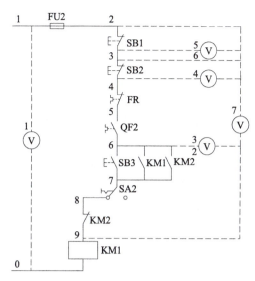

图 1-4-2　电压分段测量法

表 1-4-3　电压分段测量法检查故障分析表

故障现象	测量点	(1)1#—0#	(2)6#—9#	(3)2#—6#	(4)2#—4#	(5)2#—3#	(6)3#线	(7)3#—4#
闭合QF2，按下SB3，KM1线圈不得电	测量值	110V	0V	110V	110V	0V	0V	110V
	故障分析	控制电源无故障	初步认定6#—9#范围内无断路故障	初步认定2#—6#范围内有断路故障	认定2#—4#范围内有断路故障	认定2#—3#范围内无断路故障	认定SB1—SB2间的3#线无断路故障	确定3#—4#间SB2常闭触点断路

使用万用表 AC 250V 挡测量。

1）首先测量控制电源，控制电源变压器输出端电压为交流 110V，再测量 FU2 上桩到KM1 线圈 0# 桩间电压，也为交流 110V，若测得的电压值与控制电源电压额定值不符，应及时排除电源故障（方法与分阶法相同）。只有在电源无故障的情况下方可采用电压分段测量法检查支路中的断路故障。

2）操作时，先检查 QF2 是否闭合，SB3 必须按下（或短接），然后测量控制电源变压器二次侧 1# 桩与支路中同电位的任意一点间的电压，再测量 KM1 线圈 9# 桩与前面相同测量点间电压，以判断故障范围。若测得电压值为零，可初步判定在两测量点范围内无断路；若测得电压值为 110V，则说明在两测量点范围内可能有断路故障。

3）以相同方法逐步缩小故障范围，对可能是故障点的触点和导线采用有针对性的分段测量，查出故障予以修复。

2. 电阻测量法

重点提醒：使用电阻测量法测量前和装拆跨接线前必须断开电源，用验电笔或万用表验电，确认无电后方可进行上述操作。

在机床电气故障检修过程中经常运用电阻测量法检查和判断故障。常用的电阻测量法有电阻分阶测量法与电阻分段测量法两种，可根据故障类型、现场环境条件灵活采用。无论采用何种电阻测量法，都必须在断电的状况下进行，带电测量直流电阻易造成电路短路、仪表损坏等不良后果。

电阻测量法的优点是安全，缺点是测量电阻值不准确时容易造成判断错误，所以应注意以下几点：

1）用电阻测量法检查故障时，一定要断开电源并验电，确认无电后再进行操作。

2）若所测量的电路与其他电路并联，必须先算出并联电阻值后再进行测量分析，否则会出现很大的测量误差；也可以将并联支路断开，分别进行测量。

3）测导线或触点的通断时应选择 $R\times1$ 挡并"调零"；测继电器线圈电阻（用电压分阶测量法时）时应选择 $R\times100$ 挡并"调零"；若电路中有高阻元器件，可根据被测值选择适当的挡位进行测量。

4）电阻测量完毕后，及时将万用表转换开关打到交流电压最大挡，以免造成误测量而烧坏仪表。

（1）电阻分阶测量法 电阻分阶测量法如图1-4-3所示，电阻分阶测量法检查故障分析见表1-4-4。

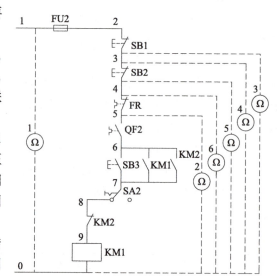

图 1-4-3　电阻分阶测量法

表 1-4-4　电阻分阶测量法检查故障分析表

故障现象	测量点	(1)1#—0#	(2)5#—0#	(3)3#—0#	(4)3#—0#	(5)4#—0#	(6)4#—0#	实际故障点
闭合QF2，按下SB3，KM1线圈不得电	测量值	∞	40Ω	∞	∞	∞	40Ω	SB2—FR间的连接断开，可能是"松头"或导线断线
	故障分析	初步判定电路中有断路故障	可确定故障范围在1#—5#间	可确定故障范围在3#—5#间	3#连接线（SB1—SB2间）无断路	SB2触点接触良好无断路	4#连接线（SB2—FR间）断路	

假设闭合QF2，按下SB3，接触器KM1线圈不得电。

断开电源开关，并用验电笔或万用表进行验电，确认无电情况下，再断开变压器二次侧与FU2的连线。闭合QF2，按下SB3（或短接常开触点），万用表打到 $R\times100$ 挡并"调零"，先测量KM1线圈的直流电阻值以备分析电路之用（CJ2T-25的110V线圈的电阻为40Ω左右）。

1）测量FU2上桩到KM1线圈0#桩间电阻，电阻值为∞，可认为此电路中有断路故障。

2）测量KM1线圈0#桩与KM1线圈得电回路中间任意一点，根据测量值的分析可以缩小故障范围。若测得电阻值为40Ω左右，则KM1线圈0#桩到测量点间无断路故障，故障在1#桩到测量点之间；若测得电阻值为0，则说明此段电路有断路故障。用此方法可逐步缩小故障范围。

3）确定故障范围后，在小范围内采用逐点测量分析的方法检测出故障点并予以修复。

此方法一般用于不能通电测量的场合（如故障时，有短路或漏电现象并存，不能合闸），以及并联支路不多的较简单电路的维修。

（2）电阻分段测量法　电阻分段测量法在实际检查过程中一般与上述几种方法配合运用，它针对某一触点的上下桩或某一根连接导线的两端进行局部测量，通常作为故障点判定后的复查确认。

测量时，必须先断电并验电，确认无电后再测两点间电阻值（选择 $R×1$ 挡），若测得电阻值为 0Ω，则表明为"通路"；若测得电阻值为 ∞，则可认为"断路"。

总之，电气线路和设备排故的过程就是检查测量的过程，以测量各点所得值作为分析电路故障的依据，而采用何种测量方法应根据故障类型、现象有针对性地选用，以达到安全、准确、快捷地排除故障的目的。

三、分析 T68 型镗床电气控制电路原理图

图 1-4-4 为 T68 型镗床电气控制电路原理图，结合电路分析，在演草纸上回答下列问题：

1）写出 T68 型卧式镗床主轴电动机正向点动控制的电流通道。

2）写出 T68 型卧式镗床低速正转控制、低速反转控制时继电器、接触器的线圈得电顺序。

3）写出 T68 型卧式镗床高速正转控制、高速反转控制时继电器、接触器的线圈得电顺序。

4）写出 T68 型卧式镗床主轴电动机反向高速控制的电流通道。

5）若 SQ3、SQ5 和 SQ4、SQ6 有一组未被压迫，机床通电后会产生什么样的动作状态？

四、准备检修工具、仪表

1）工具：验电笔、电工刀、剥线钳、尖嘴钳、斜口钳、螺丝刀等。

2）仪表：万用表。

3）设备：T68 型镗床或配套模拟电气训练、考核柜。

4）其他：跨接线若干，穿戴好劳动防护用品。

5）圆珠笔、演草纸等文具。

📝 任务实施

1. 组建工作小组

任务实施以小组为单位，根据班级人数将学生分为若干个小组，每组以 2~3 人为宜，每人明确各自的工作任务和要求，小组讨论推荐 1 人为小组长（负责组织小组成员制订本组工作计划、协调小组成员实施工作任务），推荐 1 人负责监护工作，推荐 1 人负责成果汇报工作。

2. 制订工作计划

小组讨论制订合理的工作计划，填写工作计划表，见表 1-4-5。工作计划主要内容包括工作流程、工作内容、检修人员、监护人员、计划工时等。其中，工作流程包括检修步骤、方法等，工作内容包括维修对象、维修内容及要求。工作计划须提交小组长或指导教师审核，同意后方可实施。

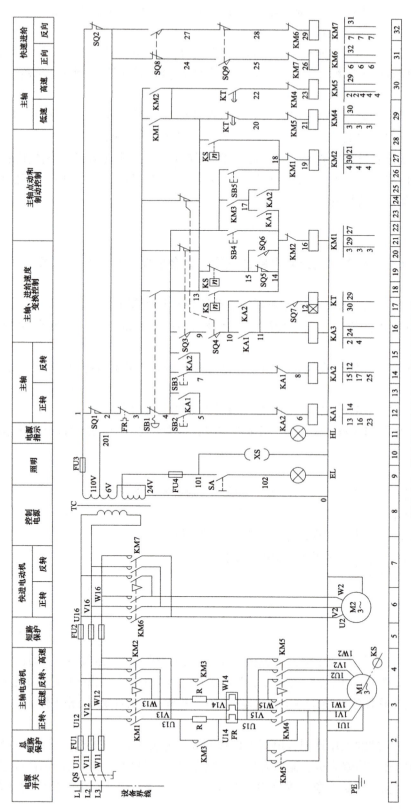

图 1-4-4 T68 型镗床电气控制电路原理图

表 1-4-5　工作计划表

工作流程	工作内容	检修人员	监护人员	计划工时

3. 观察故障现象，确定故障范围

下面用图 1-4-5 来说明按下按钮 SB2 后，主轴电动机 M1 不能正常低速正转的检修流程。图中菱形块是观察的对象，即首先要观察清楚故障现象。图中方块是根据故障现象，用逻辑分析的方法判断出的故障范围。

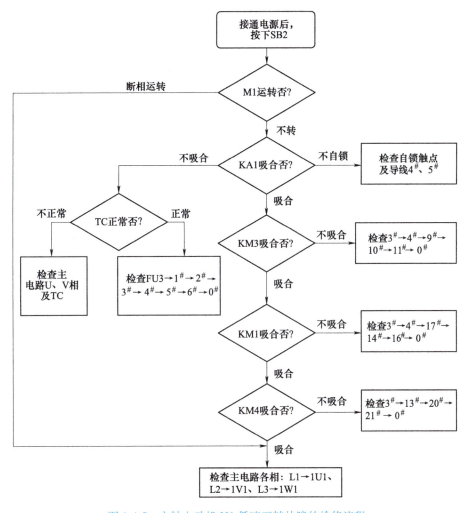

图 1-4-5　主轴电动机 M1 低速正转故障的检修流程

4. 实施故障排除

根据故障范围和线路的复杂情况，选择合适的检修方法进行检修。检修时应注意所用工具、仪表等要符合使用要求。带电操作检修时必须有指导教师（师傅）监护，以确保人身、设备安全。还要注意检修的顺序。发现某个故障时，必须及时修复故障点，同时防止故障范围扩大或引发新故障。

5. 记录检修过程

将三处故障的检修过程按检修排除故障的顺序填写在表 1-4-6 中。

表 1-4-6　检修过程记录表

第一处故障	故障现象	
	故障范围判断	
	排故过程	
	实际故障点	
第二处故障	故障现象	
	故障范围判断	
	排故过程	
	实际故障点	
第三处故障	故障现象	
	故障范围判断	
	排故过程	
	实际故障点	

6. 整理清扫

拆除所装电路及元器件，按 3Q7S 要求清扫现场，整理并归还物品。

任务评价

按照表 1-4-7 中的考核内容及评分标准进行自评、互评和师评。

表 1-4-7　考核评价表

序号	考核内容	考核要求	评分标准	配分	自评	互评	师评
1	工作准备	检修工作准备充分	1. 工具、仪表等准备不足或错误，每项扣 2 分 2. 资料、文具等准备不足或错误，每项扣 2 分	10 分			
2	故障现象	通过正确操作判定故障现象	1. 设备操作过程不规范、不熟练，扣 1~5 分 2. 故障现象表述不清或错误，每个故障扣 1~5 分	15 分			

（续）

序号	考核内容	考核要求	评分标准	配分	自评	互评	师评
3	故障判别	正确分析故障	1. 故障范围分析错误，每处扣 10 分 2. 故障范围分析不完整，每处扣 2~8 分 3. 未指出故障最小范围，每处扣 5 分	20 分			
4	故障检测与修复	正确排除故障，写出故障点	1. 检测故障思路不清，每处扣 2~8 分 2. 每少查出一处故障，扣 10 分 3. 工具、仪表使用不熟练，扣 2~10 分 4. 扩大故障不能自行修复，每处扣 10 分，能自行修复，每处扣 5 分 5. 修复故障时接错线，每次（条）扣 5 分 6. 在规定时间内返工，每次扣 10 分	40 分			
5	排故记录	正确填写记录表	1. 记录表填写错误或未填写，扣 15 分 2. 记录表书写部分错误或不完整，每处扣 2~10 分 3. 故障检修顺序填写错误，每处扣 5 分	15 分			
6	安全文明生产	安全文明生产	1. 穿戴不符合要求或工具、仪表不齐，扣 2~5 分 2. 违规操作，每次扣 5~10 分 3. 严重损坏设备及造成事故的，扣单项 30~60 分	倒扣			
		合计		100 分			

否定项说明

若学生发生下列情况之一，则应及时终止其考试，学生该试题成绩记为 0 分：

（1）考试过程中出现严重违规操作导致设备损坏

（2）违反安全文明生产规程造成人身伤害

任务拓展

阅读下列材料，然后参照图 1-4-5 画出主轴制动电路电气故障的检修流程。

T68 型镗床主轴制动电路的故障主要是主轴电动机 M1 在停机时，按钮 SB1 未按到底或速度继电器的常开触点在转速达到 120r/min 时未闭合造成的，检修制动故障时必须在主轴正反转起动运行正常的情况下进行。主轴制动电路常见电气故障的分析和检修见表 1-4-8。

表 1-4-8　主轴制动电路常见电气故障的分析和检修

故障现象	故障原因	故障维修
正转停机无制动	（1）KS 常开触点（13—18）不闭合 （2）导线 13#、18#开路	（1）检查速度继电器，更换触点 （2）更换导线

（续）

故障现象	故障原因	故障维修
反转停机无制动	（1）KS 常开触点（13—14）不闭合 （2）导线 13#、14# 开路	（1）检查速度继电器，更换触点 （2）更换导线
正、反转停机无制动	（1）SB1 常开触点（13—14）不闭合 （2）导线 3# 开路	（1）检查按钮 SB1，更换触点 （2）更换导线

任务 5 X62W 型铣床电气控制电路的检修

任务描述

某五金加工厂有一台 X62W 型铣床，经师傅检查之后，发现有三处故障，交给学生去检修，具体要求如下：

1）按程序操作设备，仔细观察故障现象。

2）能正确分析和检查故障，并能进行故障排除。

3）能正确选择和使用合适的仪表和工具进行检修。

4）学生进入实训场地要穿戴好劳保用品并进行文明操作。

5）检修工时：40min。

任务分析

机床在运行的过程中，由于各种原因难免会产生各种故障，致使机床不能正常工作，不但影响生产效率，严重时还会造成人身伤亡事故。因此，机床发生故障后，电气设备维修人员要能够及时、熟练、迅速、安全地查出故障并加以排除，尽早恢复工业机械的正常运行。完成该检修任务首先要熟知机床电气故障检修的一般流程、方法和注意事项。其次，要掌握 X62W 型铣床的基本结构和运动形式，能分析 X62W 型铣床电气控制电路的工作原理，规范操作该机床。然后，根据三处故障现象逐一分析故障范围。最后，选择合适的检修方法去检修、排除故障。

任务准备

一、明确机床电气故障检修的一般流程

相关内容见本项目任务 4。

二、掌握机床电气故障检修方法

相关内容见本项目任务 4。

三、分析 X62W 型铣床电气控制电路原理图

图 1-5-1 为 X62W 型铣床电气控制电路原理图，结合电路分析，在演草纸上回答下列问题：

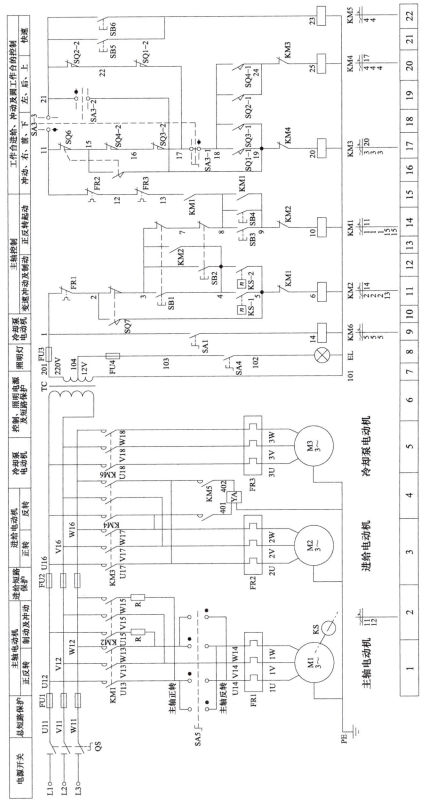

图 1-5-1　X62W 型铣床电气控制电路原理图

1）在 X62W 型铣床电气控制电路中，主轴起动与停止控制、主轴冲动控制与进给控制以及快速进给控制各采用了什么控制方式？

2）写出工作台向右进给的电流通道。

3）写出工作台向后、向上进给的电流通道。

4）写出工作台进给变速冲动的电流通道。

5）写出圆工作台进给的电流通道。

四、准备检修工具、仪表

1）工具：验电笔、电工刀、剥线钳、尖嘴钳、斜口钳和螺丝刀等。

2）仪表：万用表。

3）设备：X62W 型铣床或模拟电气训练、考核柜。

4）其他：跨接线若干，穿戴好劳动防护用品。

5）圆珠笔、演草纸等文具。

📝 任务实施

1. 组建工作小组

任务实施以小组为单位，根据班级人数将学生分为若干个小组，每组以 2~3 人为宜，每人明确各自的工作任务和要求，小组讨论推荐 1 人为小组长（负责组织小组成员制订本组工作计划、协调小组成员实施工作任务），推荐 1 人负责监护工作，推荐 1 人负责成果汇报工作。

2. 制订工作计划

小组讨论制订合理的工作计划，填写工作计划表，见表 1-5-1。工作计划主要内容包括工作流程、工作内容、检修人员、监护人员、计划工时等。其中，工作流程包括检修步骤、方法等，工作内容包括维修对象、维修内容及要求。工作计划须提交小组长或指导教师审核，同意后方可实施。

表 1-5-1　工作计划表

工作流程	工作内容	检修人员	监护人员	计划工时

3. 观察故障现象，确定故障范围

图 1-5-2 所示为 X62W 型铣床工作台进给控制检修流程。图中菱形块是观察的对象，即首先要观察清楚故障现象。图中方块是根据故障现象，用逻辑分析的方法判断出的故障范围。

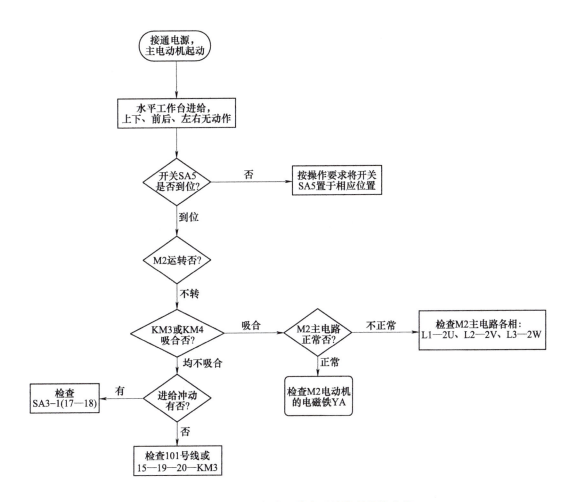

图 1-5-2 X62W 型铣床工作台进给控制检修流程

4. 实施故障排除

　　根据故障范围和线路的复杂情况，选择合适的检修方法进行检修。检修时应注意所用工具、仪表等要符合使用要求。带电操作检修时必须有指导教师（师傅）监护，确保人身、设备安全。还要注意检修的顺序。发现某个故障时，必须及时修复故障点，同时防止故障范围扩大或引发新故障。

5. 记录检修过程

　　将三处故障的检修过程按检修排除故障的顺序填写在表 1-5-2 中。

表 1-5-2 检修过程记录表

	故障现象	
第一处故障	故障范围判断	
	排故过程	
	实际故障点	

（续）

第二处故障	故障现象	
	故障范围判断	
	排故过程	
	实际故障点	
第三处故障	故障现象	
	故障范围判断	
	排故过程	
	实际故障点	

6. 整理清扫

拆除所装电路及元器件，按 3Q7S 要求清扫现场，整理并归还物品。

任务评价

按照表 1-5-3 中的考核内容及评分标准进行自评、互评和师评。

表 1-5-3　考核评价表

序号	考核内容	考核要求	评分标准	配分	自评	互评	师评
1	工作准备	检修工作准备充分	1. 工具、仪表等准备不足或错误，每项扣 2 分 2. 资料、文具等准备不足或错误，每项扣 2 分	10 分			
2	故障现象	通过正确操作判定故障现象	1. 设备操作过程不规范、不熟练，扣 1~5 分 2. 故障现象表述不清或错误，每个故障扣 1~5 分	15 分			
3	故障判别	正确分析故障	1. 故障范围分析错误，每处扣 10 分 2. 故障范围分析不完整，每处扣 2~8 分 3. 未指出故障最小范围，每处扣 5 分	20 分			
4	故障检测与修复	正确排除故障，写出故障点	1. 检测故障思路不清，每处扣 2~8 分 2. 每少查出一处故障，扣 10 分 3. 工具、仪表使用不熟练，扣 2~10 分 4. 扩大故障不能自行修复，每处扣 10 分，能自行修复，每处扣 5 分 5. 修复故障时接错线，每次（条）扣 5 分 6. 在规定时间内返工，每次扣 10 分	40 分			

（续）

序号	考核内容	考核要求	评分标准	配分	自评	互评	师评
5	排故记录	正确填写记录表	1. 记录表填写错误或未填写，扣 15 分 2. 记录表书书写部分错误或不完整，每处扣 2~10 分 3. 故障检修顺序填写错误，每处扣 5 分	15 分			
6	安全文明生产	安全文明生产	1. 穿戴不符合要求或工具、仪表不齐，扣 2~5 分 2. 违规操作，每次扣 5~10 分 3. 严重损坏设备及造成事故的，扣单项 30~60 分	倒扣			
合计				100 分			

否定项说明

若学生发生下列情况之一，则应及时终止其考试，学生该试题成绩记为 0 分：

（1）考试过程中出现严重违规操作导致设备损坏

（2）违反安全文明生产规程造成人身伤害

任务拓展

分析 X62W 型铣床电气控制电路中 V11#线、101#线、7#线、20#线、22#线断开的故障现象，以及应如何查找故障点。

任务 6 20/5t 桥式起重机电气控制电路的检修

任务描述

某五金加工厂有一台 20/5t 桥式起重机，经师傅检查之后，发现有三处故障，交给学生去检修，具体要求如下：

1）按程序操作设备，仔细观察故障现象。

2）能正确分析和检查故障，并能进行故障排除。

3）能正确选择和使用合适的仪表和工具进行检修。

4）学生进入实训场地要穿戴好劳保用品并进行文明操作。

5）检修工时：40min。

任务分析

机床在运行的过程中，由于各种原因难免会产生各种故障，致使机床不能正常工作，不但影响生产效率，严重时还会造成人身伤亡事故。因此，机床发生故障后，电气设备维修人员要能够及时、熟练、迅速、安全地查出故障，并加以排除，尽早恢复工业机械的正常运行。完成该检修任务首先要熟知机床电气故障检修的一般流程、方法和注意事项。其次，要掌握 20/5t 桥式起重机的基本结构和运动形式，能分析 20/5t 桥式起重机电气控制电路的工作原理，规范操作该机床。然后，根据三处故障现象逐一分析故障范围。最后，选择合适的检修方法去检修、排除故障。

📝 任务准备

一、明确机床电气故障检修的一般流程

相关内容见本项目任务 4。

二、掌握机床电气故障检修方法

相关内容见本项目任务 4。

三、分析 20/5t 桥式起重机电气控制电路原理图

20/5t 桥式起重机电气控制电路原理图如图 1-6-1 和图 1-6-2 所示，结合电路分析，在演草纸上回答下列问题：

1）图 1-6-1 中，若按下 SB，电源接触器 KM 线圈不得电，应检测哪条支路？以电流走向的方式写出。

2）图 1-6-1 中，若按下 SB，电源接触器 KM 点动，应检测哪条支路？

3）图 1-6-2 中，16 区的 KM_D 常开辅助触点与 16 区的 KM5 常开辅助触点串联的作用是什么？

4）图 1-6-2 中，串联在接触器 KM_U 线圈电路中的 KM_U 常开辅助触点与 KM5 常闭辅助触点并联的主要作用是什么？

四、准备检修工具、仪表

1）工具：验电笔、电工刀、剥线钳、尖嘴钳、斜口钳、螺丝刀等。
2）仪表：万用表。
3）设备：20/5t 桥式起重机或模拟电气训练、考核柜。
4）其他：跨接线若干，穿戴好劳动防护用品。
5）圆珠笔、演草纸等文具。

📝 任务实施

1. 组建工作小组

任务实施以小组为单位，根据班级人数将学生分为若干个小组，每组以 2~3 人为宜，每人明确各自的工作任务和要求，小组讨论推荐 1 人为小组长（负责组织小组成员制订本组工作计划、协调小组成员实施工作任务），推荐 1 人负责监护工作，推荐 1 人负责成果汇报工作。

2. 制订工作计划

小组讨论制订合理的工作计划，填写工作计划表，见表 1-6-1。工作计划主要内容包括

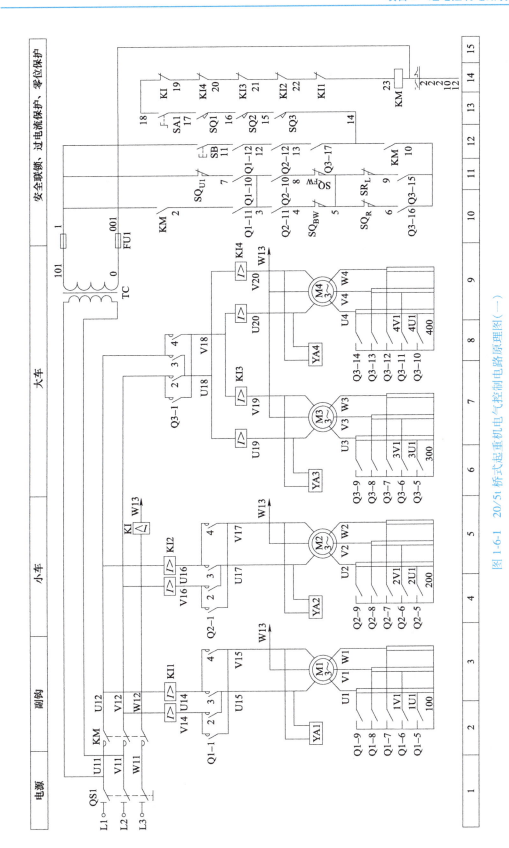

图 1-6-1　20/5t 桥式起重机电气控制电路原理图（一）

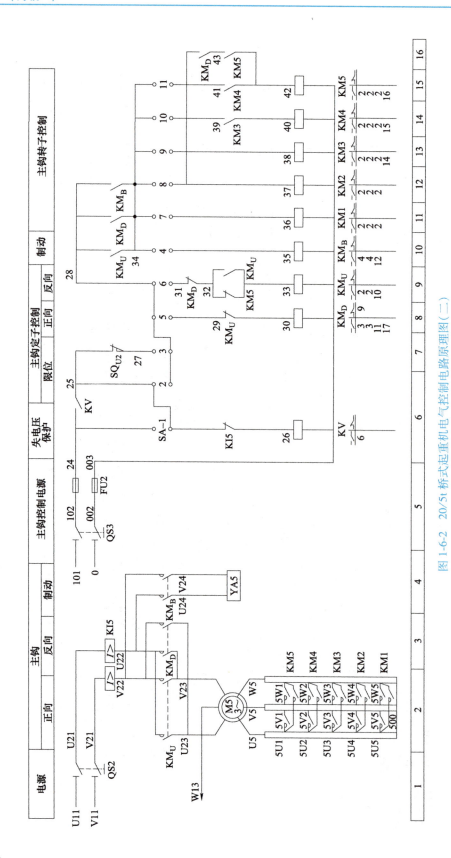

图 1-6-2　20/5t 桥式起重机电气控制电路原理图（二）

工作流程、工作内容、检修人员、监护人员、计划工时等。其中，工作流程包括检修步骤、方法等，工作内容包括维修对象、维修内容及要求。工作计划须提交小组长或指导教师审核，同意后方可实施。

表 1-6-1　工作计划表

工作流程	工作内容	检修人员	监护人员	计划工时

3. 观察故障现象

下面以按下按钮 SB 而接触器 KM 不吸合为例来说明故障检修过程。检查各凸轮控制器、主令控制器手柄状态，紧急停止开关和各舱门行程开关闭合状态，合上起重机电源开关 QS1，按下按钮 SB，接触器 KM 不吸合，副钩、小车、大车都不能正常工作。

4. 确定故障范围

根据故障现象判断故障范围在控制电路中，其正常工作时的电流回路如下：FU1→1#→SB→11#→Q1-12→12#→Q2-12→13#→Q3-17→14#→SQ3→15#→SQ2→16#→SQ1→17#→SA1→18#→KI→19#→KI4→20#→KI3→21#→KI2→22#→KI1→23#→KM 线圈→001#→FU1。

5. 排除故障过程

主要采用电阻分段测量法进行检查。

1）先测量电路控制电压。将万用表转换开关打至交流 500V 挡，两支表笔接在 FU1 两下桩处，若测得电压值为 380V，为正常；若无电压，则说明熔断器及电源电路有故障，应予以排除。

2）断开电源开关 QS1，将万用表转换开关打至 R×1 挡并"调零"。

3）测量 1# 线。万用表两支表笔分别接在 FU1 下桩 1# 线和按钮 SB 的 1# 线处，测得电阻值为 0Ω，正常。

4）测量 001# 线。万用表两支表笔分别接在 FU1 下桩 001# 线和接触器 KM 线圈 001# 线处，测得电阻值为 0Ω，正常。

5）测量接触器 KM 线圈的电阻值，约为 550Ω（交流接触器型号为 CJT1-20，380V）。

6）分别测量其他各电路。将万用表一表笔接在按钮 SB 的 11# 线处，另一表笔逐点测量以下线段：

测 Q1-12 的 11#线，测得电阻值为 0Ω，正常。

测 Q1-12 的 12#线，测得电阻值为 0Ω，正常。

测 Q2-12 的 12#线，测得电阻值为 0Ω，正常。

测 Q2-12 的 13#线，测得电阻值为 0Ω，正常。

测 Q3-17 的 13#线，测得电阻值为 0Ω，正常。

测 Q3-17 的 14#线，测得电阻值为 0Ω，正常。

测 SQ3 的 14#线，测得电阻值为 0Ω，正常。

测 SQ3 的 15#线，测得电阻值为 0Ω，正常。

测 SQ2 的 15#线，测得电阻值为 0Ω，正常。

测 SQ2 的 16#线，测得电阻值为 0Ω，正常。

测 SQ1 的 16#线，测得电阻值为 0Ω，正常。

测 SQ1 的 17#线，测得电阻值为 0Ω，正常。

测 SA1 的 17#线，测得电阻值为 0Ω，正常。

测 SA1 的 18#线，测得电阻值为 0Ω，正常。

测 KI 的 18#线，测得电阻值为 0Ω，正常。

测 KI 的 19#线，测得电阻值为 0Ω，正常。

测 KI4 的 19#线，测得电阻值为 0Ω，正常。

测 KI4 的 20#线，测得电阻值为 0Ω，正常。

测 KI3 的 20#线，测得电阻值为 0Ω，正常。

测 KI3 的 21#线，测得电阻值为 0Ω，正常。

测 KI2 的 21#线，测得电阻值为 0Ω，正常。

测 KI2 的 22#线，测得电阻值为 0Ω，正常。

测 KI1 的 22#线，测得电阻值为 0Ω，正常。

测 KI1 的 23#线，测得电阻值为 0Ω，正常。

测 KM 的 23#线，测得电阻值为 ∞，不正常。

则说明 23#线断线或接线头脱落。用跨接线试验，工作正常。进一步检查，发现线头脱落，修复后通电试运行（通电检查起重机各项的操作，直至符合要求）。以上的 25 步检查，待熟练后可以合并为几步测量。

特别提示：桥式起重机控制电源没有采用隔离变压器，检修必须在起重机停止工作且切断电源时进行，一般不准带电操作。如果带电检修，需要特别注意安全。因设备较大，带电检修时使用验电笔测量法相对比较方便。另外，由于是空中作业，必须严格遵守空中作业的规范，做好各种安全防护措施。检修时，必须思想集中，确保人身安全。在起重机移动时不准走动，停机时走动也要手扶栏杆，以防发生意外。

6. 记录检修过程

将三处故障的检修过程按检修排除故障的顺序填写在表 1-6-2 中。

表 1-6-2　检修过程记录表

第一处故障	故障现象	
	故障范围判断	
	排故过程	
	实际故障点	

（续）

	故障现象	
第二处故障	故障范围判断	
	排故过程	
	实际故障点	
	故障现象	
第三处故障	故障范围判断	
	排故过程	
	实际故障点	

7. 整理清扫

拆除所装电路及元器件，按 3Q7S 要求清扫现场，整理并归还物品。

任务评价

按照表 1-6-3 中的考核内容及评分标准进行自评、互评和师评。

表 1-6-3　考核评价表

序号	考核内容	考核要求	评分标准	配分	自评	互评	师评
1	工作准备	检修工作准备充分	1. 工具、仪表等准备不足或错误，每项扣 2 分 2. 资料、文具等准备不足或错误，每项扣 2 分	10 分			
2	故障现象	通过正确操作判定故障现象	1. 设备操作过程不规范、不熟练，扣 1~5 分 2. 故障现象表述不清或错误，每个故障扣 1~5 分	15 分			
3	故障判别	正确分析故障	1. 故障范围分析错误，每处扣 10 分 2. 故障范围分析不完整，每处扣 2~8 分 3. 未指出故障最小范围，每处扣 5 分	20 分			
4	故障检测与修复	正确排除故障，写出故障点	1. 检测故障思路不清，每处扣 2~8 分 2. 每少查出一处故障，扣 10 分 3. 工具、仪表使用不熟练，扣 2~10 分 4. 扩大故障不能自行修复，每处扣 10 分，能自行修复，每处扣 5 分 5. 修复故障时接错线，每次（条）扣 5 分 6. 在规定时间内返工，每次扣 10 分	40 分			

（续）

序号	考核内容	考核要求	评分标准	配分	自评	互评	师评
5	排故记录	正确填写记录表	1. 记录表填写错误或未填写，扣15分 2. 记录表书写部分错误或不完整，每处扣2~10分 3. 故障检修顺序填写错误，每处扣5分	15分			
6	安全文明生产	安全文明生产	1. 穿戴不符合要求或工具、仪表不齐，扣2~5分 2. 违规操作，每次扣5~10分 3. 严重损坏设备及造成事故的，扣单项30~60分	倒扣			
合计				100分			

否定项说明

若学生发生下列情况之一，则应及时终止其考试，学生该试题成绩记为0分：

（1）考试过程中出现严重违规操作导致设备损坏

（2）违反安全文明生产规程造成人身伤害

📝 **任务拓展**

桥式起重机的结构复杂，工作环境恶劣，故障率较高，为了保证人身和设备的安全，必须坚持进行经常性的维护保养和检修。阅读20/5t桥式起重机常见电气故障及可能原因（见表1-6-4），上网查询桥式起重机设备保养的要求，制定凸轮控制器保养方案。

表1-6-4 20/5t桥式起重机常见电气故障及可能原因

故障现象	故障原因
合上电源总开关QS1并按下起动按钮SB后，接触器KM不动作	（1）线路无电压 （2）熔断器FU1熔断或过电流继电器动作后未复位 （3）紧急开关SA1或安全开关SQ1、SQ2、SQ3未合上 （4）各凸轮控制器手柄未在零位 （5）主接触器KM线圈断路
主接触器KM吸合后，过电流继电器立即动作	（1）凸轮控制器电路接地 （2）电动机绕组接地 （3）电磁制动器线圈接地
接通电源并转动凸轮控制器的手轮后，电动机不起动	（1）凸轮控制器主触点接触不良 （2）滑触线与电刷接触不良 （3）电动机的定子绕组或转子绕组接触不良 （4）电磁制动器线圈断路或制动器未松开

（续）

故障现象	故障原因
转动凸轮控制器后，电动机能起动运转，但不能输出额定功率且转速明显减慢	（1）电源电压偏低 （2）制动器未完全松开 （3）转子电路串联的附加电阻未完全切除 （4）机构卡住
制动电磁铁线圈过热	（1）电磁铁线圈的电压与线路电压不符 （2）电磁铁工作时，动、静铁心间的间隙过大 （3）电磁铁的牵引力过载 （4）制动器的工作条件与线圈数据不符 （5）电磁铁铁心歪斜或机械卡阻
制动电磁铁噪声过大	（1）交流电磁铁短路环开路 （2）动、静铁心端面有油污 （3）铁心松动或铁心端面不平整 （4）电磁铁过载
凸轮控制器在工作过程中卡住或不到位	（1）凸轮控制器的动触点卡在静触点下面 （2）定位机构松动
凸轮控制器在转动过程中火花过大	（1）动、静触点接触不良 （2）控制的电动机功率过大

电气设备（装置）装调维修

任务 1　变频器单向点动运行电路的装调

任务描述

某设备需要通过使用变频器来实现电动机的点动控制，现要求技术员小王对其变频控制电路进行设计、安装和调试。要求通过操作面板来控制电动机的起动/停止、正转/反转；当按下外接的按钮 SB1 时电动机正转的起动，松开按钮 SB1 时电动机停止；要求点动频率为 20Hz，点动加减速时间为 1s。三相异步电动机的功率为 180W，额定电流为 0.5A，额定电压为 380V。具体要求如下：

1）电路设计：根据控制要求，设计并绘制变频器控制接线图。

2）安装接线：根据设计的接线图在配线板上正确安装，工艺规范。

3）参数设置：根据控制要求操作面板，正确地设置各个参数并记录。

4）通电调试：正确使用电工工具及仪表，通电试验，达到设计要求。

5）遵守电气安全操作规程和环境保护规定。

6）额定工时：40min。

任务分析

在设备调整过程中，如金属切削机床装上工件后的调整，常常需要"点一动、点一动"，谓之点动。变频器实现点动的方式主要有两种：

1）外接控制。在点动接线端 JOG 与公共端 COM 之间接入按钮即可，大多数变频器都备有点动接线端。

2）键盘控制。部分变频器在面板上专门配置了点动键进行点动控制。

各类变频器都具有设定点动频率的功能。调试时，点动频率需视设备的具体需要来进行设定。可以先设定得低一些，再酌情增高。此外，还可以通过点动的加速时间和减速时间等参数来控制加速和减速的快慢。要根据实际情况来选择控制方式和参数的数值。

任务准备

一、相关知识和技能

1. 识读变频器单向点动运行的接线图

三菱变频器接线主要包括主电路接线和控制电路接线。主电路有 R（L1）、S（L2）、

T（L3）三相交流电源输入，也有 L、N 单相交流电源输入，输入连接工频电源。U、V、W 为变频器输出，连接三相笼型异步电动机。控制电路包括控制输入信号、频率设定信号、继电器输出、集电极开路输出和模拟量输出。图 2-1-1 为三菱 FR-D720 变频器单向点动运行的接线图，主电路输入接单相交流电源，输出接三相交流电

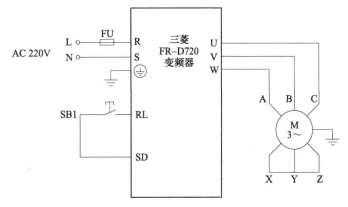

图 2-1-1　三菱 FR-D720 变频器单向点动运行的接线图

动机，在控制输入信号端 RL、SD 之间接点动按钮。

2. 变频器通电前的检查内容

1）电源电压是否正确：220V 级时为单相 AC 220V、50/60Hz；380V 级时为 AC 380V、50/60Hz。

2）输入电源线是否与变频器的输入端子 R、S、T 连接。

3）变频器的输出端子 U、V、W 与电动机的输入端连接。

4）控制电路端子与控制设备连接正确，且端子状态为 OFF。

5）负载电动机为空载状态。

3. 变频器运行时的检测内容

1）通电后，键盘显示是否正常，电源指示灯亮度是否正常。

2）正常后，一般变频器可以直接运行，运行后测试变频器输出端子 U、V、W 三相是否平衡。查看风机是否运转正常，并检测键盘的各个参数是否正常。

4. 操作步骤

1）检查实训设备中的器材是否齐全、完好。

2）首先将变频器断电，STF 和 SD 外部用按钮来连线，RL（也可以是 RM、RH、MES 或 RES）和 SD 外部用开关来连线，将 Pr. 180～Pr. 184（输入端子功能选择）设置为 5 来分配功能。

3）Pr. 79 设置为 0 或者 1，进入内部固定运行模式。

4）进行清零操作。

5）按参数表进行参数设置。

6）Pr. 79 设置为 3，进入组合模式 1，EXT/PU 灯亮。

7）接通 RH（JOG）与 SD，观察到监视器显示内容为"JOG"字样时，即可进行点动正运行。

8）按下正转点动按钮，STF 与 SD 接通，电动机逐渐加速，进入点动运行状态。松开正转点动按钮，STF 与 SD 断开，电动机将逐渐减速直至停止运行。

9）观察 LED 监视器，所显示值应为点动频率 10Hz，加减速时间由 Pr. 16 的值决定。

10）实训完毕，清扫整理工作台。

5. 操作注意事项

1）接线完毕后一定要认真检查，以防接线错误烧坏变频器，特别是主电源电路。

2）在接线时，对变频器内部端子用力不得过猛，以防损坏。

3）在送电和停电过程中要注意安全，特别是在停电过程中，必须待面板 LED 显示全部熄灭以后再操作。

4）对变频器进行参数设置时，应认真观察 LED 显示内容，以免发生错误，争取一次试验成功。

5）在进行外端子点动运行操作时应注意：使用点动运行时，必须在变频器停止后输入点动运行指令；当 STR 和 STF 同时接通时，相当于发出停止信号，电动机停止；不能用参数单元上的 STOP/RESET 键停止电动机，否则会发出报警显示信号。

二、准备所需工具、仪表

1）场地准备。场地准备由学校指导教师或实训管理员组织实施，具体内容见表 2-1-1，或者准备能完成该任务的相应实训设备。

表 2-1-1　场地准备清单

序号	名称	型号与规格	单位	数量	备注
1	变频器	FR-E700 或 FR-E500	台	1	含说明书
2	断路器	DZ47E-32D10	只	1	
3	熔断器	RT18-32	只	1	
4	接线排	12 位	条	2	
5	按钮	LA4	只	1	
6	开关	MTS102	只	1	
7	导线	BVR-1mm^2	m	若干	软线
8	装接板	90cm×60cm	块	1	网孔板或木板
9	线槽	自定		若干	
10	电动机	180W 三相交流异步电动机，380V	台	1	
11	演草纸	自定	张	2	

2）学生准备。学生准备装调相关的工量具、仪表和文具等，具体内容见表 2-1-2。

表 2-1-2　学生准备清单

序号	名称	型号与规格	单位	数量
1	万用表	自定	块	1
2	电工通用工具	验电笔、钢丝钳、螺丝刀（包括十字槽螺丝刀、一字槽螺丝刀）、电工刀、尖嘴钳、活扳手等	套	1
3	圆珠笔或铅笔	自定	支	1
4	绘图工具	自定	套	1
5	劳保用品	绝缘鞋、工作服等	套	1

📝任务实施

1. 组建工作小组

任务实施以小组为单位，将学生分为若干个小组，每个小组 2~3 人，每个小组中推举 1 名小组负责人，负责组织小组成员制订工作计划、实施工作计划、汇报工作成果等。

2. 制订工作计划

根据任务要求、工作流程和小组成员的分工，小组讨论制订合理的工作计划，并填写表 2-1-3。

表 2-1-3　工作计划表

序号	工作内容	计划工时	任务实施者

3. 在演草纸上绘制变频器控制接线图

4. 变频器参数设置表

根据控制要求，列出需要设置的参数编号、名称以及对应的数值，并填写表 2-1-4。

表 2-1-4　参数设置表

序号	参数编号	参数名称	设置数值
1			
2			
3			
4			
5			
6			
7			
8			
9			
10			

5. 记录调试过程

根据控制要求，在演草纸上详细记录调试的步骤和运行状态。

6. 清理场地，归置物品

按 3Q7S 工作要求，清理操作场地。

📝 任务评价

按照表 2-1-5 中的考核内容及评分标准进行自评、互评和师评。

表 2-1-5　考核评价表

序号	考核内容	考核要求	评分标准	配分	自评	互评	师评
1	电路设计	根据任务要求，设计主电路电气控制原理图和控制电路电气控制原理图	电气控制原理图设计不全或设计错误，每处扣 3 分	15 分			
2	列写参数	根据任务要求，正确完整地列出需要设置的参数编号及设定值	参数设置不全或错误，每个扣 2 分	15 分			
3	安装与接线	按变频器控制接线图在模拟配线板上正确安装元件，元件在配线板上布置要合理，安装要准确、紧固，导线连接要紧固、美观，导线要进入线槽，导线要有端子标号，引出端要用别径压端子	1. 元件布置不整齐、不匀称、不合理，每个扣 2 分 2. 元件安装不牢固或安装元件时漏装木螺钉，每个扣 2 分 3. 损坏元件，扣 10 分 4. 电动机运行正常，如不按电气控制原理图接线，扣 3 分 5. 布线不进入线槽、不美观，每根扣 2 分 6. 接点松动、露铜过长、反圈、压绝缘层，标记线号不清楚、遗漏或误标，引出端无别径压端子，每处扣 2 分 7. 损伤导线绝缘或线芯，每根扣 2 分	25 分			
4	参数输入及调试	熟练正确地将所设置参数输入变频器；按照被控设备的动作要求进行模拟调试，达到设计要求	1. 不会熟练操作面板键盘输入指令，扣 3 分 2. 不会用面板修改参数等，每项扣 3 分 3. 试运行不成功，每次扣 10 分，扣完为止 4. 试运行时功能达不到控制要求，每项扣 5 分	25 分			
5	简答题	根据题目要求作答	每题 10 分，根据所附参考答案酌情评分	20 分			
6	安全文明生产	劳动保护用品穿戴整齐；电工工具准备齐全；遵守操作规程；讲文明礼貌；考试结束要清理现场	1. 学生违反安全文明生产考核要求的任何一项，扣 10 分，扣完为止 2. 当学生导致重大事故隐患时，每次扣安全文明生产 20 分，并立即予以制止，扣完为止 3. 若发生短路等重大事故，该项考试 0 分	倒扣			
		合计		100 分			

📝**任务拓展**

1）写出 PU 面板控制点动运行的操作步骤，并进行操作。

2）如果点动频率为 10Hz，下限频率设为 15Hz，电动机在点动控制时能起动吗？为什么？

任务 2　变频器双向连续运行电路的装调

📝**任务描述**

某设备需要通过使用变频器来实现电动机的双向连续控制，要求通过外部端子控制电动机的起动/停止、正转/反转，接通开关 SA1 时电动机正转，接通开关 SA2 时电动机反转。同时，要求运行频率由操作面板控制，实现 10～30Hz 范围内的连续可调，加速时间为 3s，减速时间为 5s。三相异步电动机的功率为 180W，额定电流为 0.5A，额定电压为 380V。具体要求如下：

1）电路设计：根据控制要求，设计并绘制变频器控制接线图。

2）安装接线：根据设计的接线图在配线板上正确安装，工艺规范。

3）参数设置：根据控制要求操作面板，正确地设置各个参数并记录。

4）通电调试：正确使用电工工具及仪表，通电试验，达到设计要求。

5）遵守电气安全操作规程和环境保护规定。

6）额定工时：40min。

📝**任务分析**

机械设备前进后退、上升下降、进刀回刀等，都需要电动机的正反转运行，所以变频器的双向连续控制装调是典型的工作任务。变频器的双向连续运行控制有两种模式，即"PU"模式操作（即面板操作）和外部运行操作。外部运行操作是利用连接在变频器控制端子上的外部接线来控制电动机起停与运行频率的方法，即用 STF、STR 等起动指令端子控制电动机的起停，这是通过接点控制端子的"通""断"来进行控制的。用外接开关 SA1、SA2 控制 FR-E540 变频器，即可实现电动机运转功能。其中，STF 端口设为正转控制，当 SA1 接通时电动机正转运行；STR 端口设为反转控制，当 SA2 接通时电动机反转运行。完成该控制的要点是起动指令用端子 STF（STR）与 SD 置为 ON 来进行，其运行模式是通过操作面板设置参数 Pr.79＝3 来设定的，频率是通过操作面板上的 M 旋钮进行设定的。

📝**任务准备**

一、相关知识和技能

1. 变频器双向连续运行电路接线图

变频器双向连续运行电路接线图如图 2-2-1 所示。其中，STF 接正转起动，即 STF 信号为 ON 时为正转指令，为 OFF 时为停止指令；STR 接反转起动，即 STR 信号为 ON 时为反转指令，为 OFF 时为停止指令；当 STF、STR 信号同时为 ON 时变成停止指令。

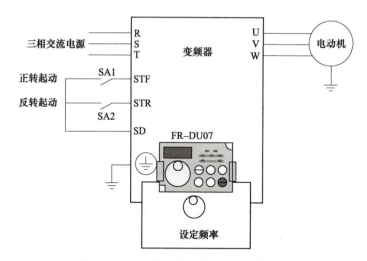

图 2-2-1   变频器双向连续运行电路接线图

2. 操作步骤

1）检查实训设备中的器材是否齐全、完好。

2）首先将变频器断电，然后按图 2-2-1 连接外部电路。检查正确后再接通电源。

3）Pr.79 设置为 0 或者 1，进入内部固定运行模式。

4）进行清零操作。

5）按参数表进行参数设置。按下操作面板的 MODE 键进入参数设置菜单画面，设置上限频率为 30Hz、下限频率为 10Hz。

6）Pr.79 设置为 3，进入组合模式 1，EXT/PU 灯亮。

7）用旋钮设定变频器运行频率，实现 10~30Hz 范围内的连续可调。

8）按下开关 SA1，观察并记录电动机运转情况。

9）松开开关 SA1，按下开关 SA2，观察并记录电动机的运转情况。

10）改变 Pr.79 的值，重复步骤 4）、5）、6），观察电动机运转状态有什么变化。

11）实训完毕，清扫整理工作台。

3. 注意事项

1）接线完毕后一定要认真检查，以防接线错误烧坏变频器，特别是主电源电路。

2）在送电和停电过程中要注意安全，特别是在停电过程中，必须待面板 LED 显示全部熄灭以后再打开盖板。

3）在进行制动功能应用时，变频器的制动功能无机械保持作用，要注意安全，避免发生伤害事故。

4）由于变频器可直接切换其正反转，所以使用时必须注意安全。在变频器由正转切换为反转状态时，加减速时间可根据电动机功率和工作环境条件的不同而设定。

5）在运行过程中要认真观测电动机和变频器的工作状态。

二、准备所需工具、仪表

1）场地准备。场地准备由学校指导教师或实训管理员组织实施，具体内容见表 2-2-1，或者准备能完成该任务的相应实训设备。

表 2-2-1　场地准备清单

序号	名称	型号与规格	单位	数量	备注
1	变频器	FR-E700 或 FR-E500	台	1	含说明书
2	断路器	DZ47E-32 D10	只	1	
3	熔断器	RT18-32	只	1	
4	接线排	12 位	条	2	
5	开关	MTS102	只	2	
6	导线	BVR-1mm^2	m	若干	软线
7	装接板	90cm×60cm	块	1	网孔板或木板
8	线槽	自定		若干	
9	电动机	1kW 以下三相交流异步电动机	台	1	
10	演草纸	自定	张	若干	

2）学生准备。学生准备装调相关的工量具、仪表和文具等，具体内容见表 2-1-2。

📝 任务实施

1. 组建工作小组

任务实施以小组为单位，将学生分为若干个小组，每个小组 2~3 人，每个小组中推举 1 名小组负责人，负责组织小组成员制订工作计划、实施工作计划、汇报工作成果等。

2. 制订工作计划

根据任务要求、工作流程和小组成员的分工，小组讨论制订合理的工作计划，并填写表 2-2-2。

表 2-2-2　工作计划表

序号	工作内容	计划工时	任务实施者

3. 在演草纸上绘制变频器控制接线图

4. 变频器参数设置表

根据控制要求，列出需要设置的参数编号、名称以及对应的数值，并填写表 2-2-3。

表 2-2-3　参数设置表

序号	参数编号	参数名称	设置数值
1			
2			
3			
4			
5			
6			
7			
8			
9			
10			
11			
12			

5. 记录调试过程

根据控制要求，在演草纸上详细记录调试的步骤和运行状态。

6. 清理场地，归置物品

按 3Q7S 工作要求，清理操作场地。

任务评价

按照表 2-2-4 中的考核内容及评分标准进行自评、互评和师评。

表 2-2-4　考核评价表

序号	考核内容	考核要求	评分标准	配分	自评	互评	师评
1	电路设计	根据任务要求，设计主电路电气控制原理图和控制电路电气控制原理图	电气控制原理图设计不全或设计错误，每处扣 3 分	15 分			
2	列写参数	根据任务要求，正确完整地列出需要设置的参数编号及设定值	参数设置不全或错误，每个扣 2 分	15 分			
3	安装与接线	按变频器控制接线图在模拟配线板上正确安装元件，元件在配线板上布置要合理，安装要准确、紧固，导线连接要紧固、美观，导线要进入线槽，导线要有端子标号，引出端要用别径压端子	1. 元件布置不整齐、不匀称、不合理，每个扣 2 分 2. 元件安装不牢固或安装元件时漏装木螺钉，每个扣 2 分 3. 损坏元件，扣 10 分 4. 电动机运行正常，如不按电气控制原理图接线，扣 3 分 5. 布线不进入线槽、不美观，每根扣 2 分 6. 接点松动、露铜过长、反圈、压绝缘层，标记线号不清楚、遗漏或误标，引出端无别径压端子，每处扣 2 分 7. 损伤导线绝缘或线芯，每根扣 2 分	25 分			

（续）

序号	考核内容	考核要求	评分标准	配分	自评	互评	师评
4	参数输入及调试	熟练正确地将所设置参数输入变频器；按照被控设备的动作要求进行模拟调试，达到设计要求	1. 不会熟练操作面板键盘输入指令，扣3分 2. 不会用面板修改参数等，每项扣3分 3. 试运行不成功，每次扣10分，扣完为止 4. 试运行时功能达不到控制要求，每项扣5分	25分			
5	简答题	根据题目要求作答	每题10分，根据所附参考答案酌情评分	20分			
6	安全文明生产	劳动保护用品穿戴整齐；电工工具准备齐全；遵守操作规程；讲文明礼貌；考试结束要清理现场	1. 学生违反安全文明生产考核要求的任何一项，扣10分，扣完为止 2. 当学生导致重大事故隐患时，每次扣安全文明生产20分，并立即予以制止，扣完为止 3. 若发生短路等重大事故，该项考试0分	倒扣			
合计				100分			

📝 任务拓展

1）在变频器正确接线情况下，无法实现反转运行，简要说明2种以上可能出现的问题。

2）进行加减速时间参数设置时，为什么要设置加减速基准频率？出厂时的加减速基准频率是多少？

任务3　变频器多段速单向运行电路的装调

📝 任务描述

某设备需要通过使用变频器来实现电动机的多段速单向控制，要求通过外部端子控制电动机多段速单向运行，具体控制过程如图2-3-1所示，要求加速时间为2s，减速时间为3s。已知三相异步电动机的功率为180W，额定电流为0.5A，额定电压为380V。

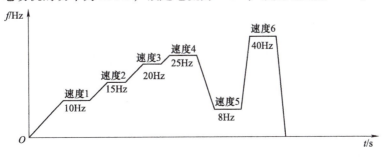

图 2-3-1　多段速单向运行示意图

具体要求如下：

1）电路设计：根据控制要求，设计并绘制变频器控制接线图。

2）安装接线：根据设计的接线图在配线板上正确安装，工艺规范。

3）参数设置：根据控制要求操作面板，正确地设置各个参数并记录。

4）通电调试：正确使用电工工具及仪表，通电试验，达到设计要求。

5）遵守电气安全操作规程和环境保护规定。

6）额定工时：40min。

任务分析

多段速控制也称为固定频率控制。由于工艺上的要求，很多生产机械设备在不同阶段需要不同的转速运行。为了便于对这种负载进行控制，变频器提供了多段速控制功能，一般通过外接开关对输入端子的状态进行组合来实现。通过输入端子的不同组合，可以实现 15 种运行速度。对于三菱变频器的多段速运行，其运行速度的参数由 PU 单元来设定，并通过外部端子的组合来切换。如果不使用 REX 信号，则通过 RH、RM、RL 的开关信号组合，最多可选择 7 段速；如果使用 REX 信号，可完成 15 段速的选择。

任务准备

一、相关知识和技能

1. 七段速控制电路接线图

图 2-3-2 是三菱变频器 7 段速控制电路接线图，包括主电路接线和控制电路接线。单向起动由外部端子 STF 来实现，通过开关 SA1 控制 STF、SA1 闭合，STF 信号为 ON，此时为正转指令；SA1 断开，STF 信号为 OFF，此时为停止指令。通过外接开关 SA2、SA3、SA4 控制接点信号（RH、RM、RL）的 ON、OFF 状态即可以选择多种速度。

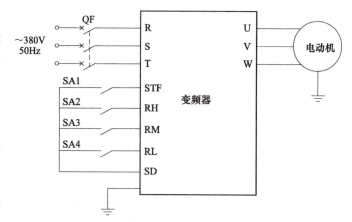

图 2-3-2　三菱变频器 7 段速控制电路接线图

2. 多种速度的功能端子信号设定

图 2-3-3 是多种速度外部多功能端子的开关信号图。选择 1 速～7 速时，REX 信号为 OFF，可以不接控制开关，通过 RH、RM、RL 的开关信号组合来完成；选择 8 速～15 速时，REX 信号为 ON，必须外接控制开关并使其闭合接通，再通过 RH、RM、RL 的开关信号组合来完成。

3. 多种速度的频率参数设定

多段速频率设定参数的编号及设定值见表 2-3-1。前 3 种速度频率由 Pr. 4、Pr. 5、Pr. 6

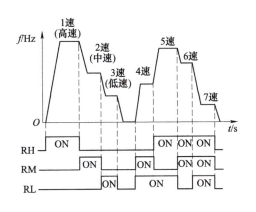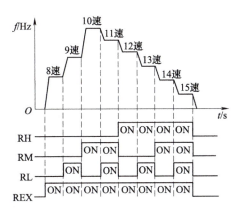

图 2-3-3　多种速度外部多功能端子的开关信号图

设定，当 RH 信号为 ON 时由 Pr. 4 设定，当 RM 信号为 ON 时由 Pr. 5 设定，当 RL 信号为 ON 时由 Pr. 6 设定。4 速以上的多段速设定（Pr. 24～Pr. 27、Pr. 232～Pr. 239），可以通过 RH、RM、RL、REX 信号的组合来完成。需要先在 Pr. 24～Pr. 27 和 Pr. 232～Pr. 239 中设定运行频率（初始值状态下 4 速～15 速为无法使用的设定）。REX 信号输入所使用的端子可以通过将 Pr. 178～Pr. 184（输入端子功能选择）设定为 8 来分配功能。

表 2-3-1　多段速频率设定参数的编号及设定值

参数编号	名称	初始值	设定范围	内容
Pr. 4	多段速设定（高速）	50Hz	0～400Hz	RH 为 ON 时的频率
Pr. 5	多段速设定（中速）	30Hz	0～400Hz	RM 为 ON 时的频率
Pr. 6	多段速设定（低速）	10Hz	0～400Hz	RL 为 ON 时的频率
Pr. 24	多段速设定（4 速）	9999	0～400Hz、9999	
Pr. 25	多段速设定（5 速）	9999	0～400Hz、9999	
Pr. 26	多段速设定（6 速）	9999	0～400Hz、9999	
Pr. 27	多段速设定（7 速）	9999	0～400Hz、9999	
Pr. 232	多段速设定（8 速）	9999	0～400Hz、9999	通过 RH、RM、RL、REX 信号的组合可以进行 4～15 段速的频度设定
Pr. 233	多段速设定（9 速）	9999	0～400Hz、9999	
Pr. 234	多段速设定（10 速）	9999	0～400Hz、9999	
Pr. 235	多段速设定（11 速）	9999	0～400Hz、9999	9999 表示未选择
Pr. 236	多段速设定（12 速）	9999	0～400Hz、9999	
Pr. 237	多段速设定（13 速）	9999	0～400Hz、9999	
Pr. 238	多段速设定（14 速）	9999	0～400Hz、9999	
Pr. 239	多段速设定（15 速）	9999	0～400Hz、9999	

二、准备所需工具、仪表

1）场地准备。场地准备由学校指导教师或实训管理员组织实施，具体内容见表 2-3-2，或者准备能完成该任务的相应实训设备。

表 2-3-2　场地准备清单

序号	名称	型号与规格	单位	数量	备注
1	变频器	FR-E700 或 FR-E500	台	1	含说明书
2	断路器	DZ47E-32 D10	只	1	
3	熔断器	RT18-32	只	1	
4	接线排	12 位	条	2	
5	开关	MTS102	只	6	
6	导线	BVR-1mm^2	m	若干	软线
7	装接板	90cm×60cm	块	1	网孔板或木板
8	线槽	自定		若干	
9	电动机	三相交流异步电动机，180W，0.5A	台	1	
10	演草纸	自定	张	若干	

2）学生准备。学生准备装调相关的工量具、仪表和文具等，具体内容见表 2-1-2。

📝 **任务实施**

1. 组建工作小组

任务实施以小组为单位，将学生分为若干个小组，每个小组 2~3 人，每个小组中推举 1 名小组负责人，负责组织小组成员制订工作计划、实施工作计划、汇报工作成果等。

2. 制订工作计划

根据任务要求、工作流程和小组成员的分工，小组讨论制订合理的工作计划，并填写表 2-3-3。

表 2-3-3　工作计划表

序号	工作内容	计划工时	任务实施者

3. 在演草纸上绘制变频器控制接线图

4. 填写变频器开关信号通断情况表和参数设置表

根据控制要求，用 ON 和 OFF 填写 6 种速度开关信号通断情况表（见表 2-3-4），并填写变频器参数设置表（见表 2-3-5），列出需要设置的参数编号、名称以及对应的数值。

表 2-3-4 6 种速度开关信号通断情况表

速度序号	SA2（RH）	SA3（RM）	SA4（RL）	输出频率
1				
2				
3				
4				
5				
6				

表 2-3-5 变频器参数设置表

序号	参数编号	参数名称	设置数值
1			
2			
3			
4			
5			
6			
7			
8			
9			
10			
11			
12			

5. 记录调试过程

根据控制要求，在演草纸上详细记录调试的步骤和运行状态。

6. 清理场地，归置物品

按 3Q7S 工作要求，清理操作场地。

任务评价

按照表 2-3-6 中的考核内容及评分标准进行自评、互评和师评。

表 2-3-6 考核评价表

序号	考核内容	考核要求	评分标准	配分	自评	互评	师评
1	电路设计	根据任务要求，设计主电路电气控制原理图和控制电路电气控制原理图	电气控制原理图设计不全或设计错误，每处扣 3 分	15 分			

（续）

序号	考核内容	考核要求	评分标准	配分	自评	互评	师评
2	列写参数	根据任务要求，正确完整地列出需要设置的参数编号及设定值	参数设置不全或错误，每个扣2分	15分			
3	安装与接线	按变频器控制接线图在模拟配线板上正确安装元件，元件在配线板上布置要合理，安装要准确、紧固，导线连接要紧固、美观，导线要进入线槽，导线要有端子标号，引出端要用别径压端子	1. 元件布置不整齐、不匀称、不合理，每个扣2分 2. 元件安装不牢固或安装元件时漏装木螺钉，每个扣2分 3. 损坏元件，扣10分 4. 电动机运行正常，如不按电气控制原理图接线，扣3分 5. 布线不进入线槽、不美观，每根扣2分 6. 接点松动、露铜过长、反圈、压绝缘层，标记线号不清楚、遗漏或误标，引出端无别径压端子，每处扣2分 7. 损伤导线绝缘或线芯，每根扣2分	25分			
4	参数输入及调试	熟练正确地将所设置参数输入变频器；按照被控设备的动作要求进行模拟调试，达到设计要求	1. 不会熟练操作面板键盘输入指令，扣3分 2. 不会用面板修改参数等，每项扣3分 3. 试运行不成功，每次扣10分，扣完为止 4. 试运行时功能达不到控制要求，每项扣5分	25分			
5	简答题	根据题目要求作答	每题10分，根据所附参考答案酌情评分	20分			
6	安全文明生产	劳动保护用品穿戴整齐；电工工具准备齐全；遵守操作规程；讲文明礼貌；考试结束要清理现场	1. 学生违反安全文明生产考核要求的任何一项，扣10分，扣完为止 2. 当学生导致重大事故隐患时，每次扣安全文明生产20分，并立即予以制止，扣完为止 3. 若发生短路等重大事故，该项考试0分	倒扣			
合计				100分			

📝 任务拓展

要求改用 PLC 来完成自动控制，即当按下起动按钮 SB1 后，变频器以 10Hz 频率运行，然后每隔 5s，变频器依次按 10Hz、15Hz、20Hz、25Hz、8Hz、40Hz 顺序自动切换频率一次，再运行 10s，自动停止。请用 PLC、变频器联合设计并装调，具体要求如下：

1）写出 I/O 分配表。

2）画出 PLC、变频器联合控制的接线图。

3）编写 PLC 程序。

4）安装调试并验证。

任务 4　变频器模拟量开环控制系统的装调

任务描述

某设备的工作台采用无级调速，通过使用变频器实现外部模拟量控制工作台拖动电动机，要求通过外接开关控制电动机的正转、反转和停止。通过外接可调节的电位器改变输入电压来控制变频器的频率，频率调节范围为 0~50Hz。变频器加速时间为 5s，减速时间为 10s。已知三相异步电动机的功率为 1.1kW，额定电流为 2.45A，额定电压为 380V。

具体要求如下：

1）电路设计：根据控制要求，设计并绘制变频器控制接线图。

2）安装接线：根据设计的接线图在配线板上正确安装，工艺规范。

3）参数设置：根据控制要求操作面板，正确地设置各个参数并记录。

4）通电调试：正确使用电工工具及仪表，通电试验，达到设计要求。

5）遵守电气安全操作规程和环境保护规定。

6）额定工时：40min。

任务分析

变频器的模拟量给定信号通常采用标准电压给定信号和标准电流给定信号。标准电压给定信号的范围有 0~10V 和 0~5V 两种，标准电流给定信号的范围为 4~20mA。实际应用中模拟量输入信号大多为由传感器信号变换而成的标准电压给定信号和标准电流给定信号。在进行变频器模拟量开环控制系统设计时，首先要选择输入模拟量的规格，即模拟量信号的性质和类别，再通过参数设置选择输入端子。三菱 FR-E540 变频器的模拟量端子有 2 和 4，模拟量电压输入所使用的端子 2 可以选择 0~5V 或 0~10V，通过 Pr.73 的参数来设置；模拟量输入所使用的端子 4 可以选择电压输入（0~5V 或 0~10V）或电流输入（4~20mA），通过 Pr.267 的参数来设置。电压/电流输入切换开关端子 4 的额定规格随电压/电流输入切换开关的设定而变更。

任务准备

一、相关知识和技能

1. 外接电位器调节频率的接线图

图 2-4-1 是三菱变频器外接电位器调节频率的接线图。其中，STF 接正转起动，即 STF 信号为 ON 时为正转指令，为 OFF 时为停止指令；STR 接反转起动，即 STR 信号为 ON 时为反转指令，为 OFF 时为停止指令；当 STF、STR 信号同时为 ON 时变成停止指令。

根据变频器通过模拟信号进行频率设定（电压输入）的原理图，其频率设定器从变频器供给的 5V 电压进行运行（端子 10）。调节电位器，端子 2 与 5 间出现 0~5V 连续可调的电压信号。电位器输入电阻一般选择 10kΩ±1kΩ，最大容许电压以 DC 20V 为宜。

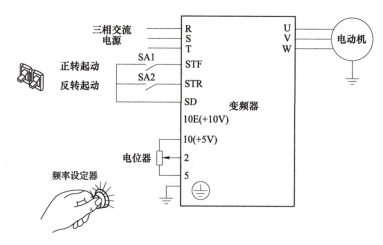

图 2-4-1 三菱变频器外接电位器调节频率的接线图

2. 变频器模拟量开环控制系统的安装和调试步骤

1）检查实训设备中的器材是否齐全。

2）按照变频器外部接线图完成变频器的接线，认真检查，确保正确无误。

3）Pr.79 设置为 1，进入内部固定运行模式。

4）进行清零操作。

5）按参数表进行参数设置。

6）Pr.79 设置为 2，进入外部模式，EXT 灯亮。

7）接通外接开关 SA1 或 SA2，启动变频器。

8）调节输入电压，观察并记录电动机的运转情况。

9）断开 SA1 或 SA2，停止变频器。

10）实训完毕，清扫整理工作台。

二、准备所需工具、仪表

1）场地准备。场地准备由学校指导教师或实训管理员组织实施，具体内容见表 2-4-1，或者准备能完成该任务的相应实训设备。

表 2-4-1 场地准备清单

序号	名称	型号与规格	单位	数量	备注
1	变频器	FR-E700 或 FR-E500	台	1	含说明书
2	断路器	DZ47E-32 D10	只	1	
3	熔断器	RT18-32	只	1	
4	接线排	12 位	条	2	
5	开关	MTS102	只	2	
6	电位器	$10k\Omega$、$0.5W$	只	1	
7	导线	BVR-$1mm^2$	m	若干	软线
8	装接板	90cm×60cm	块	1	网孔板或木板
9	线槽	自定		若干	
10	电动机	三相交流异步电动机，1.1kW，2.45A	台	1	
11	演草纸	自定	张	2	

2）学生准备。学生准备装调相关的工量具、仪表和文具等，具体内容见表 2-1-2。

📋**任务实施**

1. 组建工作小组

任务实施以小组为单位，将学生分为若干个小组，每个小组 2~3 人，每个小组中推举 1 名小组负责人，负责组织小组成员制订工作计划、实施工作计划、汇报工作成果等。

2. 制订工作计划

根据任务要求、工作流程和小组成员的分工，小组讨论制订合理的工作计划，并填写表 2-4-2。

表 2-4-2　工作计划表

序号	工作内容	计划工时	任务实施者

3. 在演草纸上绘制变频器控制接线图

4. 填写参数设置表

列出需要设置的参数编号、名称以及对应的数值，并填写表 2-4-3。

表 2-4-3　参数设置表

序号	参数编号	参数名称	设置数值
1			
2			
3			
4			
5			
6			
7			
8			
9			
10			
11			
12			

5. 记录调试过程

根据控制要求，在演草纸上详细记录调试的步骤和运行状态。

6. 清理场地，归置物品

按 3Q7S 工作要求，清理操作场地。

📋 **任务评价**

按照表2-4-4中的考核内容及评分标准进行自评、互评和师评。

表2-4-4　考核评价表

序号	考核内容	考核要求	评分标准	配分	自评	互评	师评
1	电路设计	根据任务要求，设计主电路电气控制原理图和控制电路电气控制原理图	电气控制原理图设计不全或设计错误，每处扣3分	15分			
2	列写参数	根据任务要求，正确完整地列出需要设置的参数编号及设定值	参数设置不全或错误，每个扣2分	15分			
3	安装与接线	按变频器控制接线图在模拟配线板上正确安装元件，元件在配线板上布置要合理，安装要准确、紧固，导线连接要紧固、美观，导线要进入线槽，导线要有端子标号，引出端要用别径压端子	1. 元件布置不整齐、不匀称、不合理，每个扣2分 2. 元件安装不牢固或安装元件时漏装木螺钉，每个扣2分 3. 损坏元件，扣10分 4. 电动机运行正常，如不按电气控制原理图接线，扣3分 5. 布线不进入线槽、不美观，每根扣2分 6. 接点松动、露铜过长、反圈、压绝缘层，标记线号不清楚、遗漏或误标，引出端无别径压端子，每处扣2分 7. 损伤导线绝缘或线芯，每根扣2分	25分			
4	参数输入及调试	熟练正确地将所设置参数输入变频器；按照被控设备的动作要求进行模拟调试，达到设计要求	1. 不会熟练操作面板键盘输入指令，扣3分 2. 不会用面板修改参数等，每项扣3分 3. 试运行不成功，每次扣10分，扣完为止 4. 试运行时功能达不到控制要求，每项扣5分	25分			
5	简答题	根据题目要求作答	每题10分，根据所附参考答案酌情评分	20分			
6	安全文明生产	劳动保护用品穿戴整齐；电工工具准备齐全；遵守操作规程；讲文明礼貌；考试结束要清理现场	1. 学生违反安全文明生产考核要求的任何一项，扣10分，扣完为止 2. 当学生导致重大事故隐患时，每次扣安全文明生产20分，并立即予以制止，扣完为止 3. 若发生短路等重大事故，该项考试0分	倒扣			
合计				100分			

任务拓展

1）简述变频器在接线时有哪些注意事项。

2）如果将本任务的电动机起动和停止要求用操作面板来控制，则哪些参数要改变？如何改变？

任务 5　变频器 PID 闭环控制电路的装调

任务描述

某设备需要通过使用变频器来实现 PID 闭环调速控制，要求通过操作面板控制电动机起动/停止。通过外部模拟电压输入端子设定目标值，通过外部模拟电流输入端子输入反馈值（反馈用外部给定模拟）。已知三相异步电动机的功率为 1.1kW，额定电流为 2.45A，额定电压为 380V。要求变频器加速时间为 2s，减速时间为 3s，PID 反馈信号从端子 4、5 输入，PID 动作选择为负作用，比例常数为 0.8，积分时间常数和微分时间常数均为 0.5s，不要求进行输出上、下限的参数设置。

具体要求如下：

1）电路设计：根据控制要求，设计并绘制变频器控制接线图。

2）安装接线：根据设计的接线图在配线板上正确安装，工艺规范。

3）参数设置：根据控制要求操作面板，正确地设置各个参数并记录。

4）通电调试：正确使用电工工具及仪表，通电试验，达到设计要求。

5）遵守电气安全操作规程和环境保护规定。

6）额定工时：40min。

任务分析

变频器的 PID 控制是与传感器构成的闭环控制，用来实现对被控量的自动调节，在温度、压力、风量和流量等参数要求恒定的场合应用十分广泛，也是变频器在节能控制应用中常用的控制方法。

PID 控制也称为比例积分微分控制，属于闭环控制，是指用传感器检测被控量的实际值并反馈给变频器，然后将其与被控量的目标值相比较，如果实际值与目标值有偏差，则通过 PID 环节的控制作用使偏差为零，直至达到预定的控制目标。

变频器内置 PID 控制功能，即给定信号通过变频器的键盘面板或端子输入，反馈信号反馈给变频器的控制端，在变频器内部进行 PID 调节以改变输出频率。通过本任务要学会 PID 参数的设置、输入输出端子的设定，会根据生产实际了解参数校正方法。

任务准备

一、相关知识和技能

1. 变频器 PID 控制接线图

图 2-5-1 是三菱变频器常见的 PID 控制接线图。变频器控制水泵电动机，通过压力传感

器及压力变送器将反馈电流信号与给定电压信号进行比较，变频器接收反馈信号后进行 PID 算法处理，实现恒压供水。

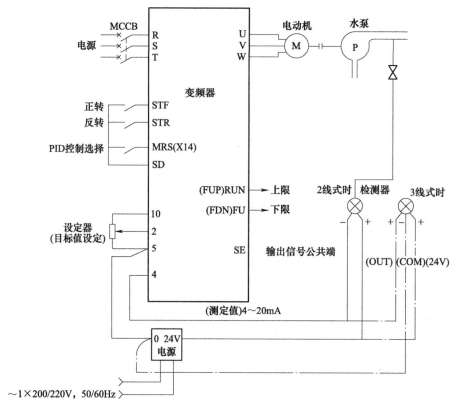

图 2-5-1　三菱变频器常见的 PID 控制接线图

2. PID 控制调整流程

图 2-5-2 是变频器 PID 控制调节流程图。第一步是 PID 控制相关参数的设定，参数 Pr.127~Pr.134 的设定可参照表 2-5-1。第二步是 PID 控制相关端子的设定（即 I/O 信号）。输入信号端子的参数有 Pr.73、Pr.267 和 Pr.180~Pr.186，模拟量端子有 2 和 4。模拟量电压输入所使用的端子 2 可以选择 0~5V 或 0~10V，通过参数 Pr.73 来设置；模拟量输入所使用的端子 4 可以选择电压输入（0~5V 或 0~10V）或电流输入（4~20mA），通过参数

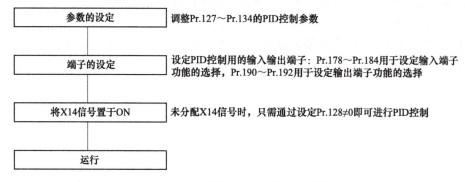

图 2-5-2　变频器 PID 控制调节流程图

Pr. 267 来设置。电压/电流输入切换开关端子 4 的额定规格随电压/电流输入切换开关的设定而变更。输出信号端子的参数有 Pr. 190～Pr. 192，可参照表 2-5-2 进行设定。第三步是实现 PID 闭环运行，但首先必须使 PID 功能有效。例如，三菱变频器应用 PID 功能进行控制时，通过参数 Pr. 180～Pr. 186 来设定某一输入端子为 X14 信号，当 X14 信号接通时，PID 功能才有效。第四步是运行校正。要使设定的目标值平稳运行，除了调整参数值（参数 Pr. 128～Pr. 134），还可以对给定值和反馈参数进行设定（设定参数 Pr. 902～Pr. 905）。

表 2-5-1　PID 参数设定表

参数编号	名称	初始值	设定范围	内　　容		
Pr. 127	PID 控制自动切换频率	9999	0～400Hz	自动切换到 PID 控制的频率		
			9999	无 PID 控制自动切换功能		
Pr. 128	PID 动作选择	0	0	PID 不动作		
			20	PID 负作用	测定值（端子 4）	
			21	PID 正作用	目标值（端子 2 或 Pr. 133）	
			40	PID 负作用	计算方法：固定	储线器控制用 目标值（Pr. 133） 测定值（端子 4） 主速度（运行模式的频率指令）
			41	PID 正作用		
			42	PID 负作用	计算方法：比例	
			43	PID 正作用		
			50	PID 负作用	偏差值信号输入（LonWorks、CC-Link 通信）	
			51	PID 正作用		
			60	PID 负作用	测定值、目标值输入（LonWorks、CC-Link 通信）	
			61	PID 正作用		
Pr. 129	PID 比例带	100%	0.1%～1000%	比例带狭窄（参数的设定值小）时，测定值的微小变化可以带来大的操作量变化 随比例带的变小，响应灵敏度（增益）会变得更好，但可能会引起振动等，降低稳定性 增益 K_p =1/比例带		
			9999	无比例控制		
Pr. 130	PID 积分时间	1s	0.1～3600s	在偏差步进输入时，仅在积分（I）动作中得到与比例（P）动作相同的操作量所需要的时间（T_i） 随着积分时间变小，到达目标值的速度会加快，但是容易发生振动现象		
			9999	无积分控制		
Pr. 131	PID 上限	9999	0～100%	上限值 反馈量超过设定值的情况下输出 FUP 信号 测定值（端子 4）的最大输入（20mA/5V/10V）相当于 100%		
			9999	无功能		

（续）

参数编号	名称	初始值	设定范围	内　　容
Pr. 132	PID 下限	9999	0~100%	下限值 测定值低于设定值范围的情况下输出 FDN 信号 测定值（端子 4）的最大输入（20mA/5V/10V）相当于 100%
			9999	无功能
Pr. 133	PID 动作目标值	9999	0~100%	PID 控制时的目标值
			9999	端子 2 输入为目标值
Pr. 134	PID 微分时间	9999	0.01~10s	在偏差指示灯输入时，仅得到比例动作（P）的操作量所需的时间（T_d） 随微分时间的增大，对偏差变化的反应也越大
			9999	无微分控制

注：1. 表中参数在 Pr. 160 用户参数组读取选择"0"时可以设定。

2. Pr. 129、Pr. 130、Pr. 133、Pr. 134 可以在运行中设定，其设定与运行模式无关。

表 2-5-2　PID I/O 信号端子设定表

信号		使用端子	功能	内容	参数设定
输入	X14	由 Pr. 178~ Pr. 184 设定	PID 控制选择	进行 PID 控制时使 X14 为 ON[1]	设定 Pr. 178~Pr. 184 中的任意一个为 14
	2	2	目标值输入	输入 PID 控制的目标值	Pr. 128=20、21 Pr. 133=9999
				0~5V（0~100%）	Pr. 73=1[2]、11
				0~10V（0~100%）	Pr. 73=0、10
	PU	—	目标值输入	通过操作面板的参数单位来设定目标值（Pr. 133）	Pr. 128=20、21 Pr. 133=0~100%
	4	4	测定值输入	输入检测器发出的信号（测定值信号）	Pr. 128=20、21
				4~20mA（0~100%）	Pr. 267=0[2]
				0~5V（0~100%）	Pr. 267=1
				0~10V（0~100%）	Pr. 267=2
	通信[3]	—	偏差值输入	通过 LonWorks、CC-Link 通信输入偏差值	Pr. 128=50、51
			目标值、测定值验入	通过 LonWorks、CC-Link 通信输入目标值和测定值	Pr. 128=60、61
输出	FUP	由 Pr. 190~ Pr. 192 设定	上限输出	测定值信号高于上限值（Pr. 131）时输出	Pr. 128=20、21、60、61 Pr. 131≠9999 将 Pr. 190~Pr. 192 中的任意一个设定为 15 或者 115[4]

（续）

信号		使用端子	功能	内容	参数设定
输出	FDN	由 Pr. 190~ Pr. 192 设定	下限输出	测定值信号低于下限值（Pr. 132）时输出	Pr. 128=20、21、60、61 Pr. 132≠9999 将 Pr. 190~Pr. 192 中的任意一个设定为 14 或者 114④
	RL		正转（反转）方向输出	参数单元的输出显示为正转（FWD）时输出 [H_i]，显示为反转（REV）或停止（STOP）时输出 [Low]	将 Pr. 190~Pr. 192 中的任意一个设定为 16 或者 116④
	PID		PID 控制动作中	PID 控制动作为 ON	将 Pr. 190~Pr. 192 中的任意一个设定为 47 或者 147④
	SE	SE	输出端子公共端	端子 FUP、FDN、RL、PID 的公共端子	

① 未分配 X14 信号时，只需通过 Pr. 128 的设定即可进行 PID 控制。

② 此值为参数初始值。

③ 通过 LonWorks 通信进行设定的方法请参照 LonWorks 通信选件（FR-A7M.E 组件）使用手册。通过 CC-Link 通信进行设定的方法请参照 CC-Link 通信选件（FX-A7NC.E 组件）使用手册。

④ Pr. 190~Pr. 192（输出端子功能选择）设定为 100 以上时，端子输出为负逻辑。

3. 变频器 PID 控制安装和调试的步骤

1）检查实训设备中的器材是否齐全。

2）画出变频器外部接线图，并完成变频器的接线，认真检查，确保正确无误。

3）打开电源开关，按照参数表正确设置变频器参数。

4）Pr. 79 设置为 4，进入组合 2 模式。

5）打开开关 KA1，启动 PID 控制。

6）按下操作面板按钮 ⓇⓊⓃ，启动变频器。

7）调节输入电压、电流，观察并记录电动机的运转情况。

8）按下操作面板按钮 ⓈⓉⓄⓅ/ⓇⒺⓈⒺⓉ，停止变频器。

9）实训完毕，清扫整理工作台。

二、准备所需工具、仪表

1）场地准备。场地准备由学校指导教师或实训管理员组织实施，具体内容见表 2-5-3，或者准备能完成该任务的相应实训设备。

表 2-5-3 场地准备清单

序号	名称	型号与规格	单位	数量	备注
1	变频器	FR-E700 或 FR-E500	台	1	含说明书
2	断路器	DZ47E-32 D10	只	1	
3	熔断器	RT18-32	只	1	

（续）

序号	名称	型号与规格	单位	数量	备注
4	接线排	12 位	条	2	
5	开关	MTS102	只	1	
6	电位器	10kΩ、0.5W	只	1	
7	导线	BVR-1mm²	m	若干	软线
8	装接板	90cm×60cm	块	1	网孔板或木板
9	线槽	自定		若干	
10	电动机	1.1kW 以下三相交流异步电动机	台	1	
11	演草纸	自定	张	2	

2）学生准备。学生准备装调相关的工量具、仪表和文具等，具体内容见表 2-1-4。

任务实施

1. 组建工作小组

任务实施以小组为单位，将学生分为若干个小组，每个小组 2~3 人，每个小组中推举 1 名小组负责人，负责组织小组成员制订工作计划、实施工作计划、汇报工作成果等。

2. 制订工作计划

根据任务要求、工作流程和小组成员的分工，小组讨论制订合理的工作计划，并填写表 2-5-4。

表 2-5-4　工作计划表

序号	工作内容	计划工时	任务实施者

3. 在演草上绘制变频器控制接线图

4. 填写参数设置表

列出需要设置的参数编号、名称以及对应的数值，并填写表 2-5-5。

表 2-5-5　参数设置表

序号	参数编号	参数名称	设置数值
1			
2			
3			
4			
5			

（续）

序号	参数编号	参数名称	设置数值
6			
7			
8			
9			
10			
11			
12			
13			
14			
15			

5. 记录调试过程

根据控制要求，在演草纸上详细记录调试的步骤和运行状态。

6. 清理场地，归置物品

按 3Q7S 工作要求，清理操作场地。

任务评价

按照表 2-5-6 中的考核内容及评分标准进行自评、互评和师评。

表 2-5-6　考核评价表

序号	考核内容	考核要求	评分标准	配分	自评	互评	师评
1	电路设计	根据任务要求，设计主电路电气控制原理图和控制电路电气控制原理图	电气控制原理图设计不全或设计错误，每处扣 3 分	15 分			
2	列写参数	根据任务要求，正确完整地列出需要设置的参数编号及设定值	参数设置不全或错误，每个扣 2 分	15 分			
3	安装与接线	按变频器控制接线图在模拟配线板上正确安装元件，元件在配线板上布置要合理，安装要准确、紧固，导线连接要紧固、美观，导线要进入线槽，导线要有端子标号，引出端要用别径压端子	1. 元件布置不整齐、不匀称、不合理，每个扣 2 分 2. 元件安装不牢固或安装元件时漏装木螺钉，每个扣 2 分 3. 损坏元件，扣 10 分 4. 电动机运行正常，如不按电气控制原理图接线，扣 3 分 5. 布线不进入线槽、不美观，每根扣 2 分 6. 接点松动、露铜过长、反圈、压绝缘层，标记线号不清楚、遗漏或误标，引出端无别径压端子，每处扣 2 分 7. 损伤导线绝缘或线芯，每根扣 2 分	25 分			

（续）

序号	考核内容	考核要求	评分标准	配分	自评	互评	师评
4	参数输入及调试	熟练正确地将所设置参数输入变频器；按照被控设备的动作要求进行模拟调试，达到设计要求	1. 不会熟练操作面板键盘输入指令，扣3分 2. 不会用面板修改参数等，每项扣3分 3. 试运行不成功，每次扣10分，扣完为止 4. 试运行时功能达不到控制要求，每项扣5分	25分			
5	简答题	根据题目要求作答	每题10分，根据所附参考答案酌情评分	20分			
6	安全文明生产	劳动保护用品穿戴整齐；电工工具准备齐全；遵守操作规程；讲文明礼貌；考试结束要清理现场	1. 学生违反安全文明生产考核要求的任何一项，扣10分，扣完为止 2. 当学生导致重大事故隐患时，每次扣安全文明生产20分，并立即予以制止，扣完为止 3. 若发生短路等重大事故，该项考试0分	倒扣			
合计				100分			

📋 **任务拓展**

1）当要求输出上限频率为48Hz、下限频率为10Hz时，如何设置参数？
2）总结使用变频器外部端子控制电动机点动运行的操作方法。

任务6　变频器系统维护及常见故障排除

📋 **任务描述**

某设备运行中电动机突然发出"嗡嗡"的声音，这时的变频器操作面板显示"E.LF"，请判断该故障的可能原因，查阅变频器故障代码，说出故障名称，并进行故障排除与修复，使设备达到正常运行状态。

具体要求如下：

1）电路查阅：根据控制要求，查阅变频器控制接线图。
2）接线检查：根据设计的接线图检查线路。
3）参数检查：根据控制要求操作面板，检查各参数是否正常。
4）故障排除：根据故障提示，按照手册的要求进行处理。
5）通电调试：正确使用电工工具及仪表，通电试验，达到设计要求。
6）遵守电气安全操作规程和环境保护规定。
7）额定工时：40min。

📝 任务分析

目前，变频器在工业自动化控制中应用非常广泛，相比于普通的继电器和接触器控制电路，变频器的控制更加安全、高效、节能。变频器虽然好，但也免不了会出现故障，当变频器出现故障的时候，电工技术人员应进行及时有效的处理。通过本任务了解变频器日常维护知识，以及变频器常见故障的类型及异常显示信息，学会查找故障代码和分析故障原因，并学会解决方法。

📝 任务准备

一、变频器的维护与保养

变频器在长期运行或较长时间的放置过程中，环境可能对变频器本身产生许多不利的影响（变频器对于湿度、温度、气压等都有一定的要求）。在确保工作环境符合要求的前提下，还有必要对变频器进行定期的维护和保养，主要包括以下几个方面：

（1）电气性能检查　由于环境的影响和变频器的老化，必须定期对长期运行或放置的变频器进行电气性能的检查及保养。对交流输入、整流及逆变、直流输入熔断器进行全面检查，发现烧毁的元件要及时更换；仔细检查端子排是否有老化、松脱，是否存在短路隐性故障；各连接线连接是否牢固，线皮有无破损；各电路板接插头是否牢固，进出主电源连线是否可靠，连线处有无发热氧化等现象，接地是否良好。

（2）电容的检查　主电路主要由三相或单相整流桥、平滑电容、滤波电容、IPM 逆变桥、限流电阻、接触器等元器件组成。其中，对变频器寿命影响最大的是平滑电容，它的寿命主要由加在其两端的直流电压和内部温度所决定。在主电路设计时已经根据电源电压选定了电容的型号，所以内部温度对平滑电容的寿命起决定作用。检查电容是否有漏液，外壳膨胀、鼓泡或变形的情况，安全阀是否破裂，有条件的可对电容容量、漏电流、耐压等进行测试，对不符合要求的电容进行更换。滤波电容的使用周期一般为 5 年，对使用时间在 5 年以上，并且各项指标明显偏离检测标准的滤波电容，应酌情更换。

（3）其他检查项目　除了日常检查，在众多的检查项目中，重点要检查的是主电路中的平滑电容，逻辑控制电路、电源电路、逆变驱动保护电路中的电解电容，冷却系统中的风扇等。除主电路的电容，其他电路的电容的测定比较困难，因此主要以外观变化和运行时间为判断的基准。另外，还要对变频器进行除尘、防腐处理等。

二、变频器的异常显示

变频器的异常显示大体可以分为以下几种：

（1）错误信息　显示有关操作面板或参数单元（FR-PU04-CH/FR-PU07）的操作错误或设定错误的信息，变频器不会切断输出。

（2）报警　操作面板显示报警信息时，虽然变频器不会切断输出，但如果不采取处理措施，便可能引发重故障。

（3）轻故障　变频器不会切断输出。通过参数设定也可以输出轻故障信号。

（4）重故障　通过启动保护功能来切断变频器输出，并输出异常信号。

三、变频器的常见故障

当变频器发生故障的时候，对变频器的故障要进行及时有效的处理。一般情况下变频器的故障都会报出相应的故障代码。表 2-6-1 是三菱 E700 系列变频器的常见故障代码一览表，对照着故障代码表就可以快速地判断变频器故障。

表 2-6-1　三菱 E700 系列变频器的常见故障代码一览表

操作面板显示		名　称
错误信息	*E ---*　　E ———	报警历史
	HOLd　　HOLD	操作面板锁定
	Er1~ *Er4*　　Er1 ~ Er4	参数写入错误
	Err.　　Err.	变频器复位中
报警	*OL*　　OL	失速防止（过电流）
	oL　　oL	失速防止（过电压）
	rb　　RB	再生制动预报警
	TH　　TH	电子过电流保护预报警
	PS　　PS	PU 停止
	MT　　MT	维护信号输出
	Uu　　UV	电压不足
轻故障	*Fn*　　FN	风扇故障
重故障	*E.OC1*　　E. OC1	加速时过电流切断
	E.OC2　　E. OC2	恒速时过电流切断
	E.OC3　　E. OC3	减速、停止中过电流切断
	E.Ou1　　E. OV1	加速时再生过电压切断
	E.Ou2　　E. OV2	恒速时再生过电压切断
	E.Ou3　　E. OV3	减速、停止时再生过电压切断
	E.THT　　E. THT	变频器过载切断（电子过电流保护）
	E.THM　　E. THM	电动机过载切断（电子过电流保护）

（续）

操作面板显示		名　　称
重故障	E.FIn　E. FIN	散热片过热
	E.ILF　E. ILF	输入断相
	E.OLT　E. OLT	失速防止
	E.bE　E. BE	制动晶体管异常检测
	E.GF　E. GF	启动时输出侧接地过电流
	E.LF　E. LF	输出断相
	E.OHT　E. OHT	外部热继电器动作
	E.OP1　E. OP1	通信选件异常
	E.1　E. 1	选件异常
	E.PE　E. PE	变频器参数存储元件异常
	E.PE2　E. PE2	内部基板异常
	E.PUE　E. PUE	PU 脱离
	E.rET　E. RET	再试次数溢出
	E.6/E.7/E.CPU　E. 6/E. 7/E. CPU	CPU 错误
	E.IOH　E. IOH	浪涌电流抑制电路异常
	E.AIE　E. AIE	模拟量输入异常
	E.USb　E. USB	USB 通信异常
	E.Mb4~E.Mb7　E. MB4~E. MB7	制动器顺控错误
	E.13　E. 13	内部电路异常

四、变频器控制系统故障排除的步骤

1）了解并分析变频器控制系统的控制要求和目的。

2）根据变频器提示的故障代码查阅处理办法。

3）根据控制要求检查硬件电路和需要设置的参数。

4）使用常用电工工具检查维修变频器主电路和控制电路。

71

5）通电后检查所需参数，并用测量仪器等进行调试。

五、准备所需工具、仪表

1）场地准备。场地准备由学校指导教师或实训管理员组织实施，具体内容见表 2-6-2，或者准备能完成该任务的相应实训设备。

表 2-6-2　场地准备清单

序号	名称	型号与规格	单位	数量
1	变频器排故装置	三菱 E700 或自定	台	1
2	变频器说明书	三菱 E700 或自定	本	1
3	演草纸	自定	张	2

2）学生准备。学生准备排故相关的工量具、仪表和文具等，具体内容见表 2-1-2。

任务实施

1. 组建工作小组

任务实施以小组为单位，将学生分为若干个小组，每个小组 2~3 人，每个小组中推举 1 名小组负责人，负责组织小组成员制订工作计划、实施工作计划、汇报工作成果等。

2. 制订工作计划

根据任务要求、工作流程和小组成员的分工，小组讨论制订合理的工作计划，并填写表 2-6-3。

表 2-6-3　工作计划表

序号	工作内容	计划工时	任务实施者

3. 填写故障处理表

根据变频器操作面板显示"E.LF"的现象，查询说明书，填写表 2-6-4。

表 2-6-4　变频器故障处理表

操作面板显示	E. LF	ELF
名称		
内容		
检查要点		

（续）

处理	
相关参数号	

4. 记录排故过程

在演草纸上记录故障排除的方法和过程。

5. 清理场地，归置物品

按 3Q7S 工作要求，清理操作场地。

任务评价

按照表 2-6-5 中的考核内容及评分标准进行自评、互评和师评。

表 2-6-5　考核评价表

序号	考核内容	考核要求	评分标准	配分	自评	互评	师评
1	工作前准备	根据任务要求，准备工作充分	1. 未检查排故设备，每处扣 3 分 2. 缺少验电笔、万用表、螺丝刀等，每样扣 2 分 3. 缺少圆珠笔等文具，每样扣 2 分	10 分			
2	填写故障处理表	根据任务要求，能正确完整地填写故障处理表	故障处理表中有不全或错误，每样扣 2 分	30 分			
3	故障检查	能正确使用工具、仪器、仪表进行检查	1. 不能正确使用工具、仪器、仪表进行检查，发生一次扣 5 分 2. 没有检查电动机与变频器的接线是否牢固，每个扣 5 分 3. 变频器的型号不对，容量不匹配，每项扣 10 分 4. 没有确认故障参数号，每项扣 10 分	30 分			
4	故障修复	熟练正确地将所设置参数输入变频器；能进行故障修复，确保设备正常可靠运行	1. 不会熟练操作面板键盘输入指令，扣 3 分 2. 不会用面板修改故障参数等，每项扣 3 分 3. 试运行不成功，每次扣 10 分，扣完为止 4. 试运行时功能达不到控制要求，每项扣 5 分	30 分			

（续）

序号	考核内容	考核要求	评分标准	配分	自评	互评	师评
5	安全文明生产	劳动保护用品穿戴整齐；电工工具准备齐全；遵守操作规程；讲文明礼貌；考试结束要清理现场	1. 学生违反安全文明生产考核要求的任何一项，扣 10 分，扣完为止 2. 当学生导致重大事故隐患时，每次扣安全文明生产 20 分，并立即予以制止，扣完为止 3. 若发生短路等重大事故，该项考试 0 分	倒扣			
合计				100 分			

📋 任务拓展

1）变频器控制电动机系统中，发现初次通电电动机就不转，可能的原因会有哪些？

2）变频器操作面板显示"OL"，请填写故障处理表。

项目3

可编程控制系统分析、编程与调试维修

任务1　C650型卧式车床电气控制电路的PLC改造

任务描述

某企业有一台 C650 型卧式车床，其电气控制电路原理图如图 3-1-1 所示。因年久失修，电气控制电路经常出现故障，现要求电工师傅用 PLC 改造该电气控制电路，并对其进行安装与调试，具体要求如下：

1）列出 PLC 控制 I/O（输入/输出）元件地址分配表，画出主/控电路图及 PLC 控制 I/O 接线图，设计梯形图。

2）根据主/控电路图及 PLC 控制 I/O 接线图，在模拟配线板上安装接线。

3）操作计算机键盘，能正确地编写程序并下载到 PLC 中，按照被控设备的动作要求进行模拟调试，达到设计要求。

4）通电试验：正确使用电工工具及万用表进行仔细检查，通电试验，并注意人身和设备安全。

5）额定工时：120min。

任务分析

传统机床控制系统基本上采用继电-接触器电气控制方式，由于这种控制电路触点多、电路复杂，使用多年后，故障多、维修量大、维护不便、可靠性差，影响了正常的生产。有部分机床虽然还能正常工作，但其精度、效率以及自动化程度已不能满足当前生产工艺要求。对这些机床进行改造势在必行。改造既是企业资源的再利用和走持续化发展的需要，也是满足企业新生产工艺和提高经济效益的需要。可编程控制器（PLC）是以微处理器为基础，综合计算机技术、自动控制技术和通信技术发展起来的一种工业自动控制装置，应用灵活、可靠性高、维护方便，目前在工业控制领域中得到广泛应用。本任务是用 PLC 对 C650 型卧式车床的电气控制电路进行改造，事前要分析清楚 C650 型卧式车床的电气控制电路，重点学会用 PLC 改造机床电气控制电路的一般步骤和注意事项。

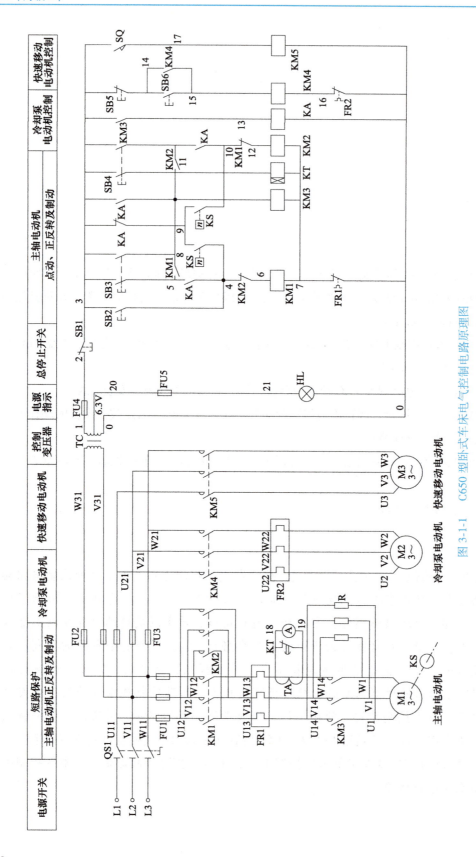

图 3-1-1　C650 型卧式车床电气控制电路原理图

📝**任务准备**

一、分析 C650 型卧式车床的电气控制电路

1. 结构及运动形式

C650 型卧式车床的外形结构图如图 3-1-2 所示。C650 型卧式车床主要由床身、主轴变速箱、进给箱、溜板箱、刀架、丝杠、光杠和尾座等部分组成。车床的切削运动包括工件旋转的主运动和刀具的直线进给运动。根据工件的材料性质、车刀材料及几何形状、工件直径、加工方式及冷却条件的不同，要求主轴有不同的切削速度。

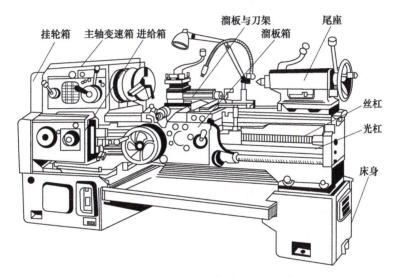

图 3-1-2　C650 型卧式车床的外形结构图

车床的进给运动是溜板带动刀架的直线运动。溜板箱把丝杠或光杠的转动传递给刀架部分，通过变换溜板箱外的手柄位置，使车床做纵向或横向进给。车床的辅助运动为机床上除切削运动以外的其他一切必需的运动，如尾座的纵向移动、工件的夹紧与放松等。

2. 电力拖动特点及控制要求

C650 型卧式车床是一种中型车床，除了主轴电动机 M1 和冷却泵电动机 M2，还设置了刀架快速移动电动机 M3。它的控制特点是主轴的正反转不是通过机械方式来实现的，而是通过电气方式，即主轴电动机 M1 的正反转来实现的，从而简化了机械结构。主轴电动机的制动采用了电气反接制动形式，并用速度继电器进行控制，可实现快速停机。为便于对刀操作，主轴设有点动控制。一般采用电流表来检测电动机负载情况。控制电路由于电气元件很多，故通过控制变压器 TC 与三相电网进行电隔离，提高了操作和维修时的安全性。

3. 电气控制电路分析

（1）主电路分析　图 3-1-1 中，QS1 为电源开关。FU1 为主轴电动机 M1 的短路保护熔断器，FR1 为其过载保护热继电器。R 为限流电阻，在主轴点动时，限制起动电流，在停机反接制动时，又起限制过大的反向制动电流的作用。电流表 A 用来监视主轴电动机 M1 的绕

组电流。由于实际车床中 M1 功率很大，故 A 接入电流互感器 TA 回路。车床工作时，可调整切削用量，使电流表 A 的电流接近主轴电动机 M1 额定电流的对应值（经 TA 后减小了的电流值），以便提高生产效率和充分利用电动机的潜力。KM1、KM2 为正反转接触器，KM3 为用于短接电阻 R 的接触器，由它们的主触点控制主轴电动机 M1。KM4 为接通冷却泵电动机 M2 的接触器。FR2 为 M2 的过载保护热继电器。KM5 为接通快速移动电动机 M3 的接触器，由于 M3 点动短时运转，故不设置热继电器。

（2）控制电路分析

1）主轴电动机的点动调整控制。当按下点动按钮 SB2 不松手时，接触器 KM1 线圈通电，KM1 主触点闭合，电网电压经限流电阻 R 通入主轴电动机 M1，从而减小了起动电流。由于中间继电器 KA 未通电，故虽然 KM1 的常开辅助触点（5-8）已闭合，但不自锁，因而当松开 SB2 后，KM1 线圈随即断电，进行反接制动，主轴电动机 M1 停转。

2）主轴电动机的正反转控制。当按下正向起动按钮 SB3 时，KM3 通电，其主触点闭合，短接限流电阻 R，另有一个常开辅助触点 KM3(3-13) 闭合，使得 KA 通电吸合，KA(3-8) 闭合，使得 KM3 在 SB3 松开后也保持通电，进而 KA 也保持通电。另一方面，当 SB3 尚未松开时，由于 KA 的另一常开触点 KA(5-4) 已闭合，故使得 KM1 通电，其主触点闭合，主轴电动机 M1 全压起动运行。KM1 的常开辅助触点 KM1(5-8) 也闭合。当松开 SB3 后，由于 KA 的两个常开触点 KA(3-8)、KA(5-4) 保持闭合，KM1(5-8) 也闭合，故可形成自锁通路，从而 KM1 保持通电。另外，在 KM3 得电的同时，时间继电器 KT 通电吸合，其作用是使电流表避免起动电流的冲击（KT 延时应稍长于 M1 的起动时间）。SB4 为反向起动按钮，反向起动过程同正向时类似。

3）主轴电动机的反接制动。C650 型卧式车床采用反接制动方式，用速度继电器 KS 进行检测和控制。点动、正转、反转停机时均有反接制动。假设原来主轴电动机 M1 正转运行，则 KS 的正向常开触点 KS(9-10) 闭合，而反向常开触点 KS(9-4) 依然断开着。当按下总停按钮 SB1 后，原来通电的 KM1、KM3、KT 和 KA 就随即断电，它们的所有触点均被释放而复位。然而，当松开 SB1 后，M1 由于惯性转速还很高，KS(9-10) 仍闭合，所以反转接触器 KM2 立即通电吸合，电流通路是 1→2→3→9→10→12→KM2 线圈→7→0。这样，主轴电动机 M1 就被串电阻反接制动，正向转速很快降下来，当降到很低时（$n < 100 \text{r/min}$），KS 的正向常开触点 KS(9-10) 断开复位，从而切断了上述电流通路。至此，正向反接制动就结束了。

4）点动时反接制动过程和反向时反接制动过程不再赘述。

5）刀架的快速移动和冷却泵控制。转动刀架手柄，限位开关 SQ 被压动而闭合，使得快速移动接触器 KM5 通电，快速移动电动机 M3 起动运转，而当刀架手柄复位时，M3 随即停转。冷却泵电动机 M2 的起停按钮分别为 SB6 和 SB5。

4. 辅助电路分析

虽然电流表 A 接在电流互感器 TA 回路里，但主轴电动机 M1 起动时对它的冲击仍然很大，为此，在线路中设置了时间继电器 KT 对其进行保护。当主轴电动机正向或反向起动时，KT 通电，延时时间尚未到时，A 就被 KT 延时断开的常闭触点短路，延时时间到后，才有电流指示。

二、明确用 PLC 改造机床电气控制电路的方法与步骤

传统的机床电气控制电路大部分是继电-接触式电气控制电路，在用 PLC 改造时，可以将 PLC 想象成一个继电-接触式控制系统的控制箱，PLC 的内部程序（梯形图）就是这个控制箱的内部"电路图"，PLC 的输入和输出继电器就是这个控制箱与外部世界联系的"中间继电器"，这样我们就可以用分析继电-接触式电路的方法来分析 PLC 的控制系统了。具体步骤如下：

1）确定 PLC 的输入信号和输出负载，以及它们对应的梯形图中的输入继电器、输出继电器的元件编号（即进行 I/O 分配），同时画出 PLC 的接线图。

①输入点的确定。按钮、控制开关、限位开关、接近开关等是用来给 PLC 提供控制命令和反馈信号的元件，它们的触点应接在 PLC 的输入端。

②输出点的确定。在主电路中有触点的接触器以及电磁阀等元件的线圈，应用 PLC 的输出继电器控制。

③在主电路中没有触点存在的中间继电器（KA）以及时间继电器（KT），可以用 PLC 内部的辅助继电器（M）和定时器（T）来完成。

2）根据继电器电路图，写出各线圈的逻辑表达式。

由于继电器电路中的元件只有两种工作状态，对线圈来说，或是通电或是断电，对触点来说，或是断开或是闭合。而逻辑代数中也只有两种编码，或为 1 或为 0，所以继电器电路完全可以用逻辑代数式来表达。

具体做法是以线圈为单位，分别考虑继电器电路图中每个线圈受到哪些触点和电路的控制，以此为依据写出逻辑表达式。例如图 3-1-1 所示的 C650 型卧式车床电气控制电路中，KM4 的逻辑表达式为

$$KM4 = (SB6 + KM4) \cdot \overline{SB1} \cdot \overline{SB5} \cdot \overline{FR2}$$

根据 I/O 分配将逻辑表达式中的各元件的线圈和触点用对应的输入和输出继电器来代替，对应 KM4 线圈 Y4 的逻辑可表达为

$$Y4 = (X6 + Y4) \cdot \overline{X1} \cdot \overline{X5} \cdot \overline{X11}$$

等式左边 Y4 代表 KM4 线圈，右边 Y4 代表 KM4 常开触点，X6 代表起动按钮 SB6，$\overline{X1}$ 表示停止按钮 SB1，$\overline{X5}$ 表示停止按钮 SB5，$\overline{X11}$ 表示热继电器 FR2 常闭触点。然后根据转化生成的逻辑表达式画出梯形图，如图 3-1-3 所示。

图 3-1-3 逻辑表达式转化的梯形图

应该指出的是，经验丰富的设计人员根据继电器电路图是可以直接写出梯形图的，但这

一方法难度较大，而且在设计过程中很容易出现遗漏和错误。

三、利用 PLC 改造电气控制电路时应注意的问题

1. 关于中间单元的设置

在梯形图中，若多个线圈都受某一组串联或并联触点的控制，为了简化梯形图，在梯形图中可设置用该组电路控制的辅助继电器，再利用该辅助继电器的常开触点去控制各个线圈。

2. 常闭触点提供的输入信号的处理

设计输入电路时，应尽量采用常开触点，如果只能使用常闭触点（如实际电路中的保护元件和停止按钮）提供输入信号，则在梯形图中对应的触点类型应与继电–接触式电路图中的触点类型相反。

3. 热继电器的使用

如果热继电器属于自动复位型，其常闭触点提供的过载信号必须通过 PLC 的输入电路提供给 PLC，并在梯形图中通过程序的设计来实现过载保护；如果热继电器属于手动复位型，其常闭触点可以直接接在 PLC 的输入电路中，也可以直接接在 PLC 的输出电路的公共线上。

4. 尽量减少 PLC 的输入和输出点数

PLC 的价格与 PLC 的输入/输出点数有关，减少 PLC 的输入/输出点数是降低硬件成本的主要措施。

1）某些器件的触点如果只在继电–接触式电路图中出现一次，并且与 PLC 输出端的负载串联（如手动复位的热继电器的常闭触点），可以不必将它们作为 PLC 的输入信号，而是将它们放在 PLC 外部的输出电路中，与相应的外部负载串联。

2）继电–接触式控制系统中某些相对独立且比较简单的部分，可以用继电器电路控制，这样同时减少了所需的 PLC 的输入和输出点数。

5. 外部负载的额定电压

PLC 的继电器输出模块和双向晶闸管输出模块一般只能驱动额定电压为 AC 220V 的负载，如果系统原来的交流接触器或继电器的线圈电压为 AC 380V，应将线圈换成 AC 220V 的，或在 PLC 外部设置中间继电器。

6. 关于电气联锁

由于 PLC 程序的运行较硬件动作快，所以凡是继电–接触式电路中有电气联锁机构的，在 PLC 的输入输出电路中仍需要有相应的硬件触点进行电气联锁。

📝任务实施

1. 明确工作任务

任务实施以小组为单位，根据班级人数将学生分为若干个小组，每组以 3~4 人为宜，每人明确各自的工作任务和要求，小组讨论推荐 1 人为小组长（负责组织小组成员制订本组工作计划、协调小组成员实施工作任务），推荐 1 人负责领取和分发材料，推荐 1 人负责成果汇报。

2. 制订工作计划

根据任务要求、工作流程和小组成员的分工，小组讨论制订合理的工作计划，并填写表 3-1-1。

表 3-1-1 工作计划表

序号	工作内容	计划工时	任务实施者

3. 准备材料器材

将表 3-1-2 填写完整，向仓库管理员提供材料清单，并领取和分发材料。

表 3-1-2 材料清单

序号	名称	型号与规格	单位	数量	备注
1					
2					
3					
4					
5					
6					
7					
8					
9					
10					
11					
12					
13					
14					
15					

4. 列出输入/输出元件的地址分配

根据图 3-1-1 所示的 C650 型卧式车床电气控制电路原理图，找出 C650 型卧式车床 PLC 控制系统的输入/输出信号，填写表 3-1-3。

表 3-1-3　输入/输出元件的地址分配表

序号	元件代号	元件名称	信号功能用途	线端代号	序号	元件代号	元件名称	信号功能用途	线端代号

5. 画出主/控电路图（简图）及 I/O 接线图

6. 接线并检查

根据电气安装接线图完成接线，并用万用表电阻挡检查接线，如果有故障，应及时处理，并填写表 3-1-4。

表 3-1-4　接线故障分析及处理单

故障现象	故障原因	处理方法

7. 画出 PLC 梯形图或程序流程图并编写程序

8. 程序输入并通电调试

如果出现故障，应独立检修，电路检修完毕并且梯形图修改完毕后，应重新调试，直至系统能够正常工作。故障全部解决后，填写表 3-1-5。

表 3-1-5　系统调试故障分析及处理单

故障现象	故障原因	处理方法

9. 整理物品，清扫现场

按 3Q7S 要求，整理物品并清扫现场。

📝 **任务评价**

考核内容及评分标准见表 3-1-6。

表 3-1-6　考核评价表

序号	考核内容	考核要求	评分标准	配分	自评	互评	师评
1	工作准备	准备工作充分	1. 选择工器具、材料有遗漏或错误，每处扣 1 分 2. 不按规定穿戴劳动防护用品，每处扣 2 分 3. 没有携带工具、文具或其他相关物品，缺 1 处扣 1 分	10 分			
2	电路设计	列出 PLC 控制 I/O（输入/输出）元件地址分配表	1. 输入/输出地址有遗漏或错误，每处扣 1 分 2. 输入/输出元件名称或用途描述有遗漏或错误，每处扣 1 分	10 分			
		绘制主/控电路图	1. 电路图表达不正确，每处扣 3 分 2. 画法不规范，每处扣 2 分	5 分			
		绘制 PLC 外围接线图	1. 接线图表达不正确，每处扣 3 分 2. 画法不规范，每处扣 2 分	10 分			
		根据工作要求，设计控制程序	1. 程序表达不正确，每处扣 3 分 2. 程序不规范，每处扣 2 分	15 分			
3	安装与接线	按 PLC 控制电路图和题目要求，在装置或设备上安装电气线路，接线要正确、可靠、美观，整体装接水平要达到正确性、可靠性、工艺性的要求	1. 接线错误，每处扣 2 分 2. 接线不规范、不合理，扣 2~10 分 3. 接线不牢固，每处扣 1 分	10 分			
4	软件应用程序输入调试	程序输入完整、正确、熟练	1. 程序输入不熟练、不完整，扣 2~6 分 2. 不会输入程序，扣 10 分	10 分			
		程序下载、上传与保存	不会下载程序扣 3 分，保存错误扣 2 分，扣完为止	5 分			
		正确进行程序调试，能实现控制要求，功能完整	1. 程序功能不完整，每处扣 5 分，扣完为止 2. 一次调试不成功，扣 10 分	25 分			
5	现场操作规范	操作符合安全操作规程，穿戴劳保用品	违规操作，视情节情况扣 2~5 分	倒扣			
		考试完成后打扫现场，整理工位	现场卫生未打扫，工量具摆放不整齐，扣 2~5 分				
合计				100 分			

否定项说明

若学生发生下列情况之一，则应及时终止其考试，学生该试题成绩记为 0 分：

（1）考试过程中出现严重违规操作导致设备损坏

（2）违反安全文明生产规程造成人身伤害

📋**任务拓展**

用 PLC 改造 CA6140 型卧式车床电气控制电路。CA6140 型卧式车床电气控制电路图如图 3-1-4 所示。

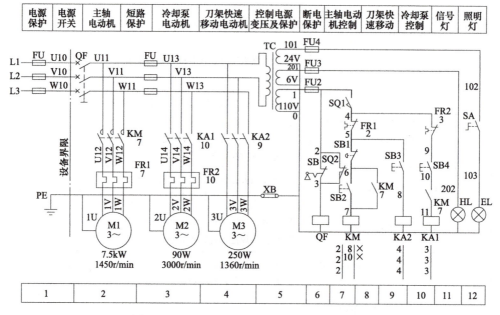

图 3-1-4　CA6140 型卧式车床电气控制电路图

任务 2　Z3040 型摇臂钻床电气控制电路的 PLC 改造

📋**任务描述**

某企业有一台 Z3040 型摇臂钻床，其电气控制电路原理图如图 3-2-1 所示。因年久失修，电气控制电路经常出现故障，现要求电工师傅用 PLC 改造其电路，并且进行安装与调试，具体要求如下：

1）列出 PLC 控制 I/O（输入/输出）元件地址分配表，画出主/控电路图及 PLC 控制 I/O 接线图，设计梯形图。

2）按主/控电路图及 PLC 控制 I/O 接线图，在模拟配线板上安装接线。在配线板上正确安装元件，元件在配线板上布置要合理，安装要准确、紧固，导线连接要紧固、美观，导线要进入线槽，导线要有端子标号，引出端要用别径压端子。

3）操作计算机键盘，能正确地编写程序并下载到 PLC 中，按照被控设备的动作要求进行模拟调试，达到设计要求。

4）通电试验：正确使用电工工具及万用表进行仔细检查，通电试验，并注意人身和设备安全。

5）额定工时：120min。

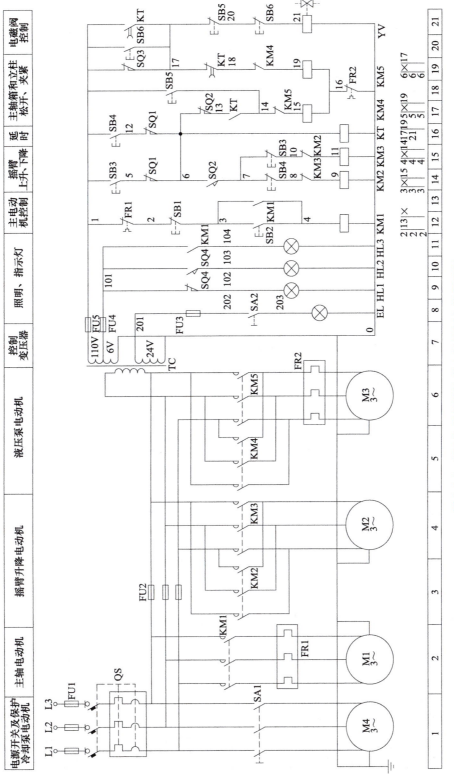

图 3-2-1 Z3040 型摇臂钻床电气控制电路原理图

📝 任务分析

传统机床控制系统基本上采用继电-接触器电气控制方式，由于这种控制电路触点多、电路复杂，使用多年后，故障多、维修量大、维护不便、可靠性差，影响了正常的生产。有部分机床虽然还能正常工作，但其精度、效率以及自动化程度已不能满足当前生产工艺要求。对这些机床进行改造势在必行。改造既是企业资源的再利用和走持续化发展的需要，也是满足企业新生产工艺和提高经济效益的需要。可编程控制器（PLC）是以微处理器为基础，综合计算机技术、自动控制技术和通信技术发展起来的一种工业自动控制装置，应用灵活、可靠性高、维护方便，目前在工业控制领域中得到广泛应用。本任务是用 PLC 对 Z3040 型摇臂钻床的电气控制电路进行改造，事前要分析清楚 Z3040 型摇臂钻床的电气控制电路，进一步学会用 PLC 改造机床电气控制电路的一般步骤和方法。

📝 任务准备

一、分析 Z3040 型摇臂钻床的电气控制电路

1. 结构及运动形式

Z3040 型摇臂钻床的外形结构图如图 3-2-2 所示，其主要由主轴、主轴箱、摇臂、内外立柱、工作台及底座组成。工作台用螺栓固定在底座上，工作台上面固定加工工件，内立柱也固定在底座上。外立柱套在内立柱上，用液压夹紧机构夹紧后，二者不能相对运动，松开夹紧机构后，外立柱用手推动可绕内立柱旋转 360°。

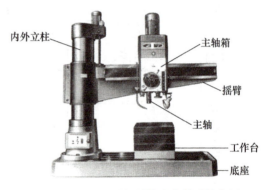

图 3-2-2　Z3040 型摇臂钻床的外形结构图

其运动形式包括主轴可旋转运动和纵向进给运动，主轴箱可沿摇臂径向运动，摇臂可垂直移动和回转运动。

2. 电力拖动特点及控制要求

1）摇臂钻床运动部件较多，采用 4 台电动机拖动，它们分别为主轴电动机 M1、摇臂升降电动机 M2、液压泵电动机 M3、冷却泵电动机 M4。4 台电动机均为小功率电动机，都采用直接起动的控制方式。

2）摇臂钻床主轴的旋转运动和纵向进给运动皆由主轴电动机拖动，并要求主轴的正反转、变速和进给控制均由机械系统完成。

3）摇臂升降由升降电动机拖动，采用继电器控制电动机的正反转，并严格按松开→移动→夹紧这一自动程序执行。

4）液压泵由液压泵电动机拖动，采用继电器控制电动机的正反转，利用液压泵的正反转送出不同流向的液压油，实现主轴箱、立柱和摇臂的夹紧、放松。

5）冷却泵电动机拖动冷却泵单向运行，冷却液循环系统对钻头和工件进行冷却。

6）摇臂钻床为了能够安全可靠地运行，在电气和机械系统中采用了多种保护和联锁环节，信号指示装置实现控制和运行方式指示，局部照明采用 24V 安全电压。

3. 主电路分析

Z3040 型摇臂钻床电气控制电路控制的电动机共有 4 台。

Z3040 型摇臂钻床主轴的旋转运动和进给运动共用一台主轴电动机 M1。加工螺纹时要求主轴能正反向旋转，主轴正反转是采用机械方法来实现的，所以 M1 只需单向旋转。主轴电动机的功率为 3kW，用 SB1、SB2 实现起动和停止控制，用热继电器 FR1 作过载保护。

摇臂的升降由升降电动机 M2 拖动，要求电动机能正反向旋转。M2 的功率为 1.1kW。SB3、SB4 分别为摇臂上升和下降按钮，由 KM2、KM3 控制电动机 M2 的正反转，以实现摇臂的升降移动。

立柱、主轴箱与摇臂的夹紧与松开是采用电动机 M3 带动液压泵通过夹紧机构实现的。其夹紧与松开是通过控制电动机的正反转送出不同流向的液压油推动活塞带动菱形块动作来实现的。所以，液压泵电动机 M3 要求能正反向旋转，由 KM4、KM5 实现正反转控制。M3 的功率为 0.6kW，用热继电器 FR2 作过载保护。

冷却泵电动机 M4 只需单向旋转，其功率为 0.125kW，由旋转开关 SA1 直接控制单向旋转。

4. 控制电路分析

（1）主轴电动机 M1 的控制　按下起动按钮 SB2→接触器 KM1 吸合并自锁→主轴电动机 M1 起动运行，同时指示灯 HL3 点亮。按下停止按钮 SB1→KM1 释放→M1 停止，同时指示灯 HL3 熄灭。

（2）摇臂升降控制　按下上升点动按钮 SB3→时间继电器 KT 线圈得电→KM4 、YV 同时线圈得电，液压泵电动机 M3 起动，摇臂松开→SQ2 动作，KM2 得电、KM4 断电→摇臂上升→摇臂上升到位后，松开按钮 SB3→KM2 和 KT 同时断电释放→M2 停止，摇臂停止上升→由于 KT 线圈失电，经 1~3s 延时，其延时闭合的常闭触点复位→KM5 吸合→液压泵电动机反转→液压油经分配阀体进入摇臂的夹紧油腔使摇臂夹紧，同时活塞杆通过弹簧片使 SQ3 的动断触点断开→KM5 断电释放→液压泵电动机停止，最终完成摇臂的"松开—上升—夹紧"的整套动作。摇臂的下降由 SB4 控制 KM3 起动 M2 反转来实现，与摇臂上升过程类似。

其中，摇臂的松开与夹紧到位分别由行程开关 SQ2 及 SQ3 的动作发出信号。摇臂升降的上下限位保护由 SQ1 实现。KT 为断电延时型时间继电器，其作用是在摇臂升降到位后，延时 1~3s 再起动 M3 将摇臂夹紧。

（3）立柱和主轴箱的夹紧与松开控制　SB5 和 SB6 分别为松开与夹紧控制按钮，由它们点动 KM4、KM5 去控制 M3 的正、反转。由于 SB5、SB6 的动断触点串联在 YV 线圈支路中，所以在操作 SB5、SB6 点动 M3 的过程中，电磁阀 YV 断电，液压泵供应的液压油进入主轴箱和立柱的松开、夹紧油腔，而不进入摇臂的松开、夹紧油腔，进而推动松紧机构实现主轴箱和立柱的松开、夹紧，同时松开/夹紧指示灯 HL1 或 HL2 点亮。

二、明确用 PLC 改造机床电气控制电路的步骤和注意事项

PLC 改造机床电气控制电路的步骤和注意事项见本项目任务 1。

三、明确 PLC 选用应考虑的原则

1. 根据所需要的功能进行选择

基本原则是需要什么功能，就选择具有什么功能的 PLC，同时也适当地兼顾维修、备件

通用性以及今后设备的改进和发展。

各种新型的 PLC，从小、中、大型已普遍可以进行 PLC 与 PLC、PLC 与上位机之间的通信与联网，具备数据处理、高级逻辑运算和模拟量控制等功能。因此，在功能的选择方面，也要着重注意对特殊功能的要求，即一方面要选择具有所需功能的 PLC 主机模块，另一方面也可根据需要选择相应的扩展模块（或扩展选用单元），如开关量的输入与输出模块、模拟量的输入与输出模块和高速计数模块等。

2. 根据 I/O 点数或通道数进行选择

多数小型机为整体机。同一型号的整体式 PLC，除按点数分许多档，还配有不同点数的拓展单元来满足对 I/O 点数的不同需求。

一个被控制对象所用的 I/O 点数不会轻易发生变化，但是考虑到工艺和设备的改动或 I/O 点的损坏、故障等问题，一般应保留 15%~20% 的备用量。

3. 根据输入/输出信号进行选择

除了 I/O 点数，也要注意输入/输出信号的性质、参数和特性要求等，例如要注意输入信号的电压类型、等级和变化频率，信号源是电压输出型还是电流输出型，是 PNP 输出型还是 NPN 输出型等。另外，还要注意输出端点的负载特点、数量等级以及响应速度的要求等。

4. 根据程序存储容量进行选择

通常 PLC 的程序存储器容量以字或步为单位，如 1K 字、4K 步等。PLC 应用程序所需的容量可以预先进行估算。根据经验数据，对于开关量控制系统，程序所需的存储字数等于 I/O 信号总数乘以 8。

📝 任务实施

1. 明确工作任务

任务实施以小组为单位，根据班级人数将学生分为若干个小组，每组以 3~4 人为宜，每人明确各自的工作任务和要求，小组讨论推荐 1 人为小组长（负责组织小组成员制订本组工作计划、协调小组成员实施工作任务），推荐 1 人负责领取和分发材料，推荐 1 人负责成果汇报。

2. 制订工作计划

根据任务要求、工作流程和小组成员的分工，小组讨论制订合理的工作计划，并填写表 3-2-1。

表 3-2-1　工作计划表

序号	工作内容	计划工时	任务实施者

3. 准备材料器材

将表 3-2-2 填写完整，向仓库管理员提供材料清单，并领取和分发材料。

表 3-2-2　材料清单

序号	名称	型号与规格	单位	数量	备注
1					
2					
3					
4					
5					
6					
7					
8					
9					
10					
11					
12					
13					
14					
15					

4. 列出输入/输出元件的地址分配

根据图 3-2-1 所示的 Z3040 型摇臂钻床电气控制电路原理图，找出 Z3040 型摇臂钻床 PLC 控制系统的输入/输出信号，填写表 3-2-3。

表 3-2-3　输入/输出元件的地址分配表

序号	元件代号	元件名称	信号功能用途	线端代号	序号	元件代号	元件名称	信号功能用途	线端代号

5. 画出主/控电路图（简图）及 I/O 接线图

6. 接线并检查

根据电气安装接线图完成接线，并用万用表电阻挡检查接线，如果有故障，应及时处理，并填写表 3-2-4。

表 3-2-4　接线故障分析及处理单

故障现象	故障原因	处理方法

7. 画出 PLC 梯形图或程序流程图并编写程序

8. 程序输入并通电调试

如果出现故障，应独立检修，电路检修完毕并且梯形图修改完毕后，应重新调试，直至系统能够正常工作。故障全部解决后，填写表 3-2-5。

表 3-2-5　系统调试故障分析及处理单

故障现象	故障原因	处理方法

9. 整理物品，清扫现场

按 3Q7S 要求，整理物品并清扫现场。

任务评价

考核内容及评分标准见表 3-2-6。

表 3-2-6　考核评价表

序号	考核内容	考核要求	评分标准	配分	自评	互评	师评
1	工作准备	准备工作充分	1. 选择工器具、材料有遗漏或错误，每处扣 1 分 2. 不按规定穿戴劳动防护用品，每处扣 2 分 3. 没有携带工具、文具或其他相关物品，缺 1 处扣 1 分	10 分			

（续）

序号	考核内容	考核要求	评分标准	配分	自评	互评	师评
2	电路设计	列出 PLC 控制 I/O（输入/输出）元件地址分配表	1. 输入/输出地址有遗漏或错误，每处扣 1 分 2. 输入/输出元件名称或用途描述有遗漏或错误，每处扣 1 分	10 分			
		绘制主/控电路图	1. 电路图表达不正确，每处扣 3 分 2. 画法不规范，每处扣 2 分	5 分			
		绘制 PLC 外围接线图	1. 接线图表达不正确，每处扣 3 分 2. 画法不规范，每处扣 2 分	10 分			
		根据工作要求，设计控制程序	1. 程序表达不正确，每处扣 3 分 2. 程序不规范，每处扣 2 分	15 分			
3	安装与接线	按 PLC 控制电路图和题目要求，在装置或设备上安装电气线路，接线要正确、可靠、美观，整体装接水平要达到正确性、可靠性、工艺性的要求	1. 接线错误，每处扣 2 分 2. 接线不规范、不合理，扣 2~10 分 3. 接线不牢固，每处扣 1 分	10 分			
4	软件应用程序输入调试	程序输入完整、正确、熟练	1. 程序输入不熟练、不完整，扣 2~6 分 2. 不会输入程序，扣 10 分	10 分			
		程序下载、上传与保存	不会下载程序扣 3 分，保存错误扣 2 分，扣完为止	5 分			
		正确进行程序调试，能实现控制要求，功能完整	1. 程序功能不完整，每处扣 5 分，扣完为止 2. 一次调试不成功，扣 10 分	25 分			
5	现场操作规范	操作符合安全操作规程，穿戴劳保用品	违规操作，视情节情况扣 2~5 分	倒扣			
		考试完成后打扫现场，整理工位	现场卫生未打扫，工量具摆放不整齐，扣 2~5 分				
合计				100 分			

否定项说明

若学生发生下列情况之一，则应及时终止其考试，学生该试题成绩记为 0 分：

（1）考试过程中出现严重违规操作导致设备损坏

（2）违反安全文明生产规程造成人身伤害

📋 任务拓展

用 PLC 改造 M7130 型平面磨床电气控制电路。M7130 型平面磨床电气控制电路原理图如图 3-2-3 所示。

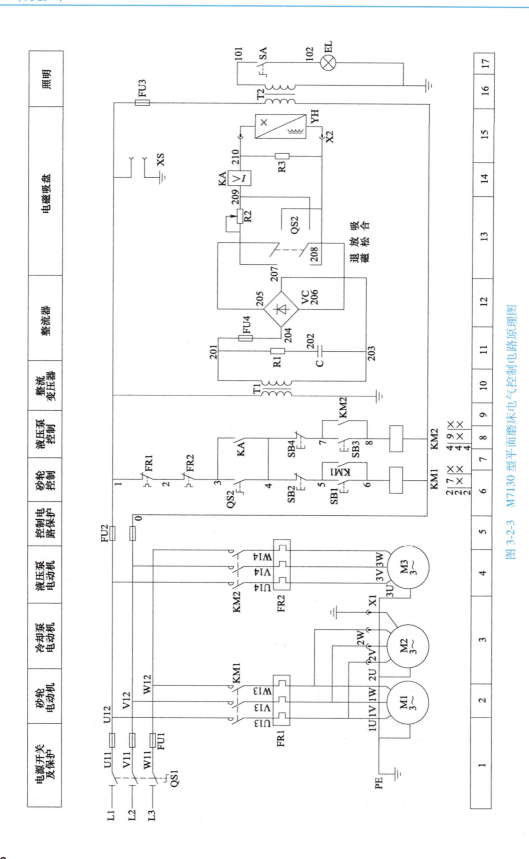

图 3-2-3　M7130 型平面磨床电气控制电路原理图

任务 3 自动供水工作站的 PLC 设计与装调

任务描述

某污水处理场供水工作站如图 3-3-1 所示，供水需要根据情况调节管路压力，确保管路能正常供水，控制要求如下：

1）水压控制系统有 3 台水泵，其中 1 号水泵的功

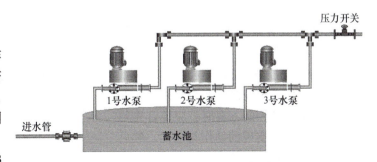

图 3-3-1 某污水处理场供水工作站

率最大作为主泵，2 号和 3 号水泵作为辅助泵，要求 3 台水泵能够根据管网内水压自动运行与投切。在水压偏低时，1 号水泵投入运行；运行 30s 压力仍低时，2 号水泵投入运行；2 号水泵运行 45s，压力如果仍低，系统将起动 3 号水泵投入运行。当压力达到上限后 30s，系统会停止 3 号水泵的运行；停止 3 号水泵后 30s，如果压力还在上限，系统将停止 2 号水泵的运行。这样，可将管网内水压控制在设定的范围之内。

2）要设计系统起动按钮、系统停止按钮和急停按钮，水泵电动机分别设热过载保护，压力上限控制采用高压开关，压力下限控制采用低压开关，有水压高、低指示和电动机 M1、M2、M3 的故障指示。

根据上述控制要求，用 PLC 来设计、模拟安装和调试污水处理场供水工作站，具体要求如下：

1）列出 PLC 控制 I/O（输入/输出）元件地址分配表，画出主/控电路图及 PLC 控制 I/O 接线图，设计梯形图。

2）按主/控电路图及 PLC 控制 I/O 接线图，在模拟配线板上安装接线。在配线板上正确安装元件，元件在配线板上布置要合理，安装要准确、紧固，导线连接要紧固、美观，导线要进入线槽，导线要有端子标号，引出端要用别径压端子。

3）操作计算机键盘，能正确地编写程序并下载到 PLC 中，按照被控设备的动作要求进行模拟调试，达到设计要求。

4）通电试验：正确使用电工工具及万用表进行仔细检查，通电试验，并注意人身和设备安全。

5）额定工时：120min。

任务分析

本任务是污水处理场供水系统的实际案例。供水部分由水泵、电动机、管道和压力开关组成，通常电动机和水泵做成一体，通过电动机旋转驱动水泵抽水。供水系统的控制目标是管网内水压，通过 1 台主泵和 2 台辅助泵的有序工作让管网内水压维持在设定的范围内，控制简单方便。设计本任务工作站首先要分析清楚 PLC 对自动供水工作站的控制流程、控制对象、执行机构和检测信号等，并对工作站进行安装与调试。

任务准备

一、PLC 相关知识

PLC 应用开发系统设计流程示意图如图 3-3-2 所示。

（1）分析被控对象，确定控制要求　系统规划包括确定系统控制方案与总体设计两个部分。确定系统控制方案时，应该首先明确控制对象所需要实现的动作与功能，然后详细分析被控对象的工艺过程及工作特点，了解被控对象机、电、气、液之间的配合，提出被控对象对 PLC 控制系统的控制要求，确定必须完成的动作及完成的顺序，归纳出工作循环和状态流程图。

（2）PLC 选型及硬件设计　根据控制要求确定配置要求，选择 PLC 的型号、规格，确定 I/O 模块的数量和规格，确定是否选择特殊功能模块，是否选择人机界面、伺服驱动器、变频器等。

（3）确定 I/O 分配表　根据系统的控制要求，确定系统所需的全部输入设备（如按钮、位置开关、转换开关及各种传感器等）和输出设备（如接触器、电磁阀、信号指示灯及其他执行器等），从而确定与 PLC 有关的输入/输出设备，以确定 PLC 的 I/O 点数，进行 I/O 分配，画出 PLC 的 I/O 点与输入/输出设备的连接图或对应关系表。

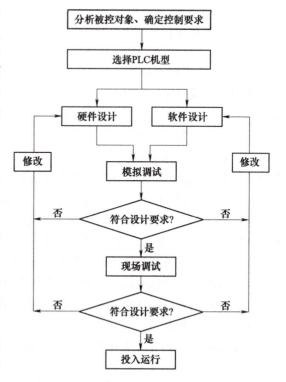

图 3-3-2　PLC 应用开发系统设计流程示意图

（4）设计 PLC 外围电路图　根据总体方案完成电气控制原理图，并画出系统其他部分的电路图，包括主电路和 PLC 电源等。PLC 的 I/O 连接图和外围电路图组成系统的电气控制原理图。

（5）程序设计　程序设计应该根据所确定的总体方案以及完成的电气控制原理图，按照所分配好的 I/O 地址，去编写实现控制要求与功能的 PLC 用户程序。注意采用合适的设计方法来设计 PLC 程序。程序要以满足系统控制要求为主线，逐一编写实现各控制功能或各子任务的程序，逐步完善系统指定的功能。除此之外，程序通常还应包括以下内容：

1）初始化程序。在 PLC 通电后，一般都要做一些初始化的操作，为启动做必要的准备，避免系统发生误动作。初始化程序的主要内容包括：对某些数据区、计数器等进行清零，对某些数据区所需数据进行恢复，对某些继电器进行置位或复位，对某些初始状态进行显示等。

2）检测、故障诊断和显示等程序。这些程序相对独立，一般在程序设计基本完成时再添加。

3）保护和联锁程序。保护和联锁是程序中不可缺少的部分，必须认真加以考虑，它可以避免由于非法操作而引起的控制逻辑混乱。

（6）程序模拟调试　在程序设计完成之后，一般应通过 PLC 编程软件所自带的自诊断功能对 PLC 程序进行基本的检查，排除程序中的错误。在有条件的情况下，应该通过必要的模拟仿真手段，对程序进行模拟与仿真试验。对于初次使用的伺服驱动器、变频器等设备，可以通过检查运行的方法，实现离线调整和测试，以缩短现场调试的时间。

（7）现场软、硬件系统调试　PLC 的系统调试是检查、优化 PLC 控制系统硬件、软件设计，提高控制系统安全可靠性的重要步骤。现场调试应该在完成控制系统的安装、连接、用户程序编制后，按照调试前的检查、硬件测试、软件测试、空运行试验、可靠性试验、实际运行试验等规定的步骤进行。用简单的话来说就是，调试过程应循序渐进，从 PLC 只连接输入设备、再连接输出设备、再接上实际负载等逐步进行调试。若不符合要求，则对硬件和程序作调整。全部调试完毕后，交付试运行。经过一段时间的运行，如果工作正常，程序也不需要修改，应将程序固化到 EPROM（可擦可编程只读存储器）中，以防程序丢失。

（8）整理和编写技术文件　在设备安全、可靠运行得到确认之后，设计人员可以着手进行技术文件的编写工作，如修改电气控制原理图、接线图，编写设备操作、使用说明书，备份 PLC 用户程序，记录所进行过的调整、设定的参数等。注意：电气控制原理图、用户程序、设定的参数等必须是调试完成后的最终版本。

二、压力开关的工作原理

压力开关的结构与车床上的行程开关结构一致。下面以自动供水系统的压力开关为例进行介绍。当管网内水压力达不到预先设定值时，压力开关处于常开状态，控制水泵的电路系统得不到信号，继续工作（抽水）；当压力达到预先设定值时，压力开关闭合接通，控制系统得到一个电信号，触发水泵的交流接触器断电，则水泵停止工作。压力开关又分为高压开关和低压开关。图 3-3-3 为压力开关的实物图。

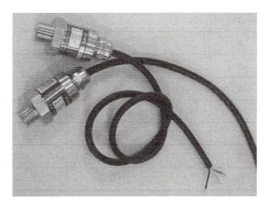

图 3-3-3　压力开关的实物图

📝任务实施

1. 明确工作任务

任务实施以小组为单位，根据班级人数将学生分为若干个小组，每组以 3～4 人为宜，每人明确各自的工作任务和要求，小组讨论推荐 1 人为小组长（负责组织小组成员制订本组工作计划、协调小组成员实施工作任务），推荐 1 人负责领取和分发材料，推荐 1 人负责成果汇报。

2. 制订工作计划

根据任务要求、工作流程和小组成员的分工，小组讨论制订合理的工作计划，并填写表 3-3-1。

表 3-3-1　工作计划表

序号	工作内容	计划工时	任务实施者

3. 领取材料器材

将表 3-3-2 填写完整，向仓库管理员提供材料清单，并领取和分发材料。

表 3-3-2　材料清单

序号	名称	型号与规格	单位	数量	备注
1					
2					
3					
4					
5					
6					
7					
8					
9					
10					

4. 列出输入/输出元件的地址分配

根据任务描述，找出 PLC 控制系统的输入/输出信号，填写表 3-3-3。

表 3-3-3　输入/输出元件的地址分配表

序号	元件代号	元件名称	信号功能用途	线端代号	序号	元件代号	元件名称	信号功能用途	线端代号

（续）

序号	元件代号	元件名称	信号功能用途	线端代号	序号	元件代号	元件名称	信号功能用途	线端代号

5. 画出主/控电路图（简图）及 I/O 接线图

6. 接线并检查

根据电气安装接线图完成接线，并用万用表电阻挡检查接线，如果有故障，应及时处理，并填写表 3-3-4。

表 3-3-4   接线故障分析及处理单

故障现象	故障原因	处理方法

7. 画出 PLC 梯形图或程序流程图并编写程序

8. 程序输入并通电调试

如果出现故障，应独立检修，电路检修完毕并且梯形图修改完毕后，应重新调试，直至系统能够正常工作。故障全部解决后，填写表 3-3-5。

表 3-3-5   系统调试故障分析及处理单

故障现象	故障原因	处理方法

9. 整理物品，清扫现场

按 3Q7S 要求，整理物品并清扫现场。

📝 **任务评价**

考核内容及评分标准见表 3-3-6。

表 3-3-6　考核评价表

序号	考核内容	考核要求	评分标准	配分	自评	互评	师评
1	工作准备	准备工作充分	1. 选择工器具、材料有遗漏或错误，每处扣1分 2. 不按规定穿戴劳动防护用品，每处扣2分 3. 没有携带工具、文具或其他相关物品，每缺1处扣1分	10分			
2	电路设计	列出 PLC 控制 I/O（输入/输出）元件地址分配表	1. 输入/输出地址有遗漏或错误，每处扣1分 2. 输入/输出元件名称或用途描述有遗漏或错误，每处扣1分	10分			
		绘制主/控电路图	1. 电路图表达不正确，每处扣3分 2. 画法不规范，每处扣2分	5分			
		绘制 PLC 外围接线图	1. 接线图表达不正确，每处扣3分 2. 画法不规范，每处扣2分	10分			
		根据工作要求，设计控制程序	1. 程序表达不正确，每处扣3分 2. 程序不规范，每处扣2分	15分			
3	安装与接线	按 PLC 控制电路图和题目要求，在装置或设备上安装电气线路，接线要正确、可靠、美观，整体装接水平要达到正确性、可靠性、工艺性的要求	1. 接线错误，每处扣2分 2. 接线不规范、不合理，扣2~10分 3. 接线不牢固，每处扣1分	10分			
4	软件应用程序输入调试	程序输入完整、正确、熟练	1. 程序输入不熟练、不完整，扣2~6分 2. 不会输入程序，扣10分	10分			
		程序下载、上传与保存	不会下载程序扣3分，保存错误扣2分，扣完为止	5分			
		正确进行程序调试，能实现控制要求，功能完整	1. 程序功能不完整，每处扣5分，扣完为止 2. 一次调试不成功，扣10分	25分			
5	现场操作规范	操作符合安全操作规程，穿戴劳保用品	违规操作，视情节情况扣2~5分	倒扣			
		考试完成后打扫现场，整理工位	现场卫生未打扫，工量具摆放不整齐，扣2~5分				
合计				100分			

否定项说明

若学生发生下列情况之一，则应及时终止其考试，学生该试题成绩记为0分：

（1）考试过程中出现严重违规操作导致设备损坏

（2）违反安全文明生产规程造成人身伤害

任务拓展

图 3-3-4 是液体混合搅拌示意图，要求用 PLC 设计、安装与调试来达到控制要求，控制要求如下：

1）初始状态：电磁阀 Y1、Y2、Y3、Y4 和搅拌机 M 均为"OFF"，液面传感器 L1、L2、L3 均为"OFF"。

2）工作过程：按下起动按钮，电磁阀 Y1 闭合（Y1 为"ON"），开始注入液体 A，至液面高度为 L3（此时 L3 为"ON"）时，停止注入（Y1 为"OFF"）。延时 0.5s，开启电磁阀 Y2（Y2 为"ON"），注入液体 B，当液面升至 L2（L2 为"ON"）时，停止注入（Y2 为"OFF"）。延时 0.5s，开启电磁阀 Y3（Y3 为"ON"），注入液体 C，

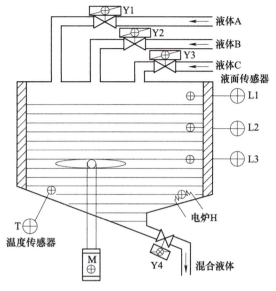

图 3-3-4　液体混合搅拌示意图

当液面升至 L1（L1 为"ON"）时，停止注入（Y3 为"OFF"）。停止液体 C 注入后，延时 1s，起动电动机，开始搅拌，混合时间为 10s。停止搅拌后，放出混合液体（Y4 为"ON"），液体高度至 L3 后，再经 5s 停止放液体。

任务 4　半成品出入库工作站的 PLC 设计与装调

任务描述

某工厂有一个半成品出入库工作站，如图 3-4-1 所示，控制要求如下：

1）半成品入库输送带由电动机 M1 驱动，按下起动按钮 SB1 起动 M1，将半成品输送到半成品库中，通过光电式传感器 SW1 检测半成品是否通过；半成品出库输送带由电动机 M2 驱动，半成品出库时，通过光电式传感器 SW2 进行检测。要求控制半成品库中的半成品数量不能超过 3 个，用一位数码管显示库存数量。当库存数量达到 3 个及以上时，电动机 M2 自动起动，驱动出库输送带将半成品送到生产车间；如果库存数量达到 5 个，则使电动机 M1 停止。

2）当发生故障时，按下停止按钮 SB2，所有输送带停止工作；当人工清理完库中的半成品后，按清零按钮 SB3，让库存计数器显示为零。

3）要有必要的联锁和保护功能。

根据上述控制要求，用 PLC 来设计、模拟安装和调试半成品出入库工作站，具体要求如下：

1）列出 PLC 控制 I/O（输入/输出）元件地址分配表，画出主/控电路图及 PLC 控制 I/O 接线图，设计梯形图。

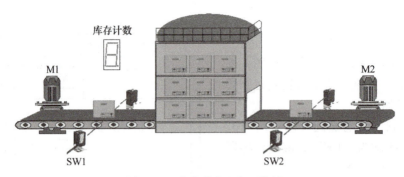

图 3-4-1　半成品出入库工作站

2）按主/控电路图及 PLC 控制 I/O 接线图，在模拟配线板上安装接线。

3）操作计算机键盘，能正确地编写程序并下载到 PLC 中，按照被控设备的动作要求进行模拟调试，达到设计要求。

4）通电试验：正确使用电工工具及万用表进行仔细检查，通电试验，并注意人身和设备安全。

5）额定工时：120min。

任务分析

在自动化生产线上，产品入库与出库工作站是典型的工作站。完成本任务首先要明确半成品出入库工作站的控制要求，分析解决方案，明确 PLC 电气控制电路的设计步骤和方法（见本项目任务3）。设计本任务工作站之前要学习数码管、光电式传感器和 PLC 的相关知识和技能。在应用三菱公司的 PLC 编写程序时，除了掌握基本指令，还要学习传送指令、比较指令、编码指令等。工作站设计完成之后，再进行模拟安装与调试。

任务准备

一、数码管相关知识

数码管按段数可分为七段数码管和八段数码管，八段数码管比七段数码管多一个发光二极管单元（多一个小数点显示）；按能显示多少个"8"可分为1位、2位、3位、4位、5位、6位、7位等数码管；按发光二极管单元连接方式可分为共阳极数码管和共阴极数码管。共阳极数码管是指将所有发光二极管的阳极接到一起形成公共阳极 COM 的数码管。共阳极数码管在应用时应将公共阳极 COM 接到+5V 电源上，当某一字段发光二极管的阴极为低电平时相应字段就点亮，当某一字段的阴极为高电平时相应字段就不亮。共阴极数码管是指将所有发光二极管的阴极接到一起形成公共阴极 COM 的数码管。共阴极数码管在应用时应将公共阴极 COM 接到地线 GND 上，当某一字段发光二极管的阳极为高电平时相应字段就点亮，当某一字段的阳极为低电平时相应字段就不亮。图 3-4-2 为数码管的引脚图。

二、光电式传感器相关知识

光电式传感器是以光源为介质，利用光电效应，通过光源受物体遮蔽或发生反射、辐射

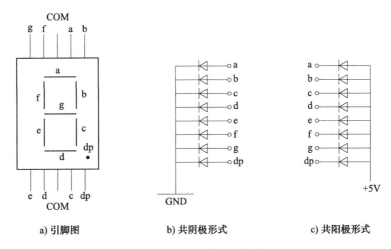

a) 引脚图　　　　b) 共阴极形式　　　　c) 共阳极形式

图 3-4-2　数码管的引脚图

和遮光导致受光量变化来检测对象的有无、大小和明暗，从而产生输出信号的电气元件。光电式传感器包括以下几种类型：自身不具备光源，利用被测物体发射光的变化量进行检测；利用自然光照射光电开关后因物体遮蔽产生的自然光的变化量进行检测；利用光电开关自身光源发射的光被检测物体反射、吸收和透射后的变化量进行检测。常用的光源为紫外光、可见光、红外光等波段的光源，光源的类型有灯泡、发光二极管、激光管等。光电式传感器的输出信号有开关量、模拟量和通信数据信息等。

图 3-4-3 是对射型光电式传感器原理图。其中，一个发射器与一个接收器是相对配置的，发射器发射出的光指向接收器，发射器与接收器之间组成一个闭合光路，可对光路的光被遮断或光衰减后的变化量进行检测。这种检测形式作用距离比较长，但需要一个发射器并需要配电，在某些应用场合，如空间狭小且不合适配电的场合应用比较麻烦。图 3-4-4 为光电式传感器的接线图。

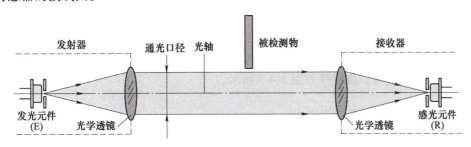

图 3-4-3　对射型光电式传感器原理图

三、PLC 相关知识

1. 位元件及其使用

只具有接通（ON 或 1）或断开（OFF 或 0）两种状态的元件称为位元件。将多个位元件按一定的规律组合起来就称为字元件（也称位组件）。位元件只能单个取用，而字元件是位元件的组合，所以只用一条指令即可同时对多个字元件进行操作。位元件组合以 KnP 的

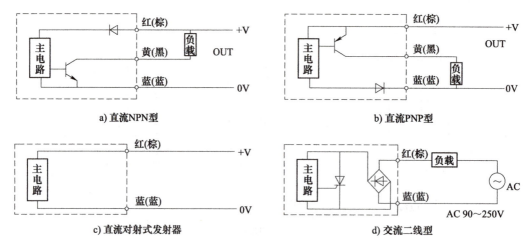

图 3-4-4　光电式传感器的接线图

形式表示，每组由 4 个连续的位元件组成，称为位元件组，其中 P 为位元件组的首地址，n 为组数（$n=1\sim8$）。4 个位元件组 K4 可组成 16 位操作数，如 K4M10 表示由 M25~M10 组成的 16 位数据。

2. MOV 指令

MOV 指令可将源操作数的数据传送到目标元件中，即 [S.]→[D.]。MOV 指令的使用示例如图 3-4-5 所示，当 X0 为 ON 时，源操作数 [S.] 中的数据 K100 传送到目标元件 D0 中。

MOV 指令也可用于对位元件的传送，例如图 3-4-6 中指令表示将十六进制数 06 传送至 K2Y0 中，H06＝B00000110，即将 Y7~Y0 中的 Y1 和 Y2 置位。

图 3-4-5　MOV 指令的使用示例（一）　　　图 3-4-6　MOV 指令的使用示例（二）

例如：用 MOV 指令和位元件编写电动机丫-△减压起动程序，其中 Y0 控制△联结，Y1 控制丫联结，Y2 是电源，该程序如图 3-4-7 所示。

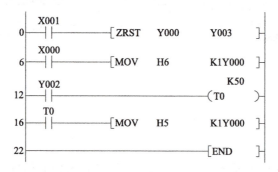

图 3-4-7　MOV 指令的应用

3. 七段编码指令

七段编码指令见表 3-4-1。

表 3-4-1　七段编码指令

七段编码指令		操　作　数	
功能号	FNC73	S	K、H、KnX、KnY、KnM、KnS、T、C、D、V、Z
助记符	SEGD	D	KnY、KnM、KnS、T、C、D、V、Z

七段编码指令的说明：

1）S 为要编码的源操作组件，D 为存储七段编码的目标操作数。

2）七段编码指令是对 4 位二进制数编码，如果源操作组件大于 4 位，则只对最低 4 位编码。

3）七段编码指令的编码范围为十六进制数字 0~9、A~F。

例如：当 X0 接通瞬间，对数字 5 执行七段编码指令，如图 3-4-8 所示。

图 3-4-8　七段编码指令的应用

📝 任务实施

1. 明确工作任务

任务实施以小组为单位，根据班级人数将学生分为若干个小组，每组以 3~4 人为宜，每人明确各自的工作任务和要求，小组讨论推荐 1 人为小组长（负责组织小组成员制订本组工作计划、协调小组成员实施工作任务），推荐 1 人负责领取和分发材料，推荐 1 人负责成果汇报。

2. 制订工作计划

根据任务要求、工作流程和小组成员的分工，小组讨论制订合理的工作计划，并填写表 3-4-2。

表 3-4-2　工作计划表

序号	工作内容	计划工时	任务实施者

3. 准备材料器材

将表 3-4-3 填写完整，向仓库管理员提供材料清单，并领取和分发材料。

表 3-4-3　材料清单

序号	名称	型号与规格	单位	数量	备注
1					
2					
3					
4					
5					
6					
7					
8					
9					
10					
11					
12					
13					
14					
15					

4. 列出输入/输出元件的地址分配

根据任务描述，找出 PLC 控制系统的输入/输出信号，填写表 3-4-4。

表 3-4-4　输入/输出元件的地址分配表

序号	元件代号	元件名称	信号功能用途	线端代号	序号	元件代号	元件名称	信号功能用途	线端代号

5. 画出主/控电路图（简图）及 I/O 接线图

6. 接线并检查

根据电气安装接线图完成接线，并用万用表电阻挡检查接线，如果有故障，应及时处理，并填写表 3-4-5。

表 3-4-5　接线故障分析及处理单

故障现象	故障原因	处理方法

7. 画出 PLC 梯形图或程序流程图并编写程序

8. 程序输入并通电调试

如果出现故障，应独立检修，电路检修完毕并且梯形图修改完毕后，应重新调试，直至系统能够正常工作。故障全部解决后，填写表 3-4-6。

表 3-4-6　系统调试故障分析及处理单

故障现象	故障原因	处理方法

9. 整理物品，清扫现场

按 3Q7S 要求，整理物品并清扫现场。

任务评价

考核内容及评分标准见表 3-4-7。

表 3-4-7　考核评价表

序号	考核内容	考核要求	评分标准	配分	自评	互评	师评
1	工作准备	准备工作充分	1. 选择工器具、材料有遗漏或错误，每处扣 1 分 2. 不按规定穿戴劳动防护用品，每处扣 2 分 3. 没有携带工具、文具或其他相关物品，每缺 1 处扣 1 分	10 分			

（续）

序号	考核内容	考核要求	评分标准	配分	自评	互评	师评
2	电路设计	列出 PLC 控制 I/O（输入/输出）元件地址分配表	1. 输入/输出地址有遗漏或错误，每处扣 1 分 2. 输入/输出元件名称或用途描述有遗漏或错误，每处扣 1 分	10 分			
		绘制主/控电路图	1. 电路图表达不正确，每处扣 3 分 2. 画法不规范，每处扣 2 分	5 分			
		绘制 PLC 外围接线图	1. 接线图表达不正确，每处扣 3 分 2. 画法不规范，每处扣 2 分	10 分			
		根据工作要求，设计控制程序	1. 程序表达不正确，每处扣 3 分 2. 程序不规范，每处扣 2 分	15 分			
3	安装与接线	按 PLC 控制电路图和题目要求，在装置或设备上安装电气线路，接线要正确、可靠、美观，整体装接水平要达到正确性、可靠性、工艺性的要求	1. 接线错误，每处扣 2 分 2. 接线不规范、不合理，扣 2~10 分 3. 接线不牢固，每处扣 1 分	10 分			
4	软件应用程序输入调试	程序输入完整、正确、熟练	1. 程序输入不熟练、不完整，扣 2~6 分 2. 不会输入程序，扣 10 分	10 分			
		程序下载、上传与保存	不会下载程序扣 3 分，保存错误扣 2 分，扣完为止	5 分			
		正确进行程序调试，能实现控制要求，功能完整	1. 程序功能不完整，每处扣 5 分，扣完为止 2. 一次调试不成功，扣 10 分	25 分			
5	现场操作规范	操作符合安全操作规程，穿戴劳保用品	违规操作，视情节情况扣 2~5 分	倒扣			
		考试完成后打扫现场，整理工位	现场卫生未打扫，工量具摆放不整齐，扣 2~5 分				
合计				100 分			

否定项说明

若学生发生下列情况之一，则应及时终止其考试，学生该试题成绩记为 0 分：

（1）考试过程中出现严重违规操作导致设备损坏

（2）违反安全文明生产规程造成人身伤害

📝 **任务拓展**

图 3-4-9 是物料转运控制工作站示意图，要求用 PLC 设计、安装与调试来达到控制要求，其控制要求如下：

1）现有上层输送带、下层输送带和升降输送带来实现物料的转运。按下起动按钮，为防止物料堆积，上层输送带正转，清除输送带上的物料。延时 20s 后，若光电式传感器 B 未检测到物料通过，表示上层输送带无物料，此时下层输送带反转，将物料向左移动，同时升降输送带反转，将物料移动至升降输送带上。

2）当光电式传感器 D 检测到物料到达，下层输送带延时 0.5s 后停止运行；当光电式传感器 A 检测到物料，延时 1s 后，升降气缸动作，带动升降输送带上升，上升到位后，延时 1S，升降输送带正转，同时上层输送带也正转。

3）当光电式传感器 E 检测到物料通过，延时 0.5s 后，升降气缸下降，下降到位后，下层输送带再次起动。

4）当光电式传感器 B 检测到物料通过，延时 1s 后，上层输送带停止。

5）设置紧急停止按钮和复位按钮，按下紧急停止按钮所有动作均停止，按下复位按钮升降气缸下降复位。

6）要有必要的联锁和保护功能，并能自动循环。

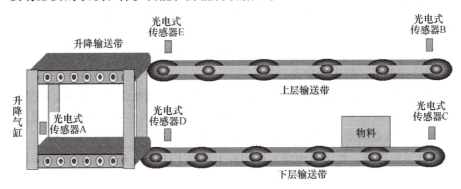

图 3-4-9　物料转运控制工作站示意图

任务 5　物料检测分拣工作站的 PLC 设计与装调

📝 任务描述

某自动化生产线上有一个物料检测分拣工作站，如图 3-5-1 所示，控制要求如下：

1）当 S2 检测到无料，S1 检测到有料且 A、B 缸均在缩回的状态下，按下起动按钮 SB1，输送电动机运行，A 缸动作推动物料，物料到达传感器 S3 时，检测物料，若物料为合格产品，B 缸不动作；若物料为不合格产品，则 B 缸动作将物料推至废料箱中。

2）物料经过输送带（输送带只需控制运行，调速不在设计范围内）下滑至中转平台，当 S2 检测到物料后，当前检测分拣工作结束。

3）系统通电后，如果 S1 位置未检测到物料，30s 后，无料报警指示灯以 2Hz 频率闪烁，提醒操作者上料。

4）按下停止按钮 SB2，若输送带上有物料，则完成当前分拣工作后方可停止。

5）设置运行指示灯、无料报警指示灯。

6）要有必要的联锁和保护功能。

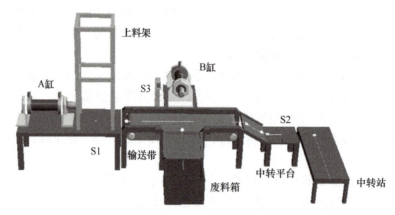

图 3-5-1　物料检测分拣工作站

根据上述控制要求，用 PLC 来设计、模拟安装和调试物料检测分拣工作站，具体要求如下：

1）列出 PLC 控制 I/O（输入/输出）元件地址分配表，画出主/控电路图及 PLC 控制 I/O 接线图，设计梯形图，列出指令表。

2）按主/控电路图及 PLC 控制 I/O 接线图，在模拟配线板上安装接线，在配线板上正确安装元件，元件在配线板上布置要合理，安装要准确、紧固；导线连接要紧固、美观，导线要进入线槽，导线要有端子标号，引出端要用别径压端子。

3）操作计算机键盘，能正确地编写程序并下载到 PLC 中，按照被控设备的动作要求进行模拟调试，达到设计要求。

4）通电试验：正确使用电工工具及万用表进行仔细检查，通电试验，并注意人身和设备安全。

5）额定工时：120min。

📝 任务分析

物料检测分拣工作站是自动化生产线上一个广泛应用的工作站。完成本任务首先要明确物料检测分拣工作站的控制要求，明确 PLC 电气控制电路的设计步骤和方法（见本项目任务3）。本任务的物料分拣由气缸推送来完成，所以，设计本任务工作站之前要了解相关气动元件的动作原理、符号、型号等，会识读气路图，学习磁性开关、光纤传感器的相关知识和技能。在应用三菱公司的 PLC 编写程序时，除了掌握基本指令，还要学习顺序功能图及步进指令等。工作站设计完成之后，再进行模拟安装与调试。

📝 任务准备

一、气压传动工作原理及气动元件

气压传动的工作介质是空气，由于其具有排放方便、不污染环境、蓄能容易、经济性好等优点，目前被广泛应用于工业控制领域。气动系统工作时要经过压力能与机械能之间的转换，其工作原理是利用空气压缩机使空气介质产生压力能，并在控制元件的控制下，把压力能传输给执行元件，而使执行元件（气缸或气马达）完成直线运动或旋转运动。气动系统主要由气源装置、辅助元件、控制元件和执行元件组成，如图 3-5-2 所示。

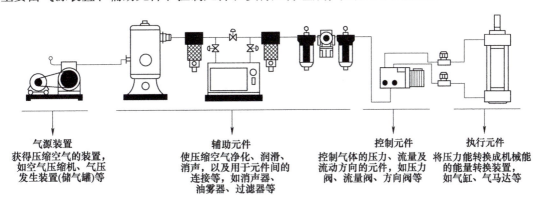

气源装置
获得压缩空气的装置，
如空气压缩机、气压
发生装置(储气罐)等

辅助元件
使压缩空气净化、润滑、
消声，以及用于元件间的
连接等，如消声器、
油雾器、过滤器等

控制元件
控制气体的压力、流量及
流动方向的元件，如压力
阀、流量阀、方向阀等

执行元件
将压力转换成机械能
的能量转换装置，
如气缸、气马达等

图 3-5-2   气动系统的组成

1. 气动三联件

气动三联件是辅助元件，其实物图如图 3-5-3 所示。气动三联件因过滤器、减压阀、油雾器三个元件做成一体而得名，减压阀通常安装在过滤器之后、油雾器之前。气动三联件的图形符号如图 3-5-4 所示。

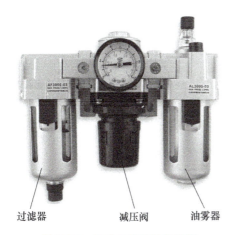

过滤器　　减压阀　　油雾器

图 3-5-3   气动三联件的实物图

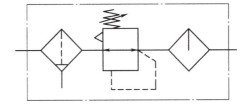

图 3-5-4   气动三联件的图形符号

2. 气缸

气缸是执行元件，其工作原理如下：通过活塞增加气压，然后气压传动将压缩空气的压力能转换为机械能，驱动机构做直线往复运动或摆动和旋转运动。气缸的具体工作过程如下：无杆腔输入压缩空气，有杆腔排气，气缸两腔的压力差作用在活塞上，所形成的力推动活塞运动，使活塞杆伸出；当有杆腔进气、无杆腔排气时，活塞杆缩回；若有杆腔和无杆腔交替进气和排气，活塞就能做直线往复运动。气缸的工作原理示意图如图 3-5-5 所示。气缸的类型结构与图形符号见表 3-5-1。

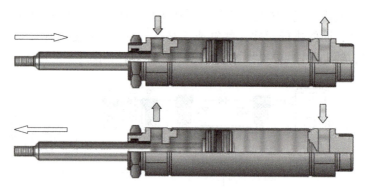

图 3-5-5　气缸的工作原理示意图

表 3-5-1　气缸的类型结构与图形符号

类型结构		图形符号	说明
双作用气缸	普通气缸		利用压缩空气使活塞向两个方向运动，活塞行程可根据实际需要选定，双向作用的力和速度不同
	双活塞杆气缸		压缩空气可使活塞向两个方向运动，且其速度和行程都相等
	不可调缓冲气缸	a) 单侧缓冲 b) 双侧缓冲	设有缓冲装置以使活塞临近行程终点时减速，防止冲击，缓冲效果不可调整
	可调缓冲气缸	a) 单侧可调缓冲 b) 双侧可调缓冲	缓冲装置的减速和缓冲效果可根据需要调整

3. 方向控制阀

　　方向控制阀用于控制压缩空气所流过的路径，控制气流的通、断或流动方向，它是气动系统中应用最多的一种控制元件。图 3-5-6 是二位五通双电控阀的外形结构图。

　　（1）方向控制阀图形符号的含义

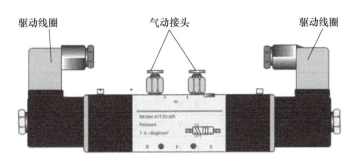

图 3-5-6   二位五通双电控阀的外形结构图

1）用方框表示阀的工作位置，有几个方框就表示有几"位"。

2）方框内的箭头表示气路处于接通状态，但箭头方向不一定表示气流的实际方向。

3）方框内的符号"⊥"或"⊤"表示该气路不通。

4）方框外部连接的接口数有几个，就表示几"通"。

5）换向阀都有两个或两个以上的工作位置，其中一个为常态位，即阀芯未受到操纵力时所处的位置。

（2）方向控制阀的控制方式   在使用方向控制阀时，用什么方式对阀进行控制，如何复位，都是选择阀的重要依据。阀的控制方式一般标在阀图形符号的两侧，有的阀还可能有附加操作方式，见表 3-5-2。

表 3-5-2   阀的控制方式

机械控制方式	手动操作式		机械控制方式	弹簧控制	
	手柄式			顶杆式	
	按钮式		气动控制方式	泄压控制式	
	滚轮式			直接气压控制式	
	惰轮式		电气控制方式	单侧电磁控制	
	脚踏式				

（3）方向控制阀的表示方法   为了说明在实际系统中阀的位置，保证管路连接的正确性，明确控制回路和所用元件的关系，规定了方向控制阀的接口及控制接口的表示方法，见表 3-5-3。

表 3-5-3　方向控制阀的表示方法

接口	字母表示方法	数字表示方法
压缩空气输入口	P	1
排气口	R、S	3、5
压缩空气输出口	A、B	2、4
使 1—2、1—4 导通的控制接口	Z、Y	12、14
使阀关闭的接口	Z、Y	10
辅助控制管路	Pz	81、91

方向控制阀的表示方法示例如图 3-5-7 所示。在用字母表示时，一般用 Z 表示左边的控制接口，用 Y 表示右边的控制接口。在实际应用中一般都是以数字表示居多。

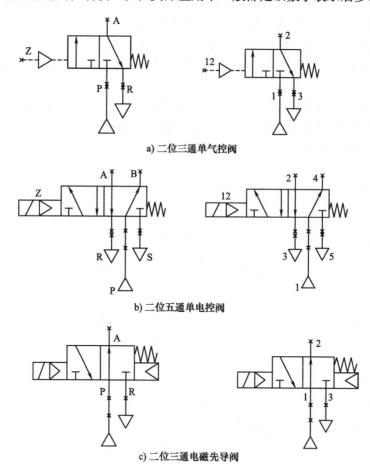

a) 二位三通单气控阀

b) 二位五通单电控阀

c) 二位三通电磁先导阀

图 3-5-7　方向控制阀的表示方法示例

二、相关传感器知识

1. 磁性开关

磁性开关中有一种磁敏元件，当磁性物体接近时，利用磁敏元件内部电路状态的变化，进而控制开关的通断。磁性开关的检测对象必须是磁性物体，其实物图和结构原理图如图 3-5-8 所示。

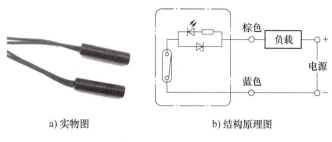

a) 实物图　　　　b) 结构原理图

图 3-5-8　磁性开关的实物图和结构原理图

磁性开关一般是和磁性气缸配套使用的。磁性气缸的活塞上都有一个永久磁环，把磁性开关安装在气缸的缸筒上，当活塞往复运动时，永久磁环也一起运动，而磁性开关检测到永久磁环时就发出一个信号，使得开关"通"或"断"。

2. 光纤传感器

光纤传感器如图 3-5-9 所示，其基本工作原理如下：将来自光源的光通过光纤送入调制区，使待测参数与进入调制区的光相互作用后，导致光的光学性质（如光的强度、波长、频率、相位、偏振态等）发生变化，成为被调制的信号光，再利用被测量对光的传输特性施加的影响完成测量。

光纤传感器根据测量原理又可分为以下两种：

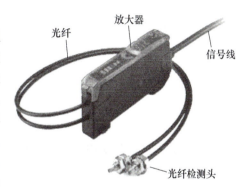

图 3-5-9　光纤传感器

1）物性型光纤传感器。物性型光纤传感器是利用光纤对环境变化的敏感性，将输入物理量变换为调制的光信号。其工作原理基于光纤的光调制效应，即光纤在外界环境因素，如温度、压力、电场、磁场等改变时，其传光特性（如相位与光强），会发生变化的现象。因此，如果能测出通过光纤的光的相位、强度变化，就可以知道被测物理量的变化。这类传感器又被称为敏感元件型或功能型光纤传感器。激光器的点光源光束扩散为平行波，经分光器分为两路，一路为基准光路，另一路为测量光路。外界参数（温度、压力、振动等）引起光纤长度的变化和光相位变化，从而产生不同数量的干涉条纹，对它的模向移动进行计数，就可测量温度或压力等。

2）结构型光纤传感器。结构型光纤传感器是由光检测元件（敏感元件）与光纤传输回路及测量电路组成的测量系统。其中，光纤仅作为光的传播媒质，所以又称为传光型或非功能型光纤传感器。

三、顺序功能图及步进指令

顺序功能图（Sequential Function Chart，SFC）是一种新颖的、按工艺流程图进行编程的图形化编程语言。根据国际电工委员会（IEC）标准，顺序功能图的标准结构是步+该步工序中的动作或命令+有向连接+转换和转换条件。图 3-5-10 所示是顺序功能图的基本组成。

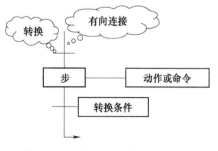

图 3-5-10　顺序功能图的基本组成

顺序功能图中的"步"表明工作状态（也称为控制工序），由 PLC 内部软元件状态继电器 S 表示。在编写顺序功能图时，选定某个状态继电器 S，从中将输入条件和输出控制按顺序来编写。

图 3-5-11 所示为状态激活的变化图。当 S31 被激活时，该状态下有 Y030 的输出；当转换条件 X001 为 ON 时，S31 熄灭，S32 激活，此时 Y030 和 Y032 同时输出。

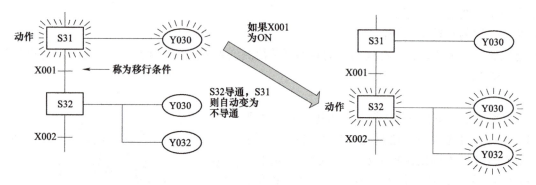

图 3-5-11　状态激活的变化图

采用顺序功能图进行 PLC 应用编程的优点如下：

1）在程序中可以直观地看到设备的动作顺序。顺序功能图是按照设备（或工艺）的动作顺序编写的，所以程序的规律性较强，容易读懂，具有一定的可视性。

2）在设备发生故障时，能很容易地找出故障所在位置。

3）不需要复杂的互锁电路，更容易设计和维护系统。

目前三菱 PLC 提供顺序功能图编程软件，可以直接输入，快捷方便。若要将顺序功能图转换为梯形图或指令表，则需要步进指令来完成，包括步进指令 STL 和步进返回指令 RET，在同一顺序功能图的梯形图中缺一不可。STL 指令和 RET 指令均无驱动条件。STL 指令的适用软元件为状态继电器 S，有多少个状态步就有多少个 STL 指令。而 RET 指令在一个步进梯形图中只出现一次，而且是在步进梯形图的结尾，表示步进梯形图的结束。

📝 任务实施

1. 明确工作任务

任务实施以小组为单位，根据班级人数将学生分为若干个小组，每组以 3~4 人为宜，每人明确各自的工作任务和要求，小组讨论推荐 1 人为小组长（负责组织小组成员制订本组工作计划、协调小组成员实施工作任务），推荐 1 人负责领取和分发材料，推荐 1 人负责成果汇报。

2. 制订工作计划

根据任务要求、工作流程和小组成员的分工，小组讨论制订合理的工作计划，并填写表 3-5-4。

表 3-5-4　工作计划表

序号	工作内容	计划工时	任务实施者

3. 准备材料器材

将表 3-5-5 填写完整，向仓库管理员提供材料清单，并领取和分发材料。

表 3-5-5　材料清单

序号	名称	型号与规格	单位	数量	备注
1					
2					
3					
4					
5					
6					
7					
8					
9					
10					
11					
12					

4. 列出输入/输出元件的地址分配

根据任务描述，找出 PLC 控制系统的输入/输出信号，填写表 3-5-6。

表 3-5-6　输入/输出元件的地址分配表

序号	元件代号	元件名称	信号功能用途	线端代号	序号	元件代号	元件名称	信号功能用途	线端代号

（续）

序号	元件代号	元件名称	信号功能用途	线端代号	序号	元件代号	元件名称	信号功能用途	线端代号

5. 画出主/控电路图（简图）及 I/O 接线图

6. 接线并检查

根据电气安装接线图完成接线，并用万用表电阻挡检查接线，如果有故障，应及时处理，并填写表 3-5-7。

表 3-5-7　接线故障分析及处理单

故障现象	故障原因	处理方法

7. 画出 PLC 梯形图或程序流程图并编写程序

8. 程序输入并通电调试

如果出现故障，应独立检修，电路检修完毕并且梯形图修改完毕后，应重新调试，直至系统能够正常工作。故障全部解决后，填写表 3-5-8。

表 3-5-8　系统调试故障分析及处理单

故障现象	故障原因	处理方法

9. 整理物品，清扫现场

按 3Q7S 要求，整理物品并清扫现场。

任务评价

考核内容及评价标准见表 3-5-9。

表 3-5-9　考核评价表

序号	考核内容	考核要求	评分标准	配分	自评	互评	师评
1	工作准备	准备工作充分	1. 选择工器具、材料有遗漏或错误，每处扣 1 分 2. 不按规定穿戴劳动防护用品，每处扣 2 分 3. 没有携带工具、文具或其他相关物品，每缺 1 处扣 1 分	10 分			

（续）

序号	考核内容	考核要求	评分标准	配分	自评	互评	师评
2	电路设计	列出 PLC 控制 I/O（输入/输出）元件地址分配表	1. 输入/输出地址有遗漏或错误，每处扣 1 分 2. 输入/输出元件名称或用途描述有遗漏或错误，每处扣 1 分	10 分			
		绘制主/控电路图	1. 电路图表达不正确，每处扣 3 分 2. 画法不规范，每处扣 2 分	5 分			
		绘制 PLC 外围接线图	1. 接线图表达不正确，每处扣 3 分 2. 画法不规范，每处扣 2 分	10 分			
		根据工作要求，设计控制程序	1. 程序表达不正确，每处扣 3 分 2. 程序不规范，每处扣 2 分	15 分			
3	安装与接线	按 PLC 控制电路图和题目要求，在装置或设备上安装电气线路，接线要正确、可靠、美观，整体装接水平要达到正确性、可靠性、工艺性的要求	1. 接线错误，每处扣 2 分 2. 接线不规范、不合理，扣 2~10 分 3. 接线不牢固，每处扣 1 分	10 分			
4	软件应用程序输入调试	程序输入完整、正确、熟练	1. 程序输入不熟练、不完整，扣 2~6 分 2. 不会输入程序，扣 10 分	10 分			
		程序下载、上传与保存	不会下载程序扣 3 分，保存错误扣 2 分，扣完为止	5 分			
		正确进行程序调试，能实现控制要求，功能完整	1. 程序功能不完整，每处扣 5 分，扣完为止 2. 一次调试不成功，扣 10 分	25 分			
5	现场操作规范	操作符合安全操作规程，穿戴劳保用品	违规操作，视情节情况扣 2~5 分	倒扣			
		考试完成后打扫现场，整理工位	现场卫生未打扫，工量具摆放不整齐，扣 2~5 分				
合计				100 分			

否定项说明

若学生发生下列情况之一，则应及时终止其考试，学生该试题成绩记为 0 分：

（1）考试过程中出现严重违规操作导致设备损坏

（2）违反安全文明生产规程造成人身伤害

📝 **任务拓展**

图 3-5-12 是板材钻孔加工工作站示意图，要求用 PLC 设计、安装与调试来达到控制要求，控制要求如下：

1）当 S1 检测到无料时，灯柱红色指示灯以 1Hz 频率闪烁，提醒工作人员加料。

2）当 S1 检测到有料时，灯柱绿色指示灯常亮，提醒工作人员按下起动按钮，使整个工艺过程起动。

3）按下起动按钮后，A 缸首先动作推动物料，A 缸伸出到位后立即退回，物料到达加工台后，C 缸下降，进行钻孔加工；延时 3s 后，C 缸上升，上升到位后，输

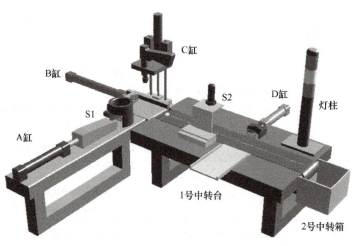

图 3-5-12　板材钻孔加工工作站示意图

送带运行（输送带只需控制运行，调速不在设计范围内），B 缸推动物料进入输送带。

4）物料经输送带到达 S2，由 S2 检测物料是否合格，若合格，则 D 缸不动作，物料由输送带输送至 2 号中转箱；若 S2 检测到物料不合格，延时 1s 后，D 缸动作，将不合格物料推至 1 号中转台。

5）当物料通过 S2 后，A 缸再次动作，进行下一次加工处理。

任务 6　物料搬运工作站的 PLC 设计与装调

📝任务描述

某自动化生产线上有一个物料搬运工作站，如图 3-6-1 所示。物料搬运工作站设有调试模式和运行模式。

物料搬运工作站在运行模式下时，由起动按钮起动设备自动运行；由停止按钮停止设备运行，但须完成到 S7 检测到物料搬运为止；由急停按钮立即停止整个工序工作，设备检修正常并手工清除输送带物料后，急停按钮复位，系统恢复初始状态。

系统处于初始状态时，2s 内连续按 2 次停止按钮则切换为调试模式。

两种模式的控制要求如下：

1）调试模式的控制要求。调试模式下，按照以下顺序完成设备调试：按一下起动按钮→1 号输送带运行 3s→2 号输送带运行 3s→控制垂直升降气缸先升后降→控制旋转气缸先左旋转后右旋转→控制夹爪气缸先夹紧后松开。

2）运行模式的控制要求如下：

①初始状态：S5 检测到旋转气缸处于 1 号输送带的上方，夹爪气缸处于松开位置，S2 动作，等待物料搬运。若各气缸不在原位，则 PLC 重新通电或按急停按钮后复位，系统恢复初始状态，使各部分回到原位。

②按下起动按钮后，2 号输送带起动，为防止物料堆积，延时 1.5s 后，2 号输送带停止，1 号输送带起动，物料由仓库传输至机械手下方，当 S7 检测到物料后，延时 0.1s，1 号

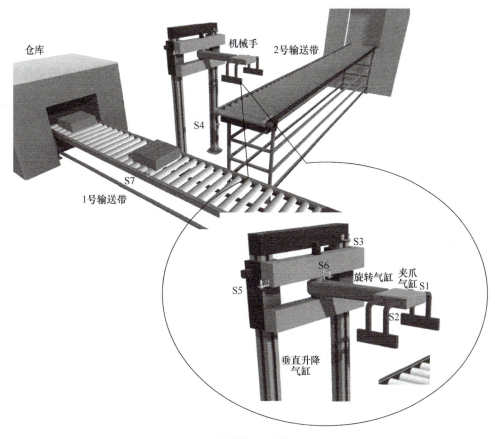

图 3-6-1　物料搬运工作站示意图

输送带停止。

③垂直升降气缸下降，下降到位后 S4 动作，延时 1s 后夹爪气缸动作，夹紧物料。

④夹紧到位后 S1 动作，垂直升降气缸上升，上升到位后 S3 动作，1 号输送带再次起动输送物料。

⑤与此同时旋转气缸也动作，旋转到位后 S6 动作，垂直升降气缸再次下降，下降到位后 S4 动作。

⑥夹爪气缸动作，松开到位后 S2 动作，延时 2s 后，垂直升降气缸上升，上升到位后，2 号输送带起动，15s 后停止。

⑦机械手回原位，到达原位后，若检测到 S7 处有物料，则再次下降，如此循环。

⑧按下停止按钮后，机械手需回到初始状态，整个工序才停止；若未在初始状态，需按上述流程循环至机械手回到原位后，整个工序才停止。

⑨按下急停按钮，整个工序均停止。

⑩要有必要的联锁和保护功能。

根据上述控制要求，用 PLC 来设计、模拟安装和调试，具体要求如下：

1）列出 PLC 控制 I/O（输入/输出）元件地址分配表，画出主/控电路图及 PLC 控制 I/O 接线图，设计梯形图，列出指令表。

2）按主/控电路图及 PLC 控制 I/O 接线图，在模拟配线板上安装接线，在配线板上正确安装元件，元件在配线板上布置要合理，安装要准确、紧固；导线连接要紧固、美观，导线要进入线槽，导线要有端子标号，引出端要用别径压端子。

3）操作计算机键盘，能正确地编写程序并下载到 PLC 中，按照被控设备的动作要求进行模拟调试，达到设计要求。

4）通电试验：正确使用电工工具及万用表进行仔细检查，通电试验，并注意人身和设备安全。

5）额定工时：120min

📝 任务分析

物料搬运工作站是自动化生产线上广泛应用的工作站。完成本任务首先要明确物料搬运工作站的控制要求，明确 PLC 电气控制电路的设计步骤和方法（见本项目）。本任务要求实现调试模式和运行模式，这是两种典型的工作模式。那么，PLC 系统中设计有哪些工作模式、停止方式和安全保护方式？所以，设计本任务工作站前要进一步了解 PLC 系统设计的相关知识、技术规程和处理方式，才能科学高效地完成工作站设计任务。

📝 任务准备

一、PLC 硬件系统设计的相关知识

1. PLC 硬件系统的工作模式

PLC 硬件系统设计有手动模式、回原点模式、单步模式、单周模式和连续模式这 5 种模式，下面以机械手为例加以说明。

1）手动模式：手动模式下有 6 个基本动作按钮，即上下左右 4 个按钮加上夹紧和放松两个按钮（全部属于点动控制）。把动作按钮设在手动位置。按下下降按钮，机械手位置下降，松开按钮，停止下降，或者下降到下限位置自动停止。按下夹紧按钮，机械手夹紧，松开按钮，夹紧停止。按下上升按钮，机械手上升，松开按钮，上升停止，或者上升到上限位置自动停止。按下右移按钮，机械手右移，松开按钮，停止右移。按下左移按钮，机械手左移，松开按钮，停止左移。按下放松按钮，机械手放松，释放物品，松开按钮，放松停止。

2）回原点模式：首先满足回原点条件，按下下降按钮（碰到限位开关）→夹紧（延时 1s）→上升→右移→下降→放松（延时 1s）→上升→左移→回原点。

注意：下面的 3 个工作模式只有经过回原点模式才可以工作，回原点就是机械手回到最左最上面。

3）单步模式：按下起动按钮，机械手只运行一步，运行完该步之后会自动停止。根据要求共有 8 个步骤，分别为下降、夹紧、上升、右移、下降、放松、上升、左移（回原点）。单步模式的特点是系统运行中的每一步都需要人工干预才能进行下去，常用于调试，调试完成后，可将其撤除。

4）单周模式：按下起动按钮，动作同单步模式一样，但是机械手会依次执行完这 8 步才会自动停止，或者按下停止按钮，机械手也会停止工作。

5）连续模式：按下起动按钮，动作同单周模式一样，但是机械手会循环地执行这 8 步，

只有按下停止按钮，机械手才会停止工作。连续模式是控制系统的主要运行方式。这种运行方式的主要特点是在系统工作过程中，系统按给定的程序自动完成对被控对象的动作，不需要人工干预。

2. PLC 硬件系统的停止方式

PLC 硬件的停止方式通常有正常停止、暂时停止和紧急停止三种。

1）正常停止。正常停止由 PLC 的程序执行。当系统的运行步骤执行完毕，且不需要重新启动执行程序时，或 PLC 接收到操作人员的停止指令后，PLC 按规定的步骤停止系统运行。

2）暂时停止。暂时停止用于程序控制方式下暂停执行当前程序，使所有输出都设置成 OFF 状态，待暂停解除时继续执行被暂停的程序。另外，也可用暂停开关直接切断负载电源，同时将此信息传给 PLC，以停止执行程序，或者把 CPU 的 RUN 模式切换成 STOP 模式，以实现对系统的暂停。

3）紧急停止。在系统运行过程中设备出现异常情况或故障，若不中断系统运行，将导致重大事故或有可能损坏设备时，必须使用紧急停止按钮使整个系统立即紧急停止。紧急停止时，所有设备都必须停止运行，且程序控制被解除。

3. PLC 硬件系统的供电及接地设计

在实际的控制中，设计一个合理的供电与接地系统，是保证 PLC 硬件系统正常运行的重要环节。如果整个 PLC 硬件系统的供电和接地设计不合理，是不能投入运行的。

（1）系统供电设计　系统供电设计是指 PLC 所需电源系统的设计，它包括供电系统的保护措施、电源模块的选择和供电系统的设计。

1）供电系统的保护措施。PLC 一般都使用市电（220V，50Hz），电网的冲击和频率的波动将直接影响实时控制系统的精度和可靠性。电网的瞬间变化可产生一定的干扰传播到 PLC 系统中，电网的冲击甚至会给整个系统带来毁灭性的破坏。为了提高系统的可靠性和抗干扰性能，在 PLC 的供电系统中一般可采取隔离变压器、交流稳压器、UPS 电源、晶体管开关电源等保护措施。

2）电源模块的选择。PLC 的 CPU 所需的工作电源一般都是 5V 直流电源，一般的编程接口和通信模块还需要 5V 和 24V 直流电源。这些电源由 PLC 本身的电源模块或外接直流电源供给，所以在实际应用中要注意电源模块的选择。

3）供电系统的设计。动力部分、PLC 供电及 I/O 电源应分别配电，PLC 典型的供电系统如图 3-6-2 所示。为了不发生因其他设备的起动电流及浪涌电流导致的电压降低，电源电路应与动力电路分别布线。使用多台 PLC 时，为了防止浪涌电流导致电压降低及断路器的误动作，推荐用其他电路进行布线。为防止电源线发出的干扰，请将电源线绞扭后使用。

（2）接地设计　如果接地方式不好就会形成环路，造成噪声耦合。接地设计的基本目的是消除各电路电流流经公共地线阻抗所产生的噪声电压和避免磁场与电位差的影响，使其不形成地环路。在实际控制系统中，接地是抑制干扰，使系统可靠工作的主要方法。在设计中如能把接地和屏蔽正确地结合起来使用，可以解决大部分干扰问题。

1）接地要求：

①为保证接地质量，接地应达到如下要求：接地电阻在要求的范围内，对于由 PLC 组成的控制系统，外壳接地电阻一般应小于 100Ω，不可与高压接电系统共用接地桩。

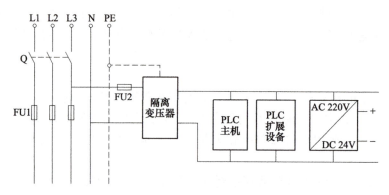

图 3-6-2　PLC 典型的供电系统

②要保证足够的机械强度，采取防腐蚀措施，进行防腐处理。

③在整个工厂中，由 PLC 组成的控制系统要单独设计接地。

2）接地处理方法：图 3-6-3 所示为 PLC 与其他设备接地桩的选择。应优先选择专用接地，以防干扰和产生安全隐患。

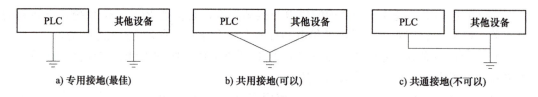

a) 专用接地(最佳)　　　　　　b) 共用接地(可以)　　　　　c) 共通接地(不可以)

图 3-6-3　PLC 与其他设备接地桩的选择

二、PLC 软件设计的相关知识

1. 软件设计的基本要求

软件设计的基本要求是由 PLC 本身的特点及其在工业控制中要求完成的控制功能决定的，其基本要求如下：

（1）紧密结合生产工艺　每个控制系统都是为完成一定的生产过程控制而设计的。不同的生产工艺要求，都具有不同的控制功能，即使是相同的生产过程，由于各设备的工艺参数都不一样，控制实现的方式也就不尽相同。各种控制逻辑、运算都是由生产工艺决定的，程序设计人员必须严格遵守生产工艺的具体要求来设计应用软件，不能随心所欲。

（2）熟悉控制系统的硬件结构　软件系统是由硬件系统决定的，不同系列的硬件系统，不可能采用同一种语言形式进行程序设计。即使语言形式相同，其具体的指令也不尽相同。有时虽然选择的是同一系列的 PLC，但由于型号不同或系统配置的差异，也要有不同的应用程序与之相对应。软件设计人员不可能抛开硬件形式只孤立地考虑软件，程序设计时必须根据硬件系统的形式、接口情况，编制相应的应用程序。

（3）具备计算机和自动化方面的知识　PLC 是以微处理器为核心的控制设备，无论是硬件系统还是软件系统都离不开计算机技术。控制系统的许多内容也是从计算机衍生而来的，同时控制功能的实现、某些具体问题的处理和实现都离不开自动控制技术，因此一个合格的 PLC 程序设计人员，必须具备计算机和自动化控制方面的双重知识。

2. 软件设计的内容

PLC 程序设计的基本内容一般包括参数表的定义、程序框图绘制、程序的编制和程序说明书编写 4 项内容。当设计工作结束时，程序设计人员应向使用者提供以下含有设计内容的文本文件：

（1）参数表　参数表是为编制程序做准备，按一定格式对系统各接口参数进行规定和整理的表格。参数表的定义包括对输入信号表、输出信号表、中间标志表和存储单元表的定义。参数表的定义格式和内容根据个人的爱好和系统的情况而不尽相同，但所包含的内容基本相同。总的原则就是要便于使用和尽可能详细。

一般情况下，输入/输出信号表要明显地标出模块的位置、信号端子号或线号、输入/输出地址号、信号名称和信号的有效状态等；中间标志表的定义要包括信号地址、信号处理和信号的有效状态等；存储单元表中要含有信号地址和信号名称。信号的顺序一般是按信号地址从小到大排列，实际中没有使用的信号也不要漏掉，以便于在编程和调试时查找。

（2）程序框图　程序框图是指依据工艺流程而绘制的控制过程框图。程序框图包括两种：程序结构框图和控制功能框图。程序结构框图是全部应用程序中各功能单元的结构形式，可以根据此结构框图去了解所有控制功能在整个程序中的位置。控制功能框图是描述某一种控制功能在程序中的具体实现方法及控制信号流程。设计者根据控制功能框图编制实际控制程序，使用者根据控制功能框图可以详细阅读程序清单。程序设计时一般要先绘制程序结构框图，而后再详细绘制各控制功能框图，实现各控制功能。程序结构框图和控制功能框图二者缺一不可。

（3）程序清单　程序的编制是程序设计最主要的阶段，是控制功能的具体实现过程。首先应根据操作系统所支持的编程语言，选择最合适的语言形式，了解其指令系统；再按程序框图所规定的顺序和功能，编写程序；然后测试所编制的程序是否符合工艺要求。

（4）程序说明书　程序说明书是对整个程序内容的注释性综合说明，主要是让使用者了解程序的基本结构和某些问题的处理方法，以及程序阅读方法和使用中应注意的事项，此外还应包括程序中所使用的注释符号、文字编写的含义说明和程序的测试情况。详细的程序说明书也为日后的设备维修和改造带来方便。

📝 任务实施

1. 明确工作任务

任务实施以小组为单位，根据班级人数将学生分为若干个小组，每组以 3 ~ 4 人为宜，每人明确各自的工作任务和要求，小组讨论推荐 1 人为小组长（负责组织小组成员制订本组工作计划、协调小组成员实施工作任务），推荐 1 人负责领取和分发材料，推荐 1 人负责成果汇报。

2. 制订工作计划

根据任务要求、工作流程和小组成员的分工，小组讨论制订合理的工作计划，并填写表 3-6-1。

表 3-6-1　工作计划表

序号	工作内容	计划工时	任务实施者

3. 准备材料器材

将表 3-6-2 填写完整，向仓库管理员提供材料清单，并领取和分发材料。

表 3-6-2　材料清单

序号	名称	型号与规格	单位	数量	备注
1					
2					
3					
4					
5					
6					
7					
8					
9					
10					
11					
12					
13					
14					
15					

4. 列出输入/输出元件的地址分配

根据任务描述，找出 PLC 控制系统的输入/输出信号，填写表 3-6-3。

表 3-6-3　输入/输出元件的地址分配表

序号	元件代号	元件名称	信号功能用途	线端代号	序号	元件代号	元件名称	信号功能用途	线端代号

（续）

序号	元件代号	元件名称	信号功能用途	线端代号	序号	元件代号	元件名称	信号功能用途	线端代号

5. 画出主/控电路图（简图）及 I/O 接线图

6. 接线并检查

根据电气安装接线图完成接线，并用万用表电阻挡检查接线，如果有故障，应及时处理，并填写表3-6-4。

表3-6-4　接线故障分析及处理单

故障现象	故障原因	处理方法

7. 画出 PLC 梯形图或程序流程图并编写程序

8. 程序输入并通电调试

如果出现故障，应独立检修，电路检修完毕并且梯形图修改完毕后，应重新调试，直至系统能够正常工作。故障全部解决后，填写表3-6-5。

表3-6-5　系统调试故障分析及处理单

故障现象	故障原因	处理方法

9. 整理物品，清扫现场

按 3Q7S 要求，整理物品并清扫现场。

任务评价

考核内容及评分标准见表3-6-6。

表 3-6-6　考核评价表

序号	考核内容	考核要求	评分标准	配分	自评	互评	师评
1	工作准备	准备工作充分	1. 选择工器具、材料有遗漏或错误，每处扣 1 分 2. 不按规定穿戴劳动防护用品，每处扣 2 分 3. 没有携带工具、文具或其他相关物品，每缺 1 处扣 1 分	10 分			
2	电路设计	列出 PLC 控制 I/O（输入/输出）元件地址分配表	1. 输入/输出地址有遗漏或错误，每处扣 1 分 2. 输入/输出元件名称或用途描述有遗漏或错误，每处扣 1 分	10 分			
		绘制主/控电路图	1. 电路图表达不正确，每处扣 3 分 2. 画法不规范，每处扣 2 分	5 分			
		绘制 PLC 外围接线图	1. 接线图表达不正确，每处扣 3 分 2. 画法不规范，每处扣 2 分	10 分			
		根据工作要求，设计控制程序	1. 程序表达不正确，每处扣 3 分 2. 程序不规范，每处扣 2 分	15 分			
3	安装与接线	按 PLC 控制电路图和题目要求，在装置或设备上安装电气线路，接线要正确、可靠、美观，整体装接水平要达到正确性、可靠性、工艺性的要求	1. 接线错误，每处扣 2 分 2. 接线不规范、不合理，扣 2~10 分 3. 接线不牢固，每处扣 1 分	10 分			
4	软件应用程序输入调试	程序输入完整、正确、熟练	1. 程序输入不熟练、不完整，扣 2~6 分 2. 不会输入程序，扣 10 分	10 分			
		程序下载、上传与保存	不会下载程序扣 3 分，保存错误扣 2 分，扣完为止	5 分			
		正确进行程序调试，能实现控制要求，功能完整	1. 程序功能不完整，每处扣 5 分，扣完为止 2. 一次调试不成功，扣 10 分	25 分			
5	现场操作规范	操作符合安全操作规程，穿戴劳保用品	违规操作，视情节情况扣 2~5 分	倒扣			
		考试完成后打扫现场，整理工位	现场卫生未打扫，工量具摆放不整齐，扣 2~5 分				
			合计	100 分			

否定项说明

若学生发生下列情况之一，则应及时终止其考试，学生该试题成绩记为 0 分：

（1）考试过程中出现严重违规操作导致设备损坏

（2）违反安全文明生产规程造成人身伤害

📝**任务拓展**

图 3-6-4 是板材切割加工工作站示意图，要求用 PLC 设计、安装与调试来达到控制要求，其控制要求如下：

1）当 S1 检测到有工件时，按下起动按钮，A 缸先动作推动工件，A 缸伸出到位后，B 缸开始下降顶住工件。

2）B 缸下降到位后，2 号切割机起动（电动机只需起动，调速不在设计范围内），延时 1s，C、D 缸同时上升，带动切割片切割板材。

3）C、D 缸上升到位后，延时 1s，C、D 缸下降回原位。

4）当 C、D 缸下降到原位后，起动 1 号切割机（电动机只需起动，调速不在设计范围内），延时 1s，E 缸开始动作，带动切割片切割板材。

5）E 缸伸出到位后，延时 1s，开始退回原位，当 E 缸退回原位后，整个加工工艺结束。

6）按下停止按钮能随时停止加工，即各气缸应回到原位，且 1、2 号切割机均停止工作。

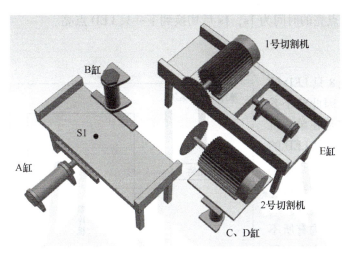

图 3-6-4　板材切割加工工作站示意图

项目4

单片机控制电路装调

任务1　LED循环点亮的单片机设计与装调

任务描述

在日常生活中经常可以看到许多广告灯光、舞台灯光以各种方式闪烁，如彩灯逐个被点亮、全亮、闪烁等花样显示之后再循环等。本任务的内容是利用单片机来控制8只LED，具体控制要求如下：

1）按顺序将8只LED轮流点亮，然后重复进行。

2）每只LED点亮的时间为1s，1s后切换到下一只LED点亮。

任务分析

本任务要实现8只LED的点亮和熄灭控制，因此整个系统的硬件结构应该是在单片机最小系统之上增加8只LED的控制电路。这8只LED接在单片机的任一端口，都能实现所需控制效果，需要注意的是，不同端口由于内部结构有所不同，外接的驱动电路也会有所区别。

任务中要求LED轮流点亮，因此单片机硬件电路只要能保证控制LED点亮和熄灭即可，由程序控制LED的点亮时

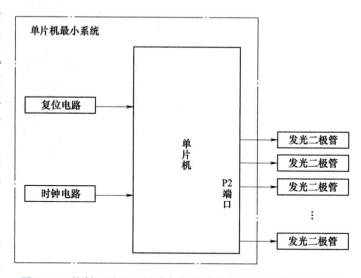

图4-1-1　控制8只LED流水灯的单片机应用电路硬件系统框图

间和顺序。控制8只LED流水灯的单片机应用电路硬件系统框图如图4-1-1所示。

8只LED依次点亮，就是对单片机的每一个引脚依次输出低电平。对整个端口而言，每次只有一个引脚输出低电平，其余的7个引脚都输出高电平。每只LED点亮1s，就是要求输出低电平后，调用延时函数实现1s的延时，再以同样的方式点亮下一只LED。

为了验证程序设计效果，用Keil软件对程序进行编译，并将编译程序与Proteus联调，以对设计效果进行功能验证。

📝**任务准备**

一、C51 的位运算规则

C51 语言能对运算对象按位进行操作。位运算是指按位对变量进行运算，但并不改变参与运算的变量的值。如果要求按位改变变量的值，则要利用相应的赋值运算。C51 中位运算符只能对整数进行操作，不能对浮点数进行操作。

（1）按位与运算　按位与运算符"&"是双目运算符，其功能是将参与运算的两数对应的二进制位相与。

（2）按位或运算　按位或运算符"｜"是双目运算符。

（3）按位异或运算　按位异或运算符"^"是双目运算符。

（4）求反运算　求反运算符"~"是单目运算符，其功能是对参与运算的数的各二进制位按位求反。

（5）左移运算　左移运算符"<<"是双目运算符。每执行一次左移指令，被操作的数将最高位移入单片机 PSW 寄存器的 CY 位，CY 位中原来的数丢弃，最低位补 0，其他位依次向左移动 1 位。

（6）右移运算　右移运算符">>"是双目运算符。每执行一次右移指令，被操作的数将最低位移入单片机 PSW 寄存器的 CY 位，CY 位中原来的数丢弃，最高位补 0，其他位依次向右移动 1 位。

（7）循环左移　最高位移入最低位，其他位依次向左移动 1 位。C 语言中没有专门的循环左移指令，通过移位指令与简单逻辑运算可以实现循环左移，或直接利用 C51 库中自带的函数_crol_实现。

（8）循环右移　最低位移入最高位，其他位依次向右移动 1 位。C 语言中没有专门的循环右移指令，通过移位指令与简单逻辑运算可以实现循环右移，或直接利用 C51 库中自带的函数_cror_实现。

二、C51 的条件语句

1. if 语句

if 语句说明如下：

1）条件表达式的值不等于零，即为真。

2）如果条件为真，将执行 ｛｝ 中的语句组，否则不会执行语句组。

2. if-else 语句

if-else 语句说明如下：

1）条件表达式的值只要不等于零，即为真。

2）如果条件为真，执行语句组 1，否则执行语句组 2。

3）语句组 1 和语句组 2 只能执行其中一个。

3. if-else-if 语句

if-else-if 语句说明如下：

1）else 不能单独使用，总是和它前面最近的 if 配对。

2）如果情况太多，且条件均为某表达式的值的判别，可以用 switch 语句选择。

3）所有条件表达式的值只要不等于零，即为真。

三、端口的定义及应用

MCS-51 单片机的 4 个 8 位并行端口也是单片机内部特殊寄存器（SFR）中的 P0、P1、P2、P3，它们有自己对应的地址，如 P0 的地址为 0x80。使用 sfr 命令可以定义 MCS-51 的各个特殊功能寄存器，其格式如下：

$$sfr-名称 = 特殊功能寄存器地址$$

📝 任务实施

1. 明确工作任务

任务实施以小组为单位，根据班级人数将学生分为若干个小组，每组以 3~4 人为宜，每人明确各自的工作任务和要求，小组讨论推荐 1 人为小组长（负责组织小组成员制订本组工作计划、协调小组成员实施工作任务），推荐 1 人负责领取和分发材料，推荐 1 人负责成果汇报。

2. 制订工作计划

根据任务要求、工作流程和小组成员的分工，小组讨论制订合理的工作计划，并填写表 4-1-1。

表 4-1-1　工作计划表

序号	工作内容	计划工时	任务实施者

3. 硬件设计

本任务是用 51 单片机实现 8 只 LED 不断点亮和熄灭，因每只 LED 的亮灭状态不同，只能通过单片机不同的引脚驱动。可选择单片机的 32 个可编程驱动的 I/O 引脚中的任意 8 个来驱动。在本任务中，选择 P2 端口的 8 个引脚分别对应驱动 8 只 LED，因端口的下拉能力较强，故采用下拉的方式驱动 LED。51 单片机控制 LED 流水灯的电路原理图如图 4-1-2 所示。

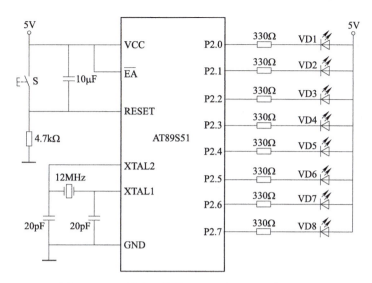

图 4-1-2 51 单片机控制 LED 流水灯的电路原理图

在图 4-1-2 中，VD1～VD8 是 8 只 LED，每只 LED 的阳极接 5V 电源，阴极通过限流电阻接到单片机端口。当单片机引脚输出低电平时，LED 将流过电流并点亮；当单片机引脚输出高电平时，LED 两端均为高电平，没有电流流过，LED 熄灭。单片机 P2 端口的 8 个引脚可以通过程序独立驱动，所以 8 只 LED 可以任意点亮和熄灭。

4. 软件设计

由任务分析可知，本任务的目标就是要完成重复执行 8 只 LED 单独点亮 1s 的过程。51 单片机控制 LED 流水灯的程序流程图如图 4-1-3 所示。

由于单片机可以整个端口同时驱动，也可按引脚单独驱动，因此能够实现任务目标的程序较多，这里以三种程序控制实现任务目标。可以看到，不同的程序可以实现同样的目标，在阅读时应注意三个程序中主函数的异同。

（1）位控制方式 按照任务要求，需要对单片机端口的 8 个引脚轮流输出低电平。位控制方式实现 LED 流水灯的程序流程图如图 4-1-4 所示。首先对 8 个引脚定义名称，这里以 led0～led7 分别对控制 8 只 LED 的 8 个引脚进行命名。在程序中分别对每个引脚进行位控制，可以实现这 8 个引脚的电平控制。

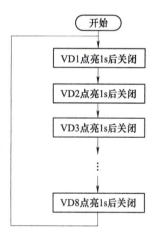

图 4-1-3 51 单片机控制 LED 流水灯的程序流程图

（2）端口控制方式 单片机的 P0、P1、P2、P3 是 4 个并行输入输出端口，每个端口的 8 个引脚可以同时输入或输出。使用端口的方式实现上述流水灯效果，需要将 8 个 LED 的状态按照顺序排好，使用数字"1"代替灭，"0"代替亮，然后将 8 位二进制数值转换成 2 位十六进制数值，然后将十六进制数值赋值给端口，例如 P2 = 0xFE。P2 端口字节操作见表 4-1-2。

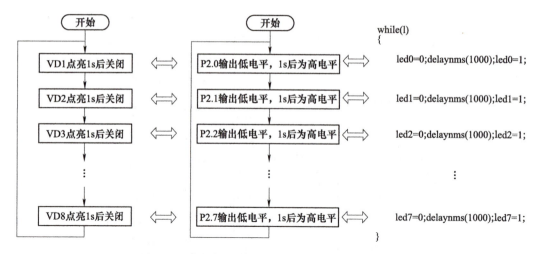

图 4-1-4   位控制方式实现 LED 流水灯的程序流程图

表 4-1-2   P2 端口字节操作

P2	P2.7	P2.6	P2.5	P2.4	P2.3	P2.2	P2.1	P2.0	P2.7~P2.0
0xFE	"1"	"1"	"1"	"1"	"1"	"1"	"1"	"0"	1111 1110
0xFD	"1"	"1"	"1"	"1"	"1"	"1"	"0"	"1"	1111 1101
0xFB	"1"	"1"	"1"	"1"	"1"	"0"	"1"	"1"	1111 1011
0xF7	"1"	"1"	"1"	"1"	"0"	"1"	"1"	"1"	1111 0111
0xEF	"1"	"1"	"1"	"0"	"1"	"1"	"1"	"1"	1110 1111
0xDF	"1"	"1"	"0"	"1"	"1"	"1"	"1"	"1"	1101 1111
0xBF	"1"	"0"	"1"	"1"	"1"	"1"	"1"	"1"	1011 1111
0x7F	"0"	"1"	"1"	"1"	"1"	"1"	"1"	"1"	0111 1111

注："1"代表高电平，对应的引脚输出高电平，LED 熄灭；"0"对应引脚的 LED 点亮。

（3）库函数控制方式　因程序中每次端口输出的语句格式是相同的，仅端口输出的数据不同，如果这个数据可以用一个变量自动生成，则每次的执行语句完全相同，即可以将这些语句置于一个循环体内，重复执行 8 次就能实现端口顺序输出的效果。在前面的分析中可以看出，端口输出数据的规律是 8 次输出数据的二进制数"0"的位置依次往左移动了 1 位。如果使用左移命令"<<"，会将数据中所有二进制位左移 1 位，其中原最高位被丢弃，新加入的最低位补充为 0。最简单的方式是直接利用 C51 库中自带的函数_crol_实现，最高位移入最低位，其他位依次向左移动 1 位。移位点亮 LED 的程序流程图如图 4-1-5 所示。

5. 程序编写与 Proteus 仿真

1）打开 Proteus 软件，按照硬件电路原理图绘制数码管显示仿真电路，仔细检查，保证电路连接无误。

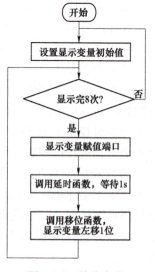

图 4-1-5   移位点亮
LED 的程序流程图

2）在 Keil 软件开发环境下，创建项目，编辑源程序，将编译生成的 HEX 文件装载到 Proteus 虚拟仿真硬件电路中的 AT89C51 芯片中。

3）运行仿真，仔细观察运行结果，如果有不符合设计要求的情况，调整源程序并重复前两个步骤，直至完全符合本任务提出的各项设计要求。

参考程序如下：

```c
#include<reg51.h>
#include<intrins.h>
#define uchar unsigned char
#define uint unsigned int
void DelayMS(uint x)                  //延时
{
    uchar i;
    while(x--)
    {
        for(i=0;i<120;i++);
    }
}
void main()                           //主程序
{
    uchar i;
    P2=0xfe;
    while(1)
    {
        for(i=0;i<8;i++)
        {
            P2=_crol_(P2,1);          //P2 的值向左循环移动
            DelayMS(150);
        }
        for(i=0;i<8;i++)
        {
            P2=_cror_(P2,1);          //P2 的值向右循环移动
            DelayMS(150);
        }
    }
}
```

图 4-1-6 是单片机控制 8 只 LED 流水灯的 Proteus 仿真图。

6. 准备工具

准备工具表见表 4-1-3。

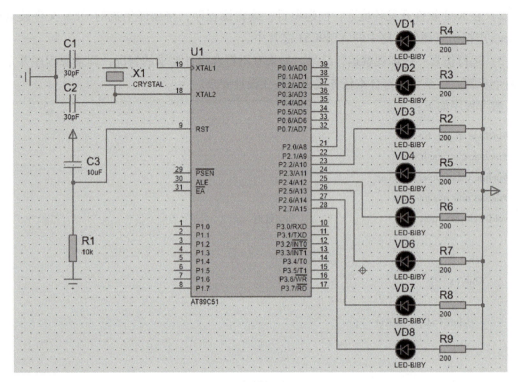

图 4-1-6　单片机控制 8 只 LED 流水灯的 Proteus 仿真图

表 4-1-3　准备工具表

序号	名称	规格	数量
1	直流稳压电源	5V（或 0~15V）	1 个
2	万用表	可选择	1 块
3	电烙铁	15~30W	1 把
4	烙铁架	可选择	1 个
5	电子实训通用工具	尖嘴钳、斜口钳、镊子、螺丝刀（一字槽和十字槽）	1 套

7. 准备材料器材

将表 4-1-4 填写完整，向仓库管理员提供材料清单，并领取和分发材料。

表 4-1-4　材料清单

序号	名称	型号与规格	单位	数量	备注
1					
2					
3					
4					
5					
6					

（续）

序号	名称	型号与规格	单位	数量	备注
7					
8					
9					
10					
11					
12					
13					
14					
15					
16					
17					
18					
19					
20					

8. 元器件识别、检测与筛选

准确清点和检查全套装配材料的数量和质量，进行元器件识别与检测，筛选确定元器件，检测过程中填写表 4-1-5。

表 4-1-5　元器件识别与检测表

序号	符号	名称	检测结果
1			
2			
3			
4			
5			
6			
7			
8			
9			
10			
11			
12			
13			
14			
15			
16			

（续）

序号	符号	名称	检测结果
17			
18			
19			
20			

9. 电路安装工艺

1）焊点要圆润、饱满、光滑、无毛刺。

2）焊点必须焊接牢靠，无虚焊、漏焊，并具有一定的机械强度。

3）焊点的锡液必须充分浸润，导通电阻小。

4）元器件成形规范，安装正、直。

5）同类元器件的高度要一致，相同阻值的电阻排列方向一致，色环方向要统一。

6）连接线要横平竖直，引脚导线裸露不能过长。

7）完成安装后，电路板板面整洁，元器件布局合理。

10. 接线并检查

根据电路原理图完成接线，并用万用表电阻挡检查接线，如果有故障，应及时处理，并填写表4-1-6。

表4-1-6　接线故障分析及处理单

故障现象	故障原因	处理方法

11. 绘制51单片机程序流程图

12. 程序输入并通电调试

如果出现故障，应独立检修，电路检修完毕并且程序修改完毕后，应重新调试，直至系统能够正常工作。故障全部解决后，填写表4-1-7。

表4-1-7　系统调试故障分析及处理单

故障现象	故障原因	处理方法

13. 整理物品，清扫现场

按3Q7S要求，整理物品并清扫现场。

📝 任务评价

考核内容及评分标准见表4-1-8。

表 4-1-8　考核评价表

考核内容		评分标准	配分	自评	互评	师评
工作前准备		1. 选择工器具、材料有遗漏或错误，每处扣 1 分 2. 不按规定穿戴劳动防护用品，每处扣 1 分 3. 不能正确回答相关问题，每题扣 2 分	10 分			
工作过程与验收	电路设计	1. 电气控制原理图设计不全或设计错误，每处扣 1~3 分 2. 输入/输出地址有遗漏或错误，每处扣 1~2 分 3. 原理图表达不正确或画法不规范，每处扣 1~3 分 4. 接线图表达不正确或画法不规范，每处扣 1~3 分 5. 程序指令有错误，每条扣 2~5 分	25 分			
	安装与接线	1. 元器件布置不整齐、不匀称、不合理，每个扣 2 分 2. 布线不入线槽、不美观，控制电路有缺线，每根扣 1~2 分 3. 接点松动、露铜过长、反圈、压绝缘层，标记线号不清楚、遗漏或误标，引出端无别径压端子，每处扣 1 分 4. 损伤导线绝缘或线芯，每根扣 2 分 5. 不按原理图控制 I/O 接线，每处扣 2~4 分	35 分			
	程序输入及调试	1. 不会熟练操作键盘输入单片机指令，扣 5~10 分 2. 不会用删除、插入、修改等指令，扣 5 分 3. 一次试运行不成功扣 5 分；两次试运行不成功扣 10 分；三次试运行不成功扣 15 分	30 分			
安全文明生产		1. 违反安全文明生产考核要求，每项扣 1~2 分，一般违规扣 10 分 2. 发现学生导致重大事故隐患时，每次扣 10~15 分；严重违规扣 15~50 分，直到取消考试资格	倒扣			
实际工时		总体完成情况述评：	总分			
			检查员			

📝**任务拓展**

1）使用 Proteus 软件绘制两组端口控制 16 只 LED 的电路原理图。

2）编写程序实现两组端口控制 16 只 LED 从左往右依次点亮的效果，并抄写程序。

任务 2　数码管显示字符 0~9 的单片机设计与装调

📝**任务描述**

在生活和生产中很多地方都要用到数码管，LED 数码管显示数字清晰、亮度高、使用寿命长、价格低廉、驱动简单，所以在电子系统中常用 LED 数码管来显示各种数字及部分英文字符，这些数字或字符可以是转速、温度、工作状态或编号等。本任务将介绍用数码管实现1位数码的显示，并设计1位数码管显示程序，使显示范围为0~9，每秒显示内容的值加1，超过9后回到0。

📝 **任务分析**

　　根据任务描述，数码管显示系统只需要单片机最小系统、数码管及数码显示驱动电路。故数码管显示系统的结构框图如图4-2-1所示。

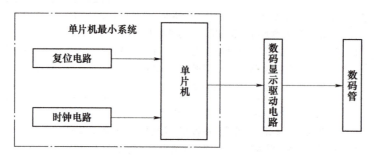

图4-2-1　数码管显示系统的结构框图

　　选用静态显示方式驱动数码管时，数码管要显示的内容（数据）应用锁存器锁存，并保持数据输入到数码显示驱动电路中，驱动数码管显示。单片机更新显示内容后，新的数据送出，更新显示。数码管显示系统的程序流程图如图4-2-2所示。

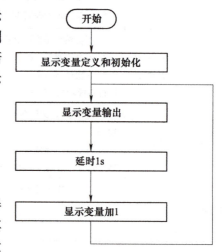

📝 **任务准备**

一、LED 数码管的工作原理

　　LED 数码管是由 LED 组合排列而成的数码显示器件，按显示段数常分为"8"字形和"米"字形，其实物图如图 4-2-3 所示。单只八段数码管的封装示意图如图 4-2-4a 所示，数码管的每段 LED 分别引出一个

图4-2-2　数码管显示系统的程序流程图

电极，分别为 a、b、c、d、e、f、g、h，其中 h 是小数点段的引出电极。将每段 LED 的另一个引出电极连接在一起，称为公共端 com 的引出电极。

图 4-2-3　数码管的实物图

LED 数码管分为共阴极和共阳极两种不同的形式，将 LED 的阴极连在一起即为共阴极

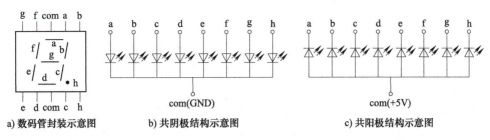

a) 数码管封装示意图　　b) 共阴极结构示意图　　c) 共阳极结构示意图

图 4-2-4　LED 数码管的结构示意图

数码管，而将 LED 的阳极连在一起即为共阳极数码管。图 4-2-4b、c 分别为共阴极和共阳极数码管的结构示意图。

根据 LED 的工作原理，在共阳极数码管中，点亮任何一段都需要在数码管的公共端接高电平，同时在对应段的引脚上接低电平，否则该段不会被点亮。共阴极数码管正好相反。

在程序中，高电平用 1 表示，低电平用 0 表示，把显示各种字符的电平所对应的数据称为数码管的段码。按段 a 为最低位，依次排列的八段数码管的常用编码表见表 4-2-1。在表 4-2-1 中，共阴极、共阳极数码管用十六进制数表示段码。

表 4-2-1　八段数码管的常用编码表

字符	共阴极型		共阳极型	
	hgfe　dcba	字形码	hgfe　dcba	字形码
0	0011 1111	3FH	1100 0000	C0H
1	0000 0110	06H	1111 1001	F9H
2	0101 1011	5BH	1010 0100	A4H
3	0100 1111	4FH	1011 0000	B0H
4	0110 0110	66H	1001 1001	99H
5	0110 1101	6DH	1001 0010	92H
6	0111 1101	7DH	1000 0010	82H
7	0000 0111	07H	1111 1000	F8H
8	0111 1111	7FH	1000 0000	80H
9	0110 1111	6FH	1001 0000	90H
A	0111 0111	77H	1000 1000	88H
b	0111 1100	7CH	1000 0011	83H
C	0011 1001	39H	1100 0110	C6H
d	0101 1110	5EH	1010 0001	A1H
E	0111 1001	79H	1000 0110	86H
F	0111 0001	71H	1000 1110	8EH

二、静态显示原理

所谓静态显示，就是各只数码管的各段均有独立的锁存驱动电路，数码管的公共端接固定电平，所有数码管一直维持点亮。

单片机驱动数码管静态显示一般有两种方式：一种是利用单片机输出端口具有的数据锁存功能来驱动数码管。这种方式的特点是每一只数码管都要单独占用单片机的一个 I/O 端口，该端口一直静态地保持该数据输出，维持数码管的字符显示，直到端口数据改变，I/O 端口又保持显示下一数据。另一种方式是在单片机的端口外接具有数据锁存功能的芯片，由单片机将显示段码传送给数据锁存器，由数据锁存器维持数码管显示所需的段码，仅当单片机提供给锁存器的段码发生改变后，显示字符才发生变化。由于能够提供锁存功能的器件很多，因此有多种静态显示电路方案。

1. 单片机端口驱动的静态显示电路

数码管的内部是由多只 LED 按指定的形状组合起来的，就电路原理而言，和多只独立的 LED 是完全相同的。

单片机端口是一个内部特殊寄存器，具有数据锁存功能，在程序中将输出数据写到端口就可改变端口数据（对应位引脚电平随之改变），并且端口各位电平也会一直维持到下一次程序改变端口输出数据为止。单片机引脚还具有一定的电流驱动能力，在数码管所需要的电流较小时，可以用单片机端口直接驱动数码管。

将单片机端口的 8 个引脚直接连接在数码管的 8 个引脚上（h 端为小数点），控制数码管的各段 LED 点亮或熄灭，即可显示出各种数码或字符。图 4-2-5 所示为单片机端口驱动的数码管静态显示电路原理图和等效电路图。

将单片机端口的每一位与数码管的一个引脚相连接，相当于单片机的一个引脚外接一只 LED，数字的显示就如同用 LED 组成图案。因此，完全可以采用任务 1 中 LED 的端口循环控制方式来完成数字的显示，将程序中显示彩灯的数值更换为 LED 数码管显示数字所需要的字形码数据，当程序将这些数据送到端口时，数码管就显示出对应的数字。

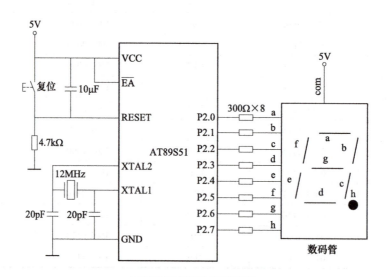

a) 数码管静态显示电路原理图

图 4-2-5　单片机端口驱动的数码管静态显示电路原理图和等效电路图

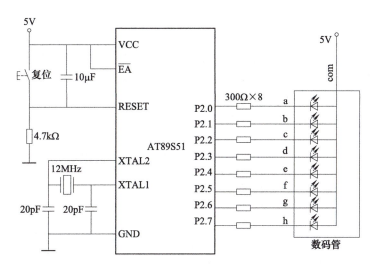

b) 数码管静态显示电路的等效电路图

图 4-2-5　单片机端口驱动的数码管静态显示电路原理图和等效电路图（续）

2. 锁存器驱动的静态显示电路

锁存器的输出仅在锁存时与输入信号有关，其余时间与输入信号无关，这时的单片机端口可用作其他用途，即单片机端口可以复用。锁存器有多位同时锁存的并行锁存器，也有串行的移位锁存器。

8D 锁存器 74HC573 可作为显示锁存和电流驱动器件，锁存器 74HC573 驱动的数码管静态显示电路原理图如图 4-2-6 所示。

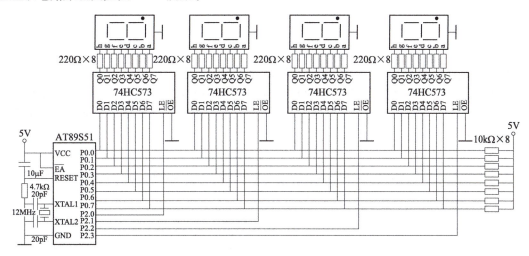

图 4-2-6　锁存器 74HC573 驱动的数码管静态显示电路原理图

图 4-2-6 中，每片 74HC573 的 8 个输出端分别对应连接一只数码管的段，所有 74HC573 的输入端（D 端）共用单片机 P0 端口，而各片的锁存使能端 LE 受单片机 P2 端口的控制，以实现各片 74HC573 独立锁存各个数码的段码。从 74HC573 各输出端将锁存数据（字形码）输出送入数码管，使数码管保持数字显示。

3. 译码器驱动的静态显示电路

除了单片机端口直接输出数码管的段码，还可以采用七段译码器将 BCD 码转换为数码管的七段码。译码器 7448 驱动的数码管静态显示电路原理图如图 4-2-7 所示。

7448 是共阴极数码管的七段显示译码器，与之连接的数码管应为共阴极数码管。在图 4-2-7 中，将单片机端口 P2 高、低 4 位提供的 BCD 码分别接 U2 和 U3 的输入端，7448 的输出端接数码管来驱动数码管显示数字。

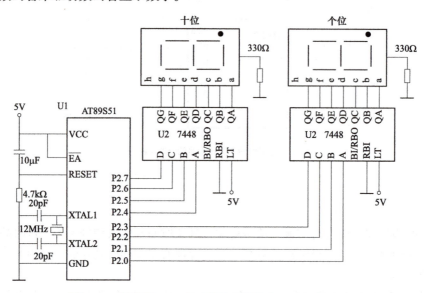

图 4-2-7　译码器 7448 驱动的数码管静态显示电路原理图

📝 任务实施

1. 明确工作任务

任务实施以小组为单位，根据班级人数将学生分为若干个小组，每组以 3~4 人为宜，每人明确各自的工作任务和要求，小组讨论推荐 1 人为小组长（负责组织小组成员制订本组工作计划、协调小组成员实施工作任务），推荐 1 人负责领取和分发材料，推荐 1 人负责成果汇报。

2. 制订工作计划

根据任务要求、工作流程和小组成员的分工，小组讨论制订合理的工作计划，并填写表 4-2-2。

表 4-2-2　工作计划表

序号	工作内容	计划工时	任务实施者

3. 硬件设计

按任务要求，需要显示 1 位数码，即需要一只数码管同时显示不同内容。在本任务中，选择单片机的一个端口直接驱动一只数码管的 8 个段，因单片机的每个引脚的输出信号都是独立的电平，所以能够保证一只数码管的每一段都能分别控制，即可以显示任意的 1 位数字。

这里选择 P2 端口直接驱动一只数码管显示数值，其电路原理图如图 4-2-8 所示，这是典型的单片机端口直接驱动的数码管静态显示电路，其中数码管为共阳极型。

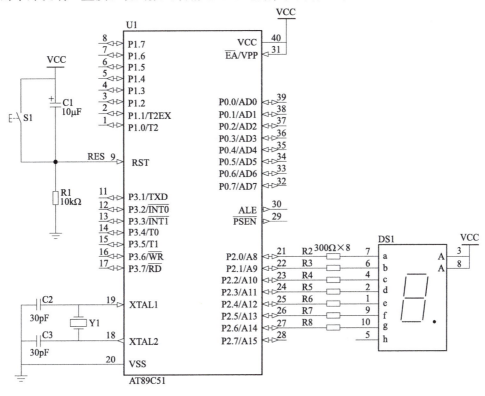

图 4-2-8　单片机端口直接驱动的数码管静态显示电路原理图

4. 软件设计

在图 4-2-8 中，单片机 P2 端口连接一只数码管。由于只有 1 位数码，在程序中设置全局变量 num，其值的允许范围为 0~9，对应显示的数码的类型可以使用字符型数码管显示 0~9 的程序流程图如图 4-2-9 所示。

5. 程序编写与 Proteus 仿真

1）打开 Proteus 软件，按照硬件电路原理图绘制数码管显示仿真电路，仔细检查，保证电路连接无误。

2）在 Keil 软件开发环境下，创建项目，编辑源程序，将编译生成的 HEX 文件装载到 Proteus 虚拟仿真硬件电路中的 AT89C51 芯片中。

3）运行仿真，仔细观察运行结果，如果有不符合设计要求的情况，调整源程序并重复步骤 1）和 2），直至完全符合本任务提出的各项设计要求。

参考程序如下：

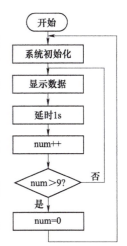

图 4-2-9　数码管显示
0~9 的程序流程图

```
#include<reg51. h>
#include<intrins. h>
#define uchar unsigned char
#define uint unsigned int
uchar code DSY_CODE[ ] = {0xc0,0xf9,0xa4,0xb0,0x99,0x92,0x82,0xf8,0x80,
0x90};
void DelayMS(uint x)//延时
{
    uchar t;
    while(x--) for(t=0;t<120;t++);
}
void main()    //主程序
{
    uchar i;
    while(1)
    {
        for(i=0;i<10;i++)
        {
            P2=DSY_CODE[i];                //发送段码
            DelayMS(2);
        }
    }
}
```

图 4-2-10 是单片机控制数码管显示的 Proteus 仿真图。

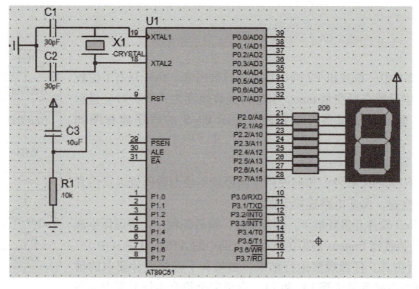

图 4-2-10　单片机控制数码管显示的 Proteus 仿真图

6. 准备工具

准备工具表见表 4-2-3。

表 4-2-3　准备工具表

序号	名称	规格	数量
1	直流稳压电源	5V（或 0~15V）	1个
2	万用表	可选择	1块
3	电烙铁	15~30W	1把
4	烙铁架	可选择	1个
5	电子实训通用工具	尖嘴钳、斜口钳、镊子、螺丝刀（一字槽和十字槽）	1套

7. 准备材料器材

将表 4-2-4 填写完整，向仓库管理员提供材料清单，并领取和分发材料。

表 4-2-4　材料清单

序号	名称	型号与规格	单位	数量	备注
1					
2					
3					
4					
5					
6					
7					
8					
9					
10					
11					
12					
13					
14					
15					
16					
17					
18					
19					
20					

8. 元器件识别、检测与筛选

准确清点和检查全套装配材料的数量和质量，进行元器件的识别与检测，筛选确定元器件，检测过程中填写表 4-2-5。

表 4-2-5　元器件识别与检测表

序号	符号	名称	检测结果
1			
2			
3			
4			
5			
6			
7			
8			
9			
10			
11			
12			
13			
14			
15			
16			
17			
18			
19			
20			

9. 电路安装工艺

1）焊点要圆润、饱满、光滑、无毛刺。

2）焊点必须焊接牢靠，无虚焊、漏焊，并具有一定的机械强度。

3）焊点的锡液必须充分浸润，导通电阻小。

4）元器件成形规范，安装正、直。

5）同类元器件的高度要一致，相同阻值的电阻排列方向一致，色环方向要统一。

6）连接线要横平竖直，引脚导线裸露不能过长。

7）完成安装后，电路板板面整洁，元器件布局合理。

10. 接线并检查

根据电路原理图完成接线，并用万用表电阻挡检查接线，如果有故障，应及时处理，并填写表 4-2-6。

表 4-2-6　接线故障分析及处理单

故障现象	故障原因	处理方法

11. 绘制 51 单片机程序流程图

12. 程序输入并通电调试

如果出现故障，应独立检修，电路检修完毕并且程序修改完毕后，应重新调试，直至系统能够正常工作。故障全部解决后，填写表 4-2-7。

表 4-2-7　系统调试故障分析及处理单

故障现象	故障原因	处理方法

13. 整理物品，清扫现场

按 3Q7S 要求，整理物品并清扫现场。

任务评价

考核内容及评分标准见表 4-2-8。

表 4-2-8　考核评价表

考核内容		评分标准	配分	自评	互评	师评
工作前准备		1. 选择工器具、材料有遗漏或错误，每处扣 1 分 2. 不按规定穿戴劳动防护用品，每处扣 1 分 3. 不能正确回答相关问题，每题扣 2 分	10 分			
工作过程与验收	电路设计	1. 电气控制原理图设计不全或设计错误，每处扣 1~3 分 2. 输入/输出地址有遗漏或错误，每处扣 1~2 分 3. 原理图表达不正确或画法不规范，每处扣 1~3 分 4. 接线图表达不正确或画法不规范，每处扣 1~3 分 5. 程序指令有错误，每条扣 2~5 分	25 分			
	安装与接线	1. 元器件布置不整齐、不匀称、不合理，每个扣 2 分 2. 布线不入线槽、不美观，控制电路有缺线，每根扣 1~2 分 3. 接点松动、露铜过长、反圈、压绝缘层，标记线号不清楚、遗漏或误标，引出端无别径压端子，每处扣 1 分 4. 损伤导线绝缘或线芯，每根扣 2 分 5. 不按原理图控制 I/O 接线，每处扣 2~4 分	35 分			
	程序输入及调试	1. 不会熟练操作键盘输入单片机指令，扣 5~10 分 2. 不会用删除、插入、修改等指令，扣 5 分 3. 一次试运行不成功扣 5 分；两次试运行不成功扣 10 分；三次试运行不成功扣 15 分	30 分			

（续）

考核内容	评分标准	配分	自评	互评	师评
安全文明生产	1. 违反安全文明生产考核要求，每项扣 1~2 分，一般违规扣 10 分 2. 发现学生导致重大事故隐患时，每次扣 10~15 分；严重违规扣 15~50 分，直到取消考试资格	倒扣			
实际工时	总体完成情况述评：	总分			
		检查员：			

任务拓展

1）使用 Proteus 软件绘制 2 位数码管静态显示电路原理图。

2）编写程序实现 2 位数码管数据显示变化的范围（如 00~59），并抄写程序。

任务 3   简易电子计分器的单片机设计与装调

任务描述

在举行一些体育比赛，如乒乓球、羽毛球、排球和篮球等球类比赛时，经常会用电子计分器来给参赛的每一支队伍进行计分。多功能电子计分器不仅可以显示比赛双方的分数，还可以显示获胜局数及倒计时等电子计分器的实物图如图 4-3-1 所示。

图 4-3-1   电子计分器的实物图

本任务主要是通过按键输入控制单片机实现数码管显示内容的修改。使用 2 位 LED 数码管显示参赛者的得分信息，并手动实现加、减分功能，每当按下一次按键时，数码管显示数值加 1。由于是 2 位计数显示，因此最大计数值为 99，当超过 99 时，重新从 00 开始计数。具体控制要求如下：

1）单片机的 P0 端口连接 1 位共阳极数码管的 a~g 端，用于显示计分器的个位。

2）单片机的 P2 端口连接 1 位共阳极数码管的 a~g 端，用于显示计分器的十位。

3）单片机的 P1 端口作为按键输入端，按键具体功能为按一下 S1 加分按键计数值加 1，按一下 S2 减分按键计数值减 1，按一下 S3 复位按键计数值归 0。

任务分析

本任务的目标是用单片机控制 2 位共阳极数码管显示一个 2 位数字，实现该目标需要使用两只数码管，同时需要用三只按键进行人机交互来实现数码管的显示控制。任务中两只数码管采用静态显示，当数码管所需驱动电流较小时，可以使用单片机端口直接驱动。按键可以控制单片机引脚电平的高低，在程序中通过读取并判断单片机连接按键的引脚电平信号去控制数码管的显示内容，实现任务目标。按键控制数码显示系统的电路框图如图 4-3-2 所示。

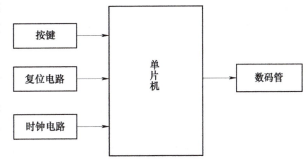

图 4-3-2　按键控制数码显示系统的电路框图

任务准备

一、单片机引脚的读入

在这里需要特别指出的一点是，由于 51 系列单片机的端口电路结构原因，当单片机的端口引脚作为输入时，在读入端口或端口引脚状态前需要先使被读的所有引脚输出"1"，即让各端口内部的输出电路被置为弱上拉状态（P0 端口为高阻状态）。

在 C51 中，单片机是将对应的引脚当作一个变量来读入的，引脚信号电平（或端口锁存器中的各位数据）就是变量的值。与单片机引脚的输出相同，使用输入的引脚需要先定义该引脚变量。单个引脚相当于位变量，端口相当于字节变量。

sbit 是 C51 中的一种扩充数据类型，利用 sbit 可以访问芯片内部 RAM 中的可寻址位或特殊功能寄存器中的可寻址位，语句格式如下：

sbit　位变量名＝特殊功能寄存器名^位置

二、按键抖动与消抖的方法

1. 按键抖动

键盘是由一组按规则排列的按键组成的，一个按键实际上是一个开关元件，也就是说键盘是一组按规则排列的开关。按键按照结构原理不同可分为两类，一类是触点式开关按键，如机械式按键、导电橡胶式按键等；另一类是无触点式开关按键，如电子式按键、磁感应按键等。

在程序设计中，一个完善的键盘控制程序应具备以下功能：

1）扫描检测有无按键按下，并采取硬件或软件措施，消除键盘按键机械触点抖动的影响。

2）用可靠的逻辑处理办法，每次只处理一个按键，其间其他按键的操作对系统均不产生影响，且无论一次按键时间有多长，系统仅执行一次按键功能程序。

3）准确输出按键值（或键号），以满足程序功能要求。

键盘通常使用机械式按键，其主要功能是把机械上的电路通断转换成电气上的逻辑关系。

机械式按键在按下或释放时，由于机械弹性作用的影响，通常伴随有一定时间的触点机械抖动，然后才稳定下来。按键触点的机械抖动示意图如图 4-3-3 所示。抖动时间的长短与按键的机械特性和按键力度有关，一般为 5~10ms。

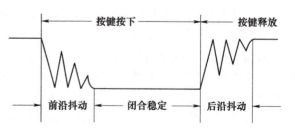

图 4-3-3　按键触点的机械抖动示意图

在触点抖动期间检测按键的通断状态，可能导致误判，即按键按下或释放一次被错误地认为是多次操作，这种情况是不允许出现的。为了克服按键触点机械抖动所导致的检测误判，必须采取去抖动措施。

消除电平抖动可从硬件电路和软件控制两方面实现，当按键数量较少时，可采用硬件消抖；当按键数量较多时，采用软件消抖。

2. 硬件消抖

硬件消抖一般采用在按键输出端加 RS 触发器（双稳态触发器）或单稳态触发器构成去抖动电路。图 4-3-4a 所示是一种由 RS 触发器构成的去抖动电路，触发器一旦翻转，触点抖动便不再对触发器输出产生任何影响。RS 触发器去抖动电路的波形如图 4-3-4b 所示。

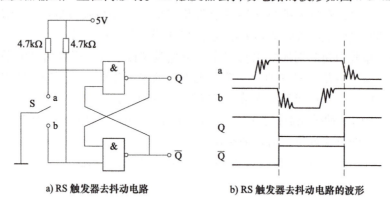

a) RS 触发器去抖动电路　　　　b) RS 触发器去抖动电路的波形

图 4-3-4　RS 触发器去抖动电路及其波形

3. 软件消抖

软件消抖采取的措施是，在检测到有按键按下时，等待 10ms 左右（具体时间应根据所使用的按键进行调整）的时间（这段时间按键的输出电平不稳定），再确认该按键是否仍保持闭合状态（在按键按下 10ms 之后按键的输出电平已经稳定），若仍保持闭合状态，则确认该按键处于闭合状态。同理，在检测到该按键释放后，也应采用相同的步骤进行确认，从而消除抖动的影响。软件消抖的程序流程图如图 4-3-5 所示。

三、独立式按键

在很多单片机控制系统中，往往只需要几个功能按键，此时可采用独立式按键结构。独立式按键电路如图 4-3-6 所示。

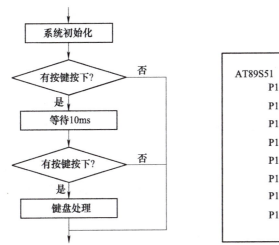

图 4-3-5　软件消抖的程序流程图 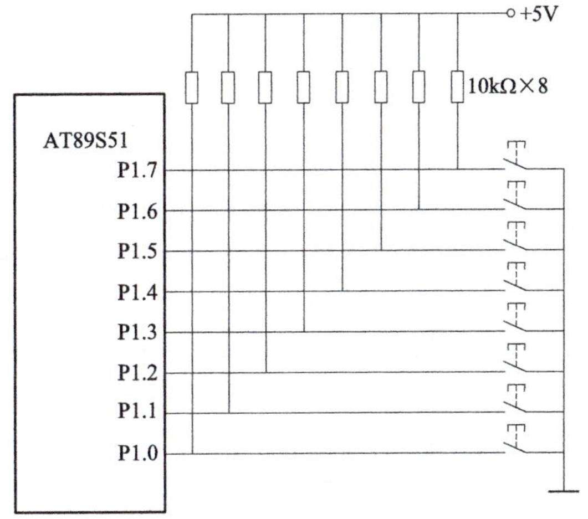　　　　图 4-3-6　独立式按键电路

图 4-3-6 中按键输入均采用低电平有效，上拉电阻保证了按键断开时，I/O 口线有确定的高电平。当 I/O 口线内部有上拉电阻时，外电路可不接上拉电阻。

独立式按键的处理程序通常采用查询式软件结构，先逐位查询每根 I/O 口线的输入状态，如某一根 I/O 口线输入为低电平，则可确认该 I/O 口线所对应的按键已按下，然后再转向该按键的功能处理程序。

除了读入整个端口并进行消抖处理，还可以对单个按键进行检测。在定义单片机引脚后，可对每个引脚分别进行检测和消抖处理。另外，还可以使用中断的方式实现对按键的检测。

📝 任务实施

1. 明确工作任务

任务实施以小组为单位，根据班级人数将学生分为若干个小组，每组以 3~4 人为宜，每人明确各自的工作任务和要求，小组讨论推荐 1 人为小组长（负责组织小组成员制订本组工作计划、协调小组成员实施工作任务），推荐 1 人负责领取和分发材料，推荐 1 人负责成果汇报。

2. 制订工作计划

根据任务要求、工作流程和小组成员的分工，小组讨论制订合理的工作计划，并填写表 4-3-1。

表 4-3-1　工作计划表

序号	工作内容	计划工时	任务实施者

3. 硬件设计

根据任务分析，本任务的硬件由单片机最小系统电路、数码显示电路和按键电路组成。单片机最小系统电路由复位电路和振荡电路等组成，本任务中选择 12MHz 的晶振作为系统振荡器件。

任务中需要 2 位数码管的显示，由于需要使用的 I/O 口不多，为简便操作，故选择数码管静态显示电路，数码管选择共阳极型，分别通过限流电阻连接到单片机的 P0、P2 端口，数码管的公共端直接连接系统电源。

任务中需要三只按键，分别用来作为加分键、减分键、复位键，采用独立式按键结构设计，分别连接单片机的 P1.0～P1.2。具体的电路原理图如图 4-3-7 所示。

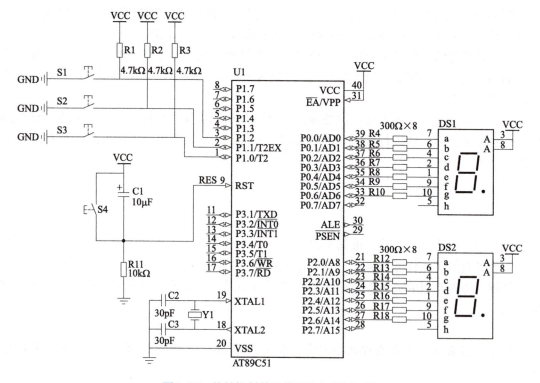

图 4-3-7　按键控制数码管显示电路原理图

4. 软件设计

根据任务目标，本任务采用数码管静态显示电路，并用端口直接驱动数码管，故在程序中仅当需要改变显示数据时才会修改单片机端口的数据。所以，在程序中可以不断检测按键的状态，在完全确认按键按下时，修改端口输出数据，达到修改显示数据的目的。

电子计分器的程序流程图如图 4-3-8 所示。在示例程序中，使用全局变量来记住显示的数据，将该变量命名为 num。

5. 程序编写与 Proteus 仿真

1）打开 Proteus 软件，按照硬件电路原理图绘制数码管显示仿真电路，仔细检查，保证电路连接无误。

2）在 Keil 软件开发环境下，创建项目，编辑源程序，将编译生成的 HEX 文件装载到 Proteus 虚拟仿真硬件电路中的 AT89C51 芯片中。

3）运行仿真，仔细观察运行结果，如果有不符合设计要求的情况，调整源程序并重复步骤 1）和 2），直至完全符合本任务提出的各项设计要求。

参考程序如下：

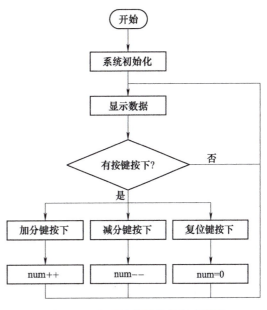

图 4-3-8 电子计分器的程序流程图

```
#include <reg51.h>                    //包含 AT89 单片机寄存器的头文件
#define uchar unsigned char
#define uint unsigned int
uchar code dispcode[] = {0xc0,0xf9,0xa4,0xb0,0x99,0x92,0x82,0xf8,
0x80,0x90};
unsigned char num=0;                  //定义计数变量为有符号字符型变量,赋初始值使数码管显示"00"
sbit K1=P1^0;
sbit K2=P1^1;
sbit K3=P1^2;
void delayms(uint ms)
{
    uint i,j;
    for(j=ms;j>0;j--)
    for(i=200;i>0;i--);
}
main()
{
    while(1)
        {
                P2=dispcode[num/10];      //显示计数值的十位
```

```
        P0＝dispcode［num%10］；      //显示计数值的个位
        if(K1＝＝0)
        {
        delayms(10)；
        if(K1＝＝0)    num++；
        }
        if(K2＝＝0)
        {
        delayms(10)；
        if(K2＝＝0)    num--；
        }
        if(K3＝＝0)
        {
        delayms(10)；
        if(K3＝＝0)    num＝0；
        }
        delayms(100)；
    }
}
```

图 4-3-9 是单片机按键控制数码管显示的 Proteus 仿真图。

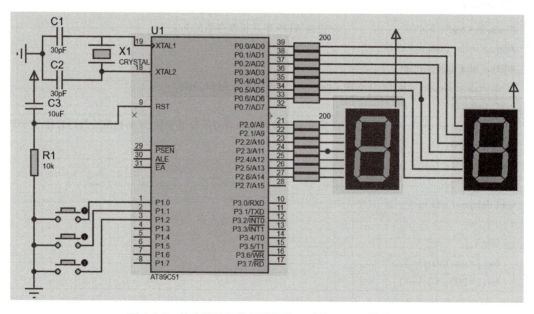

图 4-3-9　单片机按键控制数码管显示的 Proteus 仿真图

6. 准备工具

准备工具表见表 4-3-2。

表 4-3-2 准备工具表

序号	名称	规格	数量
1	直流稳压电源	5V（或 0~15V）	1 个
2	万用表	可选择	1 块
3	电烙铁	15~30W	1 把
4	烙铁架	可选择	1 个
5	电子实训通用工具	尖嘴钳、斜口钳、镊子、螺丝刀（一字槽和十字槽）	1 套

7. 准备材料器材

将表 4-3-3 填写完整，向仓库管理员提供材料清单，并领取和分发材料。

表 4-3-3 材料清单

序号	名称	型号与规格	单位	数量	备注
1					
2					
3					
4					
5					
6					
7					
8					
9					
10					
11					
12					
13					
14					
15					
16					
17					
18					
19					
20					

8. 元器件识别、检测与筛选

准确清点和检查全套装配材料的数量和质量，进行元器件的识别与检测，筛选确定元器件，检测过程中填写表 4-3-4。

表 4-3-4　元器件识别与检测表

序号	符号	名称	检测结果
1			
2			
3			
4			
5			
6			
7			
8			
9			
10			
11			
12			
13			
14			
15			
16			
17			
18			
19			
20			

9. 电路安装工艺

1）焊点要圆润、饱满、光滑、无毛刺。

2）焊点必须焊接牢靠，无虚焊、漏焊，并具有一定的机械强度。

3）焊点的锡液必须充分浸润，导通电阻小。

4）元器件成形规范，安装正、直。

5）同类元器件的高度要一致，相同阻值的电阻排列方向一致，色环方向要统一。

6）连接线要横平竖直，引脚导线裸露不能过长。

7）完成安装后，电路板板面整洁，元器件布局合理。

10. 接线并检查

根据电路原理图完成接线，并用万用表电阻挡检查接线，如果有故障，应及时处理，并填写表 4-3-5。

表 4-3-5　接线故障分析及处理单

故障现象	故障原因	处理方法

11. 绘制 51 单片机程序流程图

12. 程序输入并通电调试

如果出现故障，应独立检修，电路检修完毕并且程序修改完毕后，应重新调试，直至系统能够正常工作。故障全部解决后，填写表 4-3-6。

表 4-3-6　系统调试故障分析及处理单

故障现象	故障原因	处理方法

13. 整理物品，清扫现场

按 3Q7S 要求，整理物品并清扫现场。

📝 任务评价

考核内容及评分标准见表 4-3-7。

表 4-3-7　考核评价表

考核内容		评分标准	配分	自评	互评	师评
工作前准备		1. 选择工器具、材料有遗漏或错误，每处扣 1 分 2. 不按规定穿戴劳动防护用品，每处扣 1 分 3. 不能正确回答相关问题，每题扣 2 分	10 分			
工作过程与验收	电路设计	1. 电气控制原理图设计不全或设计错误，每处扣 1~3 分 2. 输入/输出地址有遗漏或错误，每处扣 1~2 分 3. 原理图表达不正确或画法不规范，每处扣 1~3 分 4. 接线图表达不正确或画法不规范，每处扣 1~3 分 5. 程序指令有错，每条扣 2~5 分	25 分			
	安装与接线	1. 元器件布置不整齐、不匀称、不合理，每个扣 2 分 2. 布线不入线槽、不美观，控制电路有缺线，每根扣 1~2 分 3. 接点松动、露铜过长、反圈、压绝缘层，标记线号不清楚、遗漏或误标，引出端无别径压端子，每处扣 1 分 4. 损伤导线绝缘或线芯，每根扣 2 分 5. 不按原理图控制 I/O 接线，每处扣 2~4 分	35 分			
	程序输入及调试	1. 不会熟练操作键盘输入单片机指令，扣 5~10 分 2. 不会用删除、插入、修改等指令，扣 5 分 3. 一次试运行不成功扣 5 分；两次试运行不成功扣 10 分；三次试运行不成功扣 15 分	30 分			

（续）

考核内容		评分标准	配分	自评	互评	师评
安全文明生产		1. 违反安全文明生产考核要求，每项扣 1~2 分，一般违规扣 10 分 2. 发现学生导致重大事故隐患时，每次扣 10~15 分；严重违规扣 15~50 分，直到取消考试资格	倒扣			
实际工时		总体完成情况述评：	总分			
			检查员：			

任务拓展

使用 Proteus 软件仿真实现 2 位数码管数据显示变化的范围（如 00~59），其中一个按键用来启动和暂停数码管显示数据的变化，当数据暂停后，可以通过另外两个按键实现数据加减变化。完成电路仿真并抄写程序流程图和程序。

任务 4　叮咚门铃的单片机设计与装调

任务描述

在城市生活中，每家每户都是一个独立的空间，当有客人来访或者外卖、快递送到时，都需要使用门铃，叮咚门铃可以满足此功能要求。使用单片机可输出不同频率的方波，既可以作为其他电路的信号源，也可作为报警器、简易音乐等的信号提供电路，直接驱动发声器件发出对应的声音。

本任务使用 AT89S51 单片机的定时/计数器模块，利用定时中断实现从单片机 I/O 口输出两种不同频率的脉冲，驱动蜂鸣器发出"叮咚"的声音。

任务分析

根据任务描述，要实现"叮""咚"这两种不同的声音需要两种不同频率的方波输出，"叮"的声音频率是 1230Hz，"咚"的声音频率是 680Hz。实际上就是要求从一个 I/O 口分别输出周期为 0.81ms 和 1.47ms 的方波，按标准时间间隔改变 I/O 口引脚电平的高低。由于单片机的定时/计数器属于单片机内部功能模块，所以整个系统的硬件仅需要单片机最小系统电路即可。

要完成标准时间间隔的设置，可以采用执行空循环指令的方式实现延时，其缺点是单片机在延时期间内不能进行其他操作，此时单片机的工作效率极低；也可以采用执行其他任务的方式来兼顾延时，但执行其他任务的耗时与期望定时的时间不尽相同，因此不能实现精确定时。

为了解决精确定时与执行其他任务之间的矛盾，常采用单片机定时/计数器定时中断的方式来实现精确定时。

采用定时中断时，定时的任务是由单片机的定时/计数器硬件单独完成的，而单片机就可以正常地执行其他程序了，只有当定时时间到了，才中断正在执行的程序，转去执行中断服务程序，中断服务程序执行完成后，自动回到断点，继续执行被中断的程序。

任务准备

一、定时/计数器简介

在 8051 系列单片机中有两个可编程的定时/计数器，分别叫作 T0 和 T1。在 8052 系列单片机中除了上述两个定时/计数器，还有一个定时/计数器 2(T2)，它的功能更强一些。它们既可以编程作为定时器使用，也可以编程作为计数器使用。T1 和 T2 还可以作为串行接口的波特率发生器。

定时/计数器实质上就是一个加 1 计数器，定时器实际上也是以计数方式工作的，只是它对固定频率的脉冲进行计数，由于脉冲周期固定，由计数值可以计算出定时时间，由此实现定时功能。

当定时/计数器工作于定时器方式时，它对具有固定时间间隔的内部机器周期进行计数，每个机器周期使定时器的值增加 1。而每个机器周期等于系统石英晶体振荡器的 12 个振荡周期，故计数频率为系统振荡器工作频率的 1/12，当采用 12MHz 的晶振时，计数频率为 1MHz，计数周期为 1μs。

定时/计数器的寄存器是一个 16 位寄存器，由两个 8 位寄存器组成。对应定时器 T0 的寄存器是由 TL0 和 TH0 组成的，对应定时器 T1 的寄存器是由 TL1 和 TH1 组成的。定时/计数器的初始值通过计数寄存器进行设置，定时或计数的脉冲个数也可以从计数寄存器读出。

T0 和 T1 由模式控制寄存器 TMOD 来设置工作方式，由控制寄存器 TCON 来控制 T0、T1 的启动、停止和设置溢出标志。

当计数溢出（计数器计数到所有位全为"1"时，下一个计数脉冲到达，使计数器各位全部回到"0"）时，使定时器控制寄存器 TCON 的 TF0 或 TF1 位置 1，向 CPU 发出中断请求，在定时/计数器允许中断的情况下，将引起定时中断。当发生溢出时，如果定时/计数器工作于定时模式，则表示定时时间已到；如果工作于计数模式，则表示外部脉冲个数已超过定时/计数器设置的工作方式允许的最大计数值。

二、定时/计数器的模式控制寄存器 TMOD

模式控制寄存器 TMOD 是对定时器 T0 和 T1 的计数方式和计数器控制方式进行设置的寄存器，低 4 位用于 T0，高 4 位用于 T1。TMOD 位于内部特殊寄存器区的 89H 单元，TMOD 不能位寻址，即只能对其整体赋值或读取。CPU 复位时 TMOD 所有位清零。TMOD 各位的控制功能如图 4-4-1 所示。

D7	D6	D5	D4	D3	D2	D1	D0
GATE	C/$\overline{\text{T}}$	M1	M0	GATE	C/$\overline{\text{T}}$	M1	M0
T1控制位				T0控制位			

图 4-4-1　TMOD 各位的控制功能

GATE 为门控制位。GATE = 0 时，定时/计数器的启动与停止仅受 TCON 寄存器中的 TRX(X = 0，1) 控制；GATE = 1 时，定时/计数器的启动与停止由 TCON 寄存器中的

TRX（X=0，1）和外部中断引脚（INT0 或 INT1）上的电平状态共同控制。

C/$\overline{\text{T}}$ 为定时器模式和计数器模式选择位。C/$\overline{\text{T}}$=1 时，为计数器模式；C/$\overline{\text{T}}$=0 时，为定时器模式。

M1、M0 为工作方式选择位。每个定时/计数器都有 4 种工作方式，它们由 M1、M0 位进行设置。定时/计数器工作方式的设置见表 4-4-1。

表 4-4-1　定时/计数器工作方式的设置

M1M0	工作方式	说　　明
00	方式 0	13 位定时/计数器
01	方式 1	16 位定时/计数器
10	方式 2	自动装载计数初值的 8 位定时/计数器
11	方式 3	T0 分成两个独立的 8 位定时/计数器；T1 没有此模式

1. 方式 0

通过设置 TMOD 寄存器中的 M1、M0 位为 00，选择定时器方式 0，方式 0 的计数位数为 13 位。对 T0 来说，它由 TL0 寄存器的低 5 位和 TH0 的高 8 位组成。TL0 的低 5 位溢出时，向 TH0 进位；TH0 溢出时，置位 TCON 中的 TF0 标志，向 CPU 发出中断请求。其逻辑结构图如图 4-4-2 所示。

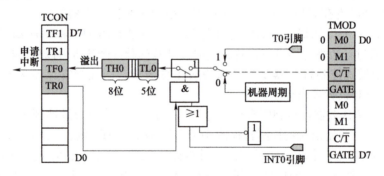

图 4-4-2　定时/计数器工作方式 0 的逻辑结构图

2. 方式 1

通过设置 TMOD 寄存器中的 M1、M0 位为 01，选择定时器方式 1，方式 1 的计数位数为 16 位。对 T0 来说，它是由 TL0 寄存器作为低 8 位、TH0 寄存器作为高 8 位组成的 16 位加 1 计数器。其逻辑结构图如图 4-4-3 所示。

当 GATE=0、TR0=1 时，TL0 便在机器周期的作用下开始加 1 计数，当 TL0 计满后向 TH0 进 1 位，直到把 TH0 也计满，此时计数器溢出，置 TF0 为 1，接着向 CPU 申请中断，接下来 CPU 进行中断处理。在这种情况下，只要 TR0 为 1，那么计数就不会停止。这就是定时器 T0 的工作方式 1 的工作过程，其他 8 位定时器、13 位定时器的工作方式都大同小异。

3. 方式 2

在定时器方式 0 和方式 1 中，当计数溢出后，计数器变为 0，因此在循环定时或循环计数时必须要用软件反复设置计数初值，这必然会影响定时的精度，同时也给程序设计带来很多麻烦。定时器方式 2 可以解决软件反复设置计数初值所带来的问题。

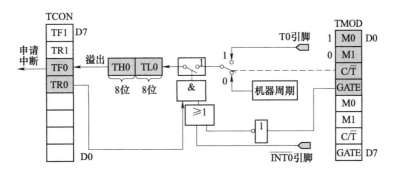

图 4-4-3　定时/计数器工作方式 1 的逻辑结构图

方式 2 被称为 8 位初值自动重装的 8 位定时/计数器，以 THX 作为常数缓冲器，当 TLX 计数溢出时，在溢出标志 TFX 置 1 的同时，自动将 THX 中的常数重新装入 TLX 中，使 TLX 从初值开始重新计数。其逻辑结构图如图 4-4-4 所示。

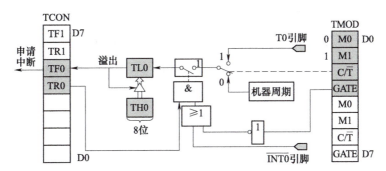

图 4-4-4　定时/计数器工作方式 2 的逻辑结构图

4. 方式 3

方式 3 只适用于定时/计数器 T0，当设定定时器 T1 处于方式 3 时，定时器 T1 不计数。方式 3 将 T0 分成两个独立的 8 位计数器 TL0 和 TH0，其中 TL0 为正常的 8 位计数器，计数溢出后置位 TF0，并向 CPU 申请中断，之后再重装初值。TH0 也被固定为一个 8 位计数器，由于 TL0 已经占用了 TF0 和 TR0，因此这里的 TH0 将占用定时器 T1 的中断请求标志 TF1 和定时器启动控制位 TR1。定时/计数器工作方式 3 的逻辑结构图如图 4-4-5 所示。

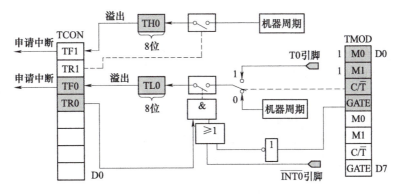

图 4-4-5　定时/计数器工作方式 3 的逻辑结构图

161

三、定时/计数器中断的实现过程

TCON 的低 4 位用于外部中断控制，而 TCON 的高 4 位则用于定时/计数器的启动和中断申请。TCON 位于内部特殊寄存器区的 88H 单元，各位的格式见表 4-4-2。定时/计数器的中断设置和工作示意图如图 4-4-6 所示。

表 4-4-2　TCON 各位的格式

位地址	8FH	8EH	8DH	8CH	8BH	8AH	89H	88H
名称	TF1	TR1	TF0	TR0	IE1	IT1	IE0	IT0

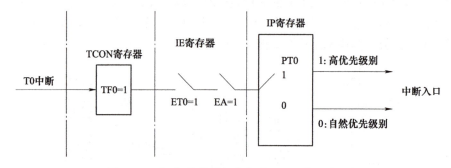

图 4-4-6　定时/计数器的中断设置和工作示意图

TF1 为定时器 T1 的溢出标志位。当定时器计满溢出时，由硬件使 TF1 置 1，并且申请中断。TF0 为定时器 T0 的溢出标志位，其功能及操作方法同 TF1。

TR1 为定时器 T1 的运行控制位。由软件清零关闭定时器 T1。当 GATE＝1 且 INT1 为高电平时，TR1 置 1，启动定时器 T1；当 GATE＝0 时，TR1 置 1，启动定时器 T1。TR0 为定时器 T0 的运行控制位，其功能及操作方式同 TR1。

IE1 为外部中断 1 请求标志，IE0 为外部中断 0 请求标志。

IT1 为外部中断 1 触发方式选择位。IT1＝0 时，为电平触发方式，引脚 INT1 上低电平有效；IT1＝1 时，为跳变沿触发方式，引脚 INT1 上的电平从高到低的负跳变有效。IT0 为外部中断 0 触发方式选择位，其功能及操作方法同 IT1。

四、定时/计数器的初始化设置

定时/计数器的初始化是非常重要的。编写单片机定时器初始化程序的步骤如下：

1）对 TMOD 赋值，以确定 T0 和 T1 的工作方式。

2）计算初值，并将初值写入 TH0、TL0 或 TH1、TL1。

3）根据需要开放中断和中断方式时，则对 IE 赋值，开放中断。

4）使 TR0 或 TR1 置位，启动定时/计数器定时或计数。

以定时器 T0 为例，初始化编程格式如下：

```
TMOD＝方式字；          //选择定时器的工作方式,高 4 位为 T1 的设置
TH0＝高 8 位初始值；      //装入 T0 时间常数
```

TL0=低 8 位初始值；	//对于 T1 则为 TH1 和 TL1	
ET0=1；	//开 T0 中断,对于 T1 则为 ET1=1	
EA=1；	//全局中断允许,如果有其他中断,可共用本条指令	
TR0=1；	//启动 T0 定时器,对于 T1 则为 TR0=1	

五、定时/计数器的中断服务程序编写

在定时/计数器的初始化操作设置好后，程序运行过程中当定时/计数器达到定时时间或计数次数时，CPU 会执行定时/计数器的中断服务程序。因此，在编写中断服务程序时，应该完成此时相应的操作处理。根据不同的任务，具体的操作处理也不相同，但通常情况下需要重设定时/计数器的初值（工作方式 2 除外），以完成下一轮的定时或计数任务。

以定时器 T0 为例，中断服务程序编程格式如下：

```
void T0_time( ) interrupt 1
{
    TH0=高 8 位初始值；        //装入 T0 时间常数
    TL0=低 8 位初始值；        //对于 T1 则为 TH1 和 TL1
    //需要添加的程序
}
```

📝 任务实施

1. 明确工作任务

任务实施以小组为单位，根据班级人数将学生分为若干个小组，每组以 3~4 人为宜，每人明确各自的工作任务和要求，小组讨论推荐 1 人为小组长（负责组织小组成员制订本组工作计划、协调小组成员实施工作任务），推荐 1 人负责领取和分发材料，推荐 1 人负责成果汇报。

2. 制订工作计划

根据任务要求、工作流程和小组成员的分工，小组讨论制订合理的工作计划，并填写表 4-4-3。

表 4-4-3　工作计划表

序号	工作内容	计划工时	任务实施者

3. 硬件设计

根据任务分析，实现任务的硬件电路仅需要单片机最小系统电路。在本任务中选择

AT89S51 单片机芯片为系统控制芯片，其最小系统电路较为简单，包括复位电路和时钟电路，这里选择系统晶振频率为 12MHz。具体的电路原理图如图 4-4-7 所示。

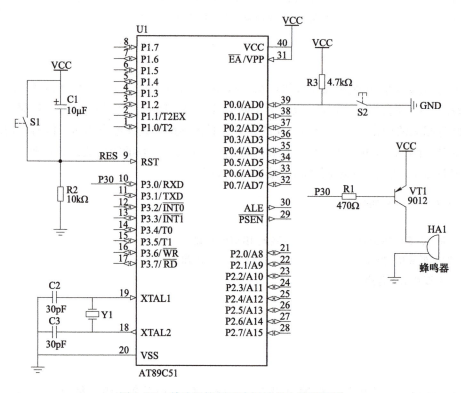

图 4-4-7　单片机控制叮咚门铃的电路原理图

在实践中，可以通过示波器、频率计等仪器仪表测量单片机从 P3.0 引脚输出的脉冲。也可以将这个脉冲送到蜂鸣器上，通过声音感受单片机的输出频率。

当然，因为单片机输出端口的驱动能力有限，无法直接驱动蜂鸣器，所以需要将单片机引脚输出的脉冲信号通过功率放大电路放大后再送给蜂鸣器。

4. 软件设计

当有按键输入时，单片机定时器启动，使 P3.0 先输出 1230Hz 的方波用来模拟"叮"的声音，然后再输出 680Hz 的方波用来模拟"咚"的声音，实际上就是要求从 P3.0 输出周期分别为 0.81ms 和 1.47ms 的方波。

当输出"叮"的声音时，高电平和低电平的时间各为 0.81ms 的一半，即各为 405μs。即在单片机中实现 405μs 的定时，每次定时时间到了的时候，将 P3.0 的电平改变就可以了。一个引脚电平的改变，使用取反指令就可以完成，具体的指令如"P30 = ~ P30"。当输出"咚"的声音时，高电平和低电平的时间各为 1.47ms 的一半，即各为 735μs。即在单片机中实现 735μs 的定时，每次定时时间到了的时候，将 P3.0 的电平改变就可以了。

使用单片机内部的定时/计数器定时，需要对定时/计数器进行初始化。以发出"叮"的声音为例，启动定时器之后，由硬件对频率脉冲进行计数，达到 405μs 后，出现计数溢出，产生中断，执行中断服务程序。具体的中断服务程序流程图如图 4-4-8 所示。

在程序设计中，当按键按下时，触发定时器 T0 开始工作，定时器被赋初值 405μs，中断服务函数中也是赋初值 405μs，发出"叮"的声音。为简便程序设计，"叮"的声音发出 2s，即需要中断 4920 次。随后发出"咚"的声音，中断服务函数需要赋初值 735μs，"咚"也发声 2s，即需要中断 2720 次。随后关闭定时器，完成"叮咚"声音的模拟，周期为 4s。

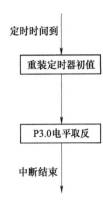

图 4-4-8 定时中断服务程序流程图

5. 程序编写与 Proteus 仿真

1）打开 Proteus 软件，按照硬件电路原理图绘制仿真电路，仔细检查，保证电路连接无误。

2）在 Keil 软件开发环境下，创建项目，编辑源程序，将编译生成的 HEX 文件装载到 Proteus 虚拟仿真硬件电路中的 AT89C51 芯片中。

3）运行仿真，仔细观察运行结果，如果有不符合设计要求的情况，调整源程序并重复步骤 1）和 2），直至完全符合本任务提出的各项设计要求。

参考程序如下：

```
/*   名称:定时器控制单只蜂鸣器
     说明:蜂鸣器在独立式按键按下时实现叮咚门铃
*/
#include<reg51.h>
#define uchar unsigned char
#define uint unsigned int
sbit Buzzer=P3^0;
sbit key=P0^0;
uint T_Count=0;
uint T_Count1=0;
void delay_ms(uint t)
{
    uint i,j;
    for(i=0;i<t;i++)
        for(j=0;j<200;j++);

}
//主程序
void main()
{
    TMOD=0x01;                    //定时器 T0 工作方式 1
    TH0=(65536-405)/256;          //5ms 定时
    TL0=(65536-405)%256;
    ET0=1;                        //允许 T0 中断
    EA=1;
```

165

```
    while( 1 )
    {
        if( key = = 0 )
        {
            delay_ms( 10 ) ;
            if( key = = 0 )
            {
                TR0 = 1 ;                    //开始定时
            }
        }


    }
}
//T0 中断函数
void T0_Flash( )  interrupt 1
{
    if( T_Count<4920 )                  //"叮"的声音发声 2s
    {
        TH0 = ( 65536−405 )/256 ;       //定时器的频率初值
        TL0 = ( 65536−405 )%256 ;
        T_Count++ ;
    }
    else
    {
        if( T_Count1<2720 )             //"咚"的声音发声 2s
        TH0 = ( 65536−735 )/256 ;       //定时器的频率初值
        TL0 = ( 65536−735 )%256 ;
        T_Count1++ ;
    }

        Buzzer = ~ Buzzer ;
        if( T_Count1 > = 2720 )
        {
            T_Count = 0 ;
            T_Count1 = 0 ;
            TR0 = 0 ;                    //关闭定时
        }
}
```

图 4-4-9 为单片机控制叮咚门铃的 Proteus 仿真图。

6. 准备工具

准备工具表见表 4-4-4。

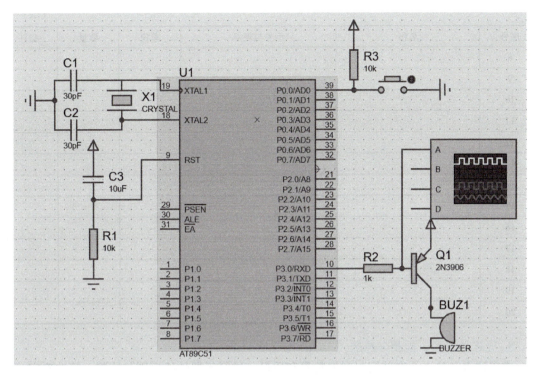

图 4-4-9　单片机控制叮咚门铃的 Proteus 仿真图

表 4-4-4　准备工具表

序号	名称	规格	数量
1	直流稳压电源	5V（或 0~15V）	1个
2	万用表	可选择	1块
3	电烙铁	15~30W	1把
4	烙铁架	可选择	1个
5	电子实训通用工具	尖嘴钳、斜口钳、镊子、螺丝刀（一字槽和十字槽）	1套

7. 准备材料器材

将表 4-4-5 填写完整，向仓库管理员提供材料清单，并领取和分发材料。

表 4-4-5　材料清单

序号	名称	型号与规格	单位	数量	备注
1					
2					
3					
4					
5					
6					
7					

（续）

序号	名称	型号与规格	单位	数量	备注
8					
9					
10					
11					
12					
13					
14					
15					
16					
17					
18					
19					
20					

8. 元器件识别、检测与筛选

准确清点和检查全套装配材料的数量和质量，进行元器件的识别与检测，筛选确定元器件，检测过程中填写表 4-4-6。

表 4-4-6　元器件识别与检测表

序号	符号	名称	检测结果
1			
2			
3			
4			
5			
6			
7			
8			
9			
10			
11			
12			
13			
14			
15			
16			
17			

（续）

序号	符号	名称	检测结果
18			
19			
20			

9. 电路安装工艺

1）焊点要圆润、饱满、光滑、无毛刺。

2）焊点必须焊接牢靠，无虚焊、漏焊，并具有一定的机械强度。

3）焊点的锡液必须充分浸润，导通电阻小。

4）元器件成形规范，安装正、直。

5）同类元器件的高度要一致，相同阻值的电阻排列方向一致，色环方向要统一。

6）连接线要横平竖直，引脚导线裸露不能过长。

7）完成安装后，电路板板面整洁，元器件布局合理。

10. 接线并检查

根据电路原理图完成接线，并用万用表电阻挡检查接线，如果有故障，应及时处理，并填写表 4-4-7。

表 4-4-7 接线故障分析及处理单

故障现象	故障原因	处理方法

11. 绘制 51 单片机程序流程图

12. 程序输入并通电调试

如果出现故障，应独立检修，电路检修完毕并且程序修改完毕后，应重新调试，直至系统能够正常工作。故障全部解决后，填写表 4-4-8。

表 4-4-8 系统调试故障分析及处理单

故障现象	故障原因	处理方法

13. 整理物品，清扫现场

按 3Q7S 要求，整理物品并清扫现场。

任务评价

考核内容及评分标准见表 4-4-9。

表 4-4-9　考核评价表

考核内容		评分标准	配分	自评	互评	师评
工作前准备		1. 选择工器具、材料有遗漏或错误，每处扣 1 分 2. 不按规定穿戴劳动防护用品，每处扣 1 分 3. 不能正确回答相关问题，每题扣 2 分	10 分			
工作过程与验收	电路设计	1. 电气控制原理图设计不全或设计错误，每处扣 1~3 分 2. 输入/输出地址有遗漏或错误，每处扣 1~2 分 3. 原理图表达不正确或画法不规范，每处扣 1~3 分 4. 接线图表达不正确或画法不规范，每处扣 1~3 分 5. 程序指令有错，每条扣 2~5 分	25 分			
	安装与接线	1. 元器件布置不整齐、不匀称、不合理，每个扣 2 分 2. 布线不入线槽、不美观，控制电路有缺线，每根扣 1~2 分 3. 接点松动、露铜过长、反圈、压绝缘层，标记线号不清楚、遗漏或误标，引出端无别径压端子，每处扣 1 分 4. 损伤导线绝缘或线芯，每根扣 2 分 5. 不按原理图控制 I/O 接线，每处扣 2~4 分	35 分			
	程序输入及调试	1. 不会熟练操作键盘输入单片机指令，扣 5~10 分 2. 不会用删除、插入、修改等指令，扣 5 分 3. 一次试运行不成功扣 5 分；两次试运行不成功扣 10 分；三次试运行不成功扣 15 分	30 分			
安全文明生产		1. 违反安全文明生产考核要求，每项扣 1~2 分，一般违规扣 10 分 2. 发现学生导致重大事故隐患时，每次扣 10~15 分；严重违规扣 15~50 分，直到取消考试资格	倒扣			
实际工时		总体完成情况述评：	总分			
			检查员：			

📝 **任务拓展**

　　修改程序，使按键作为启动和停止按键使用，当按下按键后，单片机驱动蜂鸣器持续发出"叮咚"的声音，再次按下按键后停止。完成电路仿真并抄写程序流程图和程序。

任务 5　简易数字钟的单片机设计与装调

📝 **任务描述**

　　生活中数字钟的使用十分普遍，常见的数字钟一般具有显示时间、调整时间、定时等功能，有的还可以显示年、月、日、星期等。

　　本任务利用定时计时法，通过 6 位数码管输出显示，完成一个简易数字钟，其功能是显示小时、分和秒，其中秒和分为 60 进制，小时为 24 进制。

任务分析

根据任务描述，数字钟需要显示小时、分和秒，即最少需要 6 只数码管显示。由于需要使用的数码管较多，硬件电路可以采用动态扫描方式。任务中没有时钟的调节等其他要求，所以整个系统只需要单片机最小系统电路和数码管动态显示电路即可。

时钟计时中可以设定小时、分、秒三个变量，根据三个变量的进制关系累计计时。首先需要确定的是 1s，可以使用定时器定时 50ms，定时时间到后中断，中断 20 次即为 1s。秒变量累加到 60 后，分变量累加并清零秒变量，分变量累加到 60 后，小时变量累加并清零分变量，小时变量使用 24 进制。

任务准备

一、动态显示原理

所谓动态显示，就是利用人眼的视觉暂留现象，快速地轮流显示单个数码的显示方式。具体来说，就是将各数码管的相同段的输入端连接在一起，使用同一锁存电路驱动，为数码管提供需要显示的数字段码，通过控制数码管的公共端使数字在不同的数码管上显示。连续地在段码端输入要显示的数字段码，位码使公共端轮流接通，所有数码管依次循环点亮，只要显示的速度足够快，人眼就能看到稳定的显示字符，从而实现动态的字符显示。

图 4-5-1a 是 4 位数码管动态显示连接示意图。4 位数码管的 a～h 分别连接在一起作为数

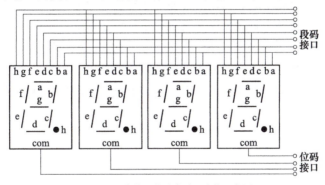

a) 4位数码管动态显示连接示意图

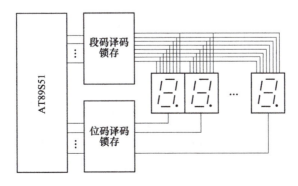

b) 4位数码管动态显示控制电路示意图

图 4-5-1　4 位数码管动态显示示意图

码管的段码接口，将每只数码管的公共端作为数码管的位码接口。段码控制数码管显示字形，位码控制 4 只数码管中的哪一只数码管显示该内容。其控制电路示意图如图 4-5-1b 所示。

4 位共阴极数码管动态显示"1357"的过程见表 4-5-1。

表 4-5-1　4 位共阴极数码管动态显示"1357"的过程

段码	位码	显示顺序	显示内容
0000 0110	0111	1	
0100 1111	1011	2	
0110 1101	1101	3	
0000 0111	1110	4	

二、常见动态显示电路

1. 晶体管反相+端口直接驱动的动态显示电路

数码管的公共端电流较小时，可以直接使用单片机端口驱动，而数码管公共端的电流较大时，可以采用晶体管驱动。具体来说，将单片机输出的高低电平通过限流电阻后接晶体管基极，控制晶体管工作在饱和状态或截止状态，饱和状态时数码管点亮，截止状态时数码管熄灭。采用晶体管驱动数码管的动态显示电路原理图如图 4-5-2 所示。当然，采用集成反相器的电路原理与晶体管类似，利用其输出电流较大的方式驱动数码管的公共端。

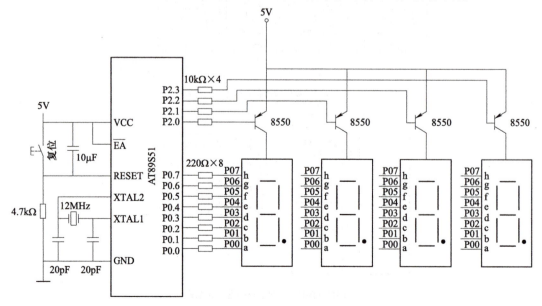

图 4-5-2　采用晶体管驱动数码管的动态显示电路原理图

电路中使用的是 4 位共阳极数码管，其内部已将 4 只数码管各阴极分别连接到外部引脚 A~G、H（H 就是小数点的外部引脚）上，将字形码送到这些引脚将控制数码管显示相应的数字或字符；4 只数码管的公共端分别连接到晶体管上，公共端流过电流将使对应的数码管点亮。

2. 锁存器驱动的动态显示电路

在数码管动态显示电路中，需要段码和位码的锁存驱动，可以直接使用 8D 锁存器 74573 或移位寄存器 74164 等电路锁存数据驱动。采用 74573 锁存器驱动数码管的动态显示电路原理图如图 4-5-3 所示。

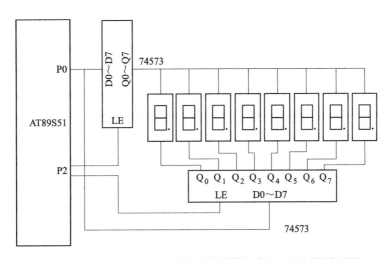

图 4-5-3　采用 74573 锁存器驱动数码管的动态显示电路原理图

图 4-5-3 中，两片 74573 的输入端都连接到单片机的同一端口 P0，其中一片 74573 为各只数码管锁存字形码数据，即实现段码控制；另一片 74573 的输出端连接到各只数码管的公共端（共阴极或共阳极端），以选通各数码管，即实现位码控制。

图 4-5-3 所示电路结构的特点是点亮数码管所需段码和位码由单片机的同一端口输出，可分时输出段码和位码，占用端口少。

📝 任务实施

1. 明确工作任务

任务实施以小组为单位，根据班级人数将学生分为若干个小组，每组以 3~4 人为宜，每人明确各自的工作任务和要求，小组讨论推荐 1 人为小组长（负责组织小组成员制订本组工作计划、协调小组成员实施工作任务），推荐 1 人负责领取和分发材料，推荐 1 人负责成果汇报。

2. 制订工作计划

根据任务要求、工作流程和小组成员的分工，小组讨论制订合理的工作计划，并填写表 4-5-2。

表 4-5-2　工作计划表

序号	工作内容	计划工时	任务实施者

3. 硬件设计

从任务分析可知，整个数字钟由单片机最小系统电路和数码管动态显示电路两部分组成。其中动态显示电路要显示 6 位数码，其电路原理图如图 4-5-4 所示。

动态显示电路需要对数码管的段和位进行控制，这里选择 P0 作为段控制信号，P2 作为位控制信号。由于单片机引脚的驱动能力有限，所以对数码管的公共端采用 PNP 型晶体管 2N3906 进行驱动，2N3906 的发射极接电源 VCC，其基极通过限流电阻连接单片机的 P2 端口。为了保证 2N3906 在单片机输出低电平时工作在饱和状态且不影响单片机引脚的输出状态，电路中对 P2 端口的每一位都串联 5kΩ 的限流电阻。同时，在 P0 端口的引脚输出端都添加了 300Ω 的限流电阻。

4. 软件设计

根据任务分析，时钟计时涉及小时、分、秒三个数据的显示，根据三个数据的进制关系累计计时。首先需要确定的是 1s，可以使用定时器定时 50ms，定时时间到后中断，中断 20 次即为 1s。秒变量累加到 60 后，分变量累加并清零秒变量，分变量累加到 60 后，小时变量累加并清零分变量，小时变量使用 24 进制。

数码管的动态扫描显示程序直接引用这些变量，变量不断变化，显示的数字也随之不断变化，即实现了数字钟的显示功能。再次说明，程序的计时精度是不高的。图 4-5-5 为数字钟的程序流程图。

5. 程序编写与 Proteus 仿真

1）打开 Proteus 软件，按照硬件电路原理图绘制仿真电路，仔细检查，保证电路连接无误。

2）在 Keil 软件开发环境下，创建项目，编辑源程序，将编译生成的 HEX 文件装载到 Proteus 虚拟仿真硬件电路中的 AT89C51 芯片中。

3）运行仿真，仔细观察运行结果，如果有不符合设计要求的情况，调整源程序并重复步骤 1）和 2），直至完全符合本任务提出的各项设计要求。

参考程序如下：

```
#include <reg51. h>              //包含 AT89C51 单片机寄存器的头文件
#define uchar unsigned char
#define uint unsigned int
uchar code buffer[ ] = {0xc0,0xf9,0xa4,0xb0,0x99,0x92,0x82,0xf8,0x80,
0x90};                          //定义共阳数码管 0~9 的编码数组
uchar hour=0;                   //定义全局变量
```

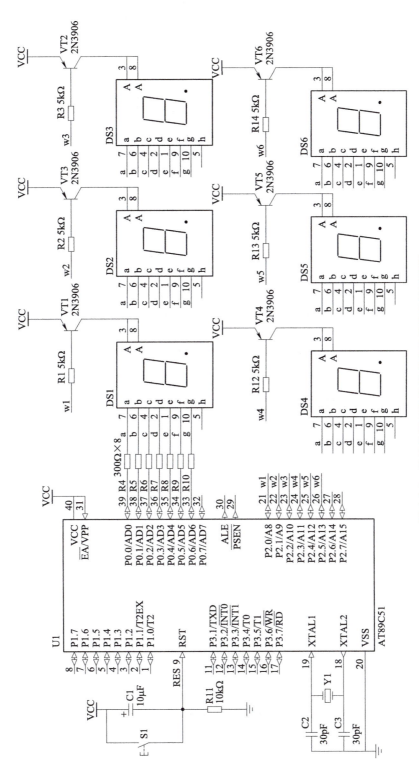

图 4-5-4　单片机驱动数码管动态显示的电路原理图

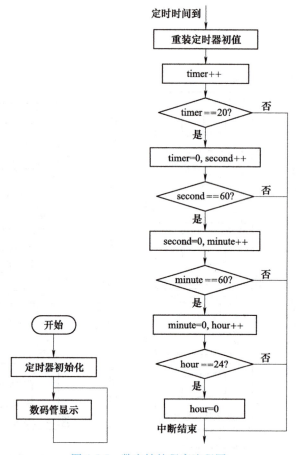

图 4-5-5　数字钟的程序流程图

```
uchar minute = 0;
uchar second = 0;
uchar timer = 0;
void delay_ms(uchar t)
    {
        unsigned char i,j;
        for(j = 0; j<t; j++)
        for(i = 10; i>0; i--);
    }
    void display()
    {
            P2 = 0x00;
            P0 = buffer[hour/10];        //小时的十位显示
            P2 = 0x01;                   //选通第一位(最高位)
            delay_ms(1);                 //延时

            P2 = 0x00;
```

```
        P0=buffer[hour%10];       //小时的个位显示
        P2=0x02;
        delay_ms(1);

        P2=0x00;
        P0=buffer[minute/10];     //分的十位显示
        P2=0x04;
        delay_ms(1);

        P2=0x00;
        P0=buffer[minute%10];     //分的个位显示
        P2=0x08;
        delay_ms(1);

        P2=0x00;
        P0=buffer[second/10];
        P2=0x10;
        delay_ms(1);

        P2=0x00;
        P0=buffer[second%10];
        P2=0x20;
        delay_ms(1);
}

void main()
{
    TMOD=0x01;
    TH0=(65536-50000)/256;
    TL0=(65536-50000)%256;
    ET0=1;
    TR0=1;
    EA=1;
      while(1)
       {
         display();
        }
}
void T0_timer() interrupt 1
{
    TH0=(65536-50000)/256;
```

```
TL0=(65536−50000)%256;
timer++;
if(timer==20)
{
    timer=0;
    second++;
}
if(second==60)
{
    second=0;
    minute++;
}
if(minute==60)
{
    minute=0;
    hour++;
}
if(hour==24)    hour=0;
}
```

图 4-5-6 为单片机控制数字钟的 Proteus 仿真图。

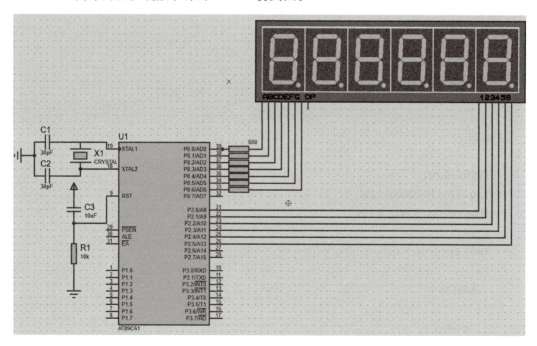

图 4-5-6　单片机控制数字钟的 Proteus 仿真图

6. 准备工具

准备工具表见表 4-5-3。

表 4-5-3　准备工具表

序号	名称	规格	数量
1	直流稳压电源	5V（或 0~15V）	1 个
2	万用表	可选择	1 块
3	电烙铁	15~30W	1 把
4	烙铁架	可选择	1 个
5	电子实训通用工具	尖嘴钳、斜口钳、镊子、螺丝刀（一字槽和十字槽）	1 套

7. 准备材料器材

将表 4-5-4 填写完整，向仓库管理员提供材料清单，并领取和分发材料。

表 4-5-4　材料清单

序号	名称	型号与规格	单位	数量	备注
1					
2					
3					
4					
5					
6					
7					
8					
9					
10					
11					
12					
13					
14					
15					
16					
17					
18					
19					
20					

8. 元器件识别、检测与筛选

准确清点和检查全套装配材料的数量和质量，进行元器件的识别与检测，筛选确定元器件，检测过程中填写表 4-5-5。

表 4-5-5　元器件识别与检测表

序号	符号	名称	检测结果
1			
2			
3			
4			
5			
6			
7			
8			
9			
10			
11			
12			
13			
14			
15			
16			
17			
18			
19			
20			

9. 电路安装工艺

1）焊点要圆润、饱满、光滑、无毛刺。

2）焊点必须焊接牢靠，无虚焊、漏焊，并具有一定的机械强度。

3）焊点的锡液必须充分浸润，导通电阻小。

4）元器件成形规范，安装正、直。

5）同类元器件的高度要一致，相同阻值的电阻排列方向一致，色环方向要统一。

6）连接线要横平竖直，引脚导线裸露不能过长。

7）完成安装后，电路板板面整洁，元器件布局合理。

10. 接线并检查

根据电路原理图完成接线，并用万用表电阻挡检查接线，如果有故障，应及时处理，并填写表 4-5-6。

表 4-5-6　接线故障分析及处理单

故障现象	故障原因	处理方法

11. 绘制 51 单片机程序流程图

12. 程序输入并通电调试

如果出现故障，应独立检修，电路检修完毕并且程序修改完毕后，应重新调试，直至系统能够正常工作。故障全部解决后，填写表 4-5-7。

表 4-5-7　系统调试故障分析及处理单

故障现象	故障原因	处理方法

13. 整理物品，清扫现场

按 3Q7S 要求，整理物品并清扫现场。

任务评价

考核内容及评分标准见表 4-5-8。

表 4-5-8　考核评价表

考核内容		评分标准	配分	自评	互评	师评
工作前准备		1. 选择工器具、材料有遗漏或错误，每处扣 1 分 2. 不按规定穿戴劳动防护用品，每处扣 1 分 3. 不能正确回答相关问题，每题扣 2 分	10 分			
工作过程与验收	电路设计	1. 电气控制原理图设计不全或设计错误，每处扣 1~3 分 2. 输入/输出地址有遗漏或错误，每处扣 1~2 分 3. 原理图表达不正确或画法不规范，每处扣 1~3 分 4. 接线图表达不正确或画法不规范，每处扣 1~3 分 5. 程序指令有错，每条扣 2~5 分	25 分			
	安装与接线	1. 元器件布置不整齐、不匀称、不合理，每个扣 2 分 2. 布线不入线槽、不美观，控制电路有缺线，每根扣 1~2 分 3. 接点松动、露铜过长、反圈、压绝缘层，标记线号不清楚、遗漏或误标，引出端无别径压端子，每处扣 1 分 4. 损伤导线绝缘或线芯，每根扣 2 分 5. 不按原理图控制 I/O 接线，每处扣 2~4 分	35 分			
	程序输入及调试	1. 不会熟练操作键盘输入单片机指令，扣 5~10 分 2. 不会用删除、插入、修改等指令，扣 5 分 3. 一次试运行不成功扣 5 分；两次试运行不成功扣 10 分；三次试运行不成功扣 15 分	30 分			

（续）

考核内容	评分标准	配分	自评	互评	师评
安全文明生产	1. 违反安全文明生产考核要求，每项扣 1～2 分，一般违规扣 10 分 2. 发现学生导致重大事故隐患时，每次扣 10～15 分；严重违规扣 15~50 分，直到取消考试资格	倒扣			
实际工时	总体完成情况述评：	总分			
		检查员：			

任务拓展

在本任务的基础上，使用 Proteus 软件添加按键调时功能，使用三个按键分别用来调整小时、分、秒三个变量。完成电路仿真并将程序流程图和程序抄写在下方。

任务 6　汽车信号灯的单片机设计与装调

任务描述

汽车在驾驶时有左转、右转、按下紧急开关、制动/停靠等操作。转弯时，规定左右前照灯仪表板上相应信号灯闪烁；紧急开关按下时，两个信号灯都应闪烁；汽车制动或停靠时，两个信号灯常灭。左转时相应信号灯以 1Hz 频率低频闪烁，右转时相应信号灯以 10Hz 频率快速闪烁，紧急开关按下时两个信号灯的闪烁频率为 1Hz。

任务要求：使用独立式按键实现模拟左转、右转、按下紧急开关、制动/停靠等操作功能，具体控制要求见表 4-6-1。

表 4-6-1　控制要求

序号	操作	左转向灯	右转向灯
1	左转	闪烁	灭
2	右转	灭	闪烁
3	按下紧急开关	闪烁	闪烁
4	制动/停靠	灭	灭

任务分析

要实现左转、右转、按下紧急开关、制动/停靠等操作功能，只需要使信号灯进行不同频率的闪烁即可，根据任务要求改变 LED 的状态就可以实现该目标了。在单片机中，由于定时/计数器最多只能计数 65536 次，所以在晶振频率较高时，不能够一次产生较长的定时时间。如晶振频率为 12 MHz 时，机器周期为 1μs，最大定时时间为 65536μs。本例中所采用的晶振频率为 11.0592MHz，当然也不够定时 0.5s。

为了完成 1Hz 和 10Hz 的定时，一般来说，有两种方案可以实现：第一种方案是在采用硬件定时的基础上，增加一个存储单元，每次中断时使用该存储单元进行计数，当达到某个计数值时再执行对应的程序，这样就延长了定时时间长度。第二种方案是采用一个定时器进行硬件定时，在每次中断时输出一个脉冲，然后采用硬件计数的方式延长定时时间。

📝 **任务准备**

在 C51 中，变量在定义之后，其存在时间及作用范围与该变量定义语句所在的位置和定义语句中的存储种类有关。

一、变量的作用范围

从作用范围来看，变量有全局变量和局部变量之分。

全局变量是指在程序开始处或各个功能函数的外面定义的变量。在程序开始处定义的全局变量对于整个程序都有效，可供程序中所有函数共同使用；而在各功能函数外面定义的全局变量只对从定义处开始往后的各个函数有效，只有从定义处往后的那些功能函数才可以使用该变量，定义处之前的函数则不能使用它。

局部变量是指在函数内部或在以花括号 {} 围起来的功能块内部所定义的变量。局部变量只在定义它的函数或功能块内有效，在该函数或功能块以外则不能使用它。局部变量可以与全局变量同名，但在这种情况下局部变量的优先级较高，而同名的全局变量在该功能块内被暂时屏蔽。

二、变量的生存期和存储类型

变量的生存期即该变量存在的时间。变量根据存在的时间又可分为静态存储变量和动态存储变量。静态存储变量是指该变量在程序运行期间其存储空间固定不变；动态存储变量是指该变量的存储空间不确定，在程序运行期间根据需要动态地为该变量分配存储空间。

在定义变量时，可以指定变量的存储种类。在 C51 中，变量的存储种类有 4 种：自动（auto）、外部（extern）、静态（static）和寄存器（register）。

1. 自动变量

用关键字 auto 作存储类型说明的局部变量（包括形参）称为自动变量。

自动变量的作用范围在定义它的函数体或复合语句内部，只有在定义它的函数被调用或定义它的复合语句被执行时，编译器才为其分配内存空间，开始其生存期。

当函数被再次调用或复合语句被再次执行时，自动变量所对应的内存空间的值将不确定，有可能不是上次运行时的值，因而必须被重新赋值。

2. 外部变量

按照默认规则，凡是在所有函数之前且在函数外部定义的变量都是外部变量。定义时可以不写 extern 说明符，但是，在一个函数体内说明一个已在该函数体外或其他程序模块文件中定义过的外部变量时，则必须使用 extern 说明符。一个外部变量被定义后，它就被分配了固定的内存空间。

外部变量的生存期为程序的整个执行时间，即在程序执行期间外部变量可以被随意使用。当一条复合语句执行完毕或是某一函数返回时，外部变量的存储空间并不被释放，其值也仍然保留。外部变量属于全局变量。

C51 允许将大型程序分解为若干个独立的程序模块文件，各个程序模块文件可分别进行编译，然后再将它们连接在一起。在这种情况下，如果某个变量需要在所有程序模块文件中使用，只要在一个程序模块文件中将该变量定义成全局变量，而在其他程序模块文件中用extern 说明该变量是已经被定义过的外部变量就可以了。

3. 静态变量

静态变量不像自动变量那样只有当函数调用它时才存在，退出函数时它就消失。静态变量所分配的内存空间是独占的，始终都是存在的。静态变量只能在定义它的函数内部进行访问，退出函数后，变量的值仍然保持，但是不能进行访问。使用静态变量需要占用较多的内存空间，而且降低了程序的可读性。

4. 寄存器变量

编译器给使用 register 定义的变量分配单片机的通用寄存器空间，所以它有较快的运行速度。寄存器变量可以被认为是自动变量的一种，它的有效作用范围也与自动变量相同。

由于单片机中的寄存器是有限的，故不能将所有变量都定义成寄存器变量。Cx51 编译器能够识别程序中使用频率最高的变量，在可能的情况下，即使程序中并未将该变量定义为寄存器变量，编译器也会自动将其作为寄存器变量处理。

一般来说，全局变量为静态存储变量，局部变量为动态存储变量。

任务实施

1. 明确工作任务

任务实施以小组为单位，根据班级人数将学生分为若干个小组，每组以 3~4 人为宜，每人明确各自的工作任务和要求，小组讨论推荐 1 人为小组长（负责组织小组成员制订本组工作计划、协调小组成员实施工作任务），推荐 1 人负责领取和分发材料，推荐 1 人负责成果汇报。

2. 制订工作计划

根据任务要求、工作流程和小组成员的分工，小组讨论制订合理的工作计划，并填写表 4-6-2。

表 4-6-2　工作计划表

序号	工作内容	计划工时	任务实施者

3. 硬件设计

任务中需要用到两个 LED 来模拟左右转向灯，4 个独立式按键用来分别模拟左转、右转、按下紧急开关、制动/停靠等操作的 4 个功能键。本任务采用的硬件电路原理图如图 4-6-1 所示，LED 的驱动使用了 P2.0 和 P2.1 两个 I/O 口，独立式按键的输入使用了 P0 端口的低 4 位。

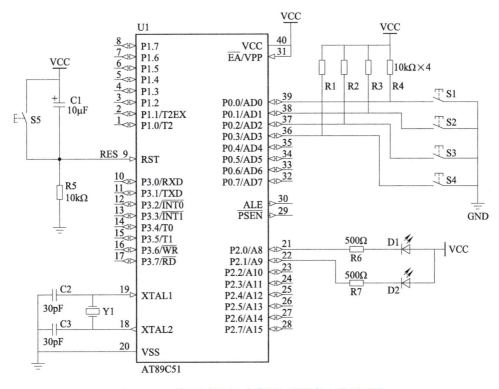

图 4-6-1　单片机控制汽车信号灯的硬件电路原理图

4. 软件设计

任务中，左转向灯和右转向灯的闪烁频率分别为 1Hz 和 10Hz，其周期分别为 1000ms 和 100ms，为简便程序设计，设定在每个闪烁周期内占空比为 50%，即亮和灭的时间相同。左转向灯的闪烁周期为 1000ms，即 LED 亮 500ms 灭 500ms；右转向灯的闪烁周期为 100ms，即 LED 亮 50ms 灭 50ms。对应的单片机 I/O 口需要在对应的时间到后，切换 I/O 口的电平来驱动 LED 闪烁。定时器的定时时间可以设置为 50ms。当按下右转键时，两灯处于右转状态，每中断一次，即 50ms，右转向灯状态切换一次；当按下左转键时，两灯处于左转状态，每中断 10 次，即 500ms，左转向灯状态切换一次。

当按下紧急键后，左右两灯均闪烁，闪烁频率为 1Hz，周期为 1000ms，程序设计参考左转向灯；当按下制动键后，两灯均熄灭。图 4-6-2 和

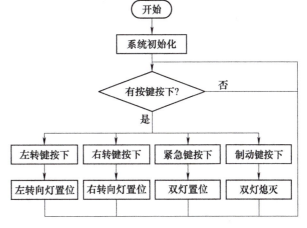

图 4-6-2　汽车信号灯主函数的程序流程图

图 4-6-3 分别为汽车信号灯主函数和中断函数的程序流程图。

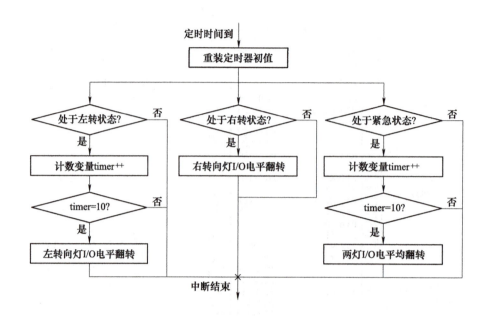

图 4-6-3　汽车信号灯中断函数的程序流程图

5. Proteus 仿真

1）打开 Proteus 软件，按照硬件电路原理图绘制仿真电路，仔细检查，保证电路连接无误。

2）在 Keil 软件开发环境下，创建项目，编辑源程序，将编译生成的 HEX 文件装载到 Proteus 虚拟仿真硬件电路中的 AT89C51 芯片中。

3）运行仿真，仔细观察运行结果，如果有不符合设计要求的情况，调整源程序并重复步骤 1）和 2），直至完全符合本任务提出的各项设计要求。

参考程序如下：

```
/ * 名称:采用 if-else-if 语句实现模拟汽车左右转向灯控制程序
说明:蜂鸣器在独立式按键按下时实现叮咚门铃
* /
#include <reg51. h>
#define uchar unsigned char
sbit leftlight = P2^0;                    //定义 P1^0 引脚的名称为 leftlight
sbit rightlight = P2^1;                   //定义 P1^0 引脚的名称为 rightlight
sbit leftbutton = P0^0;                   //定义 P3^0 引脚的名称为 leftbutton
sbit rightbutton = P0^1;                  //定义 P3^1 引脚的名称为 rightbutton
sbit stopbutton = P0^2;                   //定义 P3^0 引脚的名称为 stopbutton
sbit brakebutton = P0^3;                  //定义 P3^1 引脚的名称为 brakebutton
void delayms( unit x)                     //延时函数
```

```
{
uchar i;
while(x--)for(i=0;i<200;i++);
}
void main( )                              //主函数
{
while(1)                                  // while 循环语句,由于条件一直为真,该语句为无限循环
{
  if(leftbutton==0&&rightbutton==1)       // 如果只有左转键为0,则左转向灯点亮
    {
    leftlight=0;                          //左转向灯熄灭状态
    rightlight=1;                         //右转向灯熄灭状态
    delayms(200);                         //延时
    }
    else if(leftbutton==1&&rightbutton==0) //如果只有右转键为0,则右转向灯点亮
    {
    leftlight=1;                          //左转向灯熄灭状态
    rightlight=0;                         //右转向灯熄灭状态
    delayms(200);                         //延时
    }
    else if(leftbutton==1&&rightbutton==1&&stopbutton==0)   //如果紧急键为0,则双灯置位
    {
    leftlight=0;                          //左转向灯熄灭状态
    rightlight=0;                         //右转向灯点亮状态
    delayms(200);                         //延时
    }
    else if(leftbutton==1&&rightbutton==1&&stopbutton==1&&brakebutton==0)
                                          {//如果制动键按下,则全灭
    leftlight=1;                          //左转向灯点亮状态
    rightlight=1;                         //右转向灯点亮状态
    delayms(200);                         //延时
    }
  }
}
```

图 4-6-4 为单片机控制汽车信号灯的 Proteus 仿真图。

6. 准备工具

准备工具表见表 4-6-3。

7. 准备材料器材

将表 4-6-4 填写完整,向仓库管理员提供材料清单,并领取和分发材料。

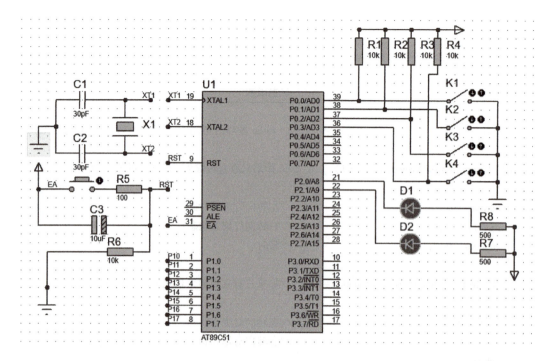

图 4-6-4 单片机控制汽车信号灯的 Proteus 仿真图

表 4-6-3 准备工具表

序号	名称	规格	数量
1	直流稳压电源	5V（或 0~15V）	1 个
2	万用表	可选择	1 块
3	电烙铁	15~30W	1 把
4	烙铁架	可选择	1 个
5	电子实训通用工具	尖嘴钳、斜口钳、镊子、螺丝刀（一字槽和十字槽）	1 套

表 4-6-4 材料清单

序号	名称	型号与规格	单位	数量	备注
1					
2					
3					
4					
5					
6					
7					
8					
9					

（续）

序号	名称	型号与规格	单位	数量	备注
10					
11					
12					
13					
14					
15					
16					
17					
18					
19					
20					

8. 元器件识别、检测与筛选

准确清点和检查全套装配材料的数量和质量，进行元器件的识别与检测，筛选确定元器件，检测过程中填写表 4-6-5。

表 4-6-5　元器件识别与检测表

序号	符号	名称	检测结果
1			
2			
3			
4			
5			
6			
7			
8			
9			
10			
11			
12			
13			
14			
15			

（续）

序号	符号	名称	检测结果
16			
17			
18			
19			
20			

9. 电路安装工艺

1）焊点要圆润、饱满、光滑、无毛刺。

2）焊点必须焊接牢靠，无虚焊、漏焊，并具有一定的机械强度。

3）焊点的锡液必须充分浸润，导通电阻小。

4）元器件成形规范，安装正、直。

5）同类元器件的高度要一致，相同阻值的电阻排列方向一致，色环方向要统一。

6）连接线要横平竖直，引脚导线裸露不能过长。

7）完成安装后，电路板板面整洁，元器件布局合理。

10. 接线并检查

根据电路原理图完成接线，并用万用表电阻挡检查接线，如果有故障，应及时处理，并填写表4-6-6。

表4-6-6　接线故障分析及处理单

故障现象	故障原因	处理方法

11. 绘制 51 单片机程序流程图

12. 程序输入并通电调试

如果出现故障，应独立检修，电路检修完毕并且程序修改完毕后，应重新调试，直至系统能够正常工作。故障全部解决后，填写表4-6-7。

表4-6-7　系统调试故障分析及处理单

故障现象	故障原因	处理方法

13. 整理物品，清扫现场

按 3Q7S 要求，整理物品并清扫现场。

📝 任务评价

考核内容及评分标准见表 4-6-8。

表 4-6-8 考核评价表

考核内容		评分标准	配分	自评	互评	师评
工作前准备		1. 选择工器具、材料有遗漏或错误，每处扣 1 分 2. 不按规定穿戴劳动防护用品，每处扣 1 分 3. 不能正确回答相关问题，每题扣 2 分	10 分			
工作过程与验收	电路设计	1. 电气控制原理图设计不全或设计错误，每处扣 1~3 分 2. 输入/输出地址有遗漏或错误，每处扣 1~2 分 3. 原理图表达不正确或画法不规范，每处扣 1~3 分 4. 接线图表达不正确或画法不规范，每处扣 1~3 分 5. 程序指令有错，每条扣 2~5 分	25 分			
	安装与接线	1. 元器件布置不整齐、不匀称、不合理，每个扣 2 分 2. 布线不入线槽、不美观，控制电路有缺线，每根扣 1~2 分 3. 接点松动、露铜过长、反圈、压绝缘层，标记线号不清楚、遗漏或误标，引出端无别径压端子，每处扣 1 分 4. 损伤导线绝缘或线芯，每根扣 2 分 5. 不按原理图控制 I/O 接线，每处扣 2~4 分	35 分			
	程序输入及调试	1. 不会熟练操作键盘输入单片机指令，扣 5~10 分 2. 不会用删除、插入、修改等指令，扣 5 分 3. 一次试运行不成功扣 5 分；两次试运行不成功扣 10 分；三次试运行不成功扣 15 分	30 分			
安全文明生产		1. 违反安全文明生产考核要求，每项扣 1~2 分，一般违规扣 10 分 2. 发现学生导致重大事故隐患时，每次扣 10~15 分；严重违规扣 15~50 分，直到取消考试资格	倒扣			
实际工时		总体完成情况述评：	总分			
			检查员：			

📝 任务拓展

使用 Proteus 软件实现交通灯（红灯、黄灯、绿灯）的设计，要求红灯亮 10s，黄灯亮 5s，绿灯亮 15s，每个灯的最后 3s 开始闪烁显示，闪烁频率为 1Hz。

应用电子电路调试维修

任务 1 防盗报警探测器电路的测绘

📝 任务描述

某企业有一批防盗报警探测器，其电路板如图 5-1-1 所示，缺少电路原理图，现要求正确使用电工工具、万用表等进行测量，然后正确绘制出电路原理图，标明电子元器件的符号和参数，并分析工作原理。

额定工时：60min。

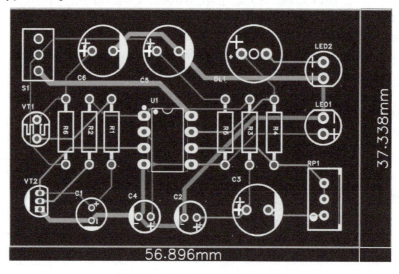

图 5-1-1 防盗报警探测器电路板

📝 任务分析

本任务需要具备电子电路测绘操作技能。完成本任务要学习电子电路测绘的步骤、方法及注意事项，查询了解电路板上电子元器件的名称、作用、引脚顺序及功能，在此基础上绘制草图，再正确绘出电路原理图，标明电子元器件的符号和参数，并分析工作原理。

📝 任务准备

一、明确电子电路测绘的步骤

测绘电路原理图要求做到快速、准确、不多画、不漏画、不错画。其要领是以运放电路为主线，把所有元器件的电流通路都表示清楚。具体步骤如下：

1）绘出仪器的元器件装配图（包括散件分布图、面板装配图、印制电路图）。

2）给所有元器件编上统一代号，如 C1、C2……CN，R1、R2……R4 等。

3）查出电源正负端位置（为便于叙述，假定仪器只用一路稳压电源）。凡与电源正端相连的散件焊点、印制电路结点均用彩笔画成红色，凡与电源负端相连的所有焊点、结点均画成绿色。

4）查清散件间的相互连线及它们同印制板引出脚的连线并画在装配图上。

5）绘出电路草图。为防止出现漏查和重查现象，每查一个结点（或焊点）必须把与此点相连的所有元器件、引线查完后再查下一个点。边查边画，同时用铅笔将装配图上已查过的点、元器件进行标记。

6）复查。草图画完后再将草图与装配图对照检查一遍看有无错、漏之处。

7）将草图整理成标准电路图。标准电路图应具备以下条件：

①图形符号、元器件代号使用正确。

②元器件供电通路清晰。

③元器件分布均匀美观。

8）重新编号。对标准电路图中元器件按排列顺序重新编定代号。

9）修改装配图元器件编号，使之与标准电路图元器件编号相一致。

二、识别电路板中的主要元器件

1. LM358 运算放大器

电路中的主要元器件之一是 LM358 运算放大器，其内部包括两个独立、高增益、内部频率补偿的运算放大器，它既可用于电源电压范围很宽的单电源，也可用于双电源工作模式。在推荐的工作条件下，电源电流与电源电压无关。它适用于传感放大器、直流增益模块和其他所有可用单电源供电的使用运算放大器的场合。它的电源电压范围宽，单电源时为 $3 \sim 30V$，双电源时为 $\pm 1.5 \sim \pm 15V$。LM358 芯片的电路符号和实物图如图 5-1-2 所示。

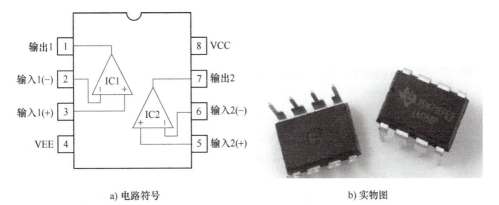

a) 电路符号　　　　　　　　　　b) 实物图

图 5-1-2　LM358 芯片的电路符号和实物图

LM358 芯片内部由两个运算放大器构成。IC1 的输入脚是 2 脚与 3 脚，其中 2 脚是负输入端，3 脚是正输入端，1 脚是输出端；IC2 的输入脚是 5 脚与 6 脚，其中 5 脚为正输入端，

6 脚为负输入端，7 脚是输出端；单电源供电时，8 脚接电源的正极，4 脚接电源的负极。

2. 晶体管

晶体管是一种电流控制半导体器件，其作用是把微弱信号放大成幅值较大的电信号，也用作无触点开关。晶体管有三个电极，分别是基极 b、发射极 e 和集电极 c，按结构分为 NPN 型和 PNP 型。晶体管的图形符号和实物图如图 5-1-3 所示。

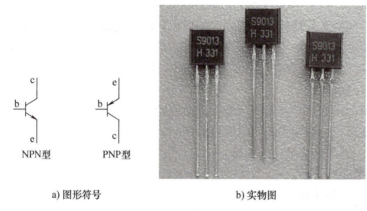

a) 图形符号   b) 实物图

图 5-1-3　晶体管的图形符号和实物图

3. 电容

电容器通常简称电容。两个靠得很近的导体，中间夹一层不导电的绝缘介质，就构成了电容。电容是一种储能元件，当两个极板之间加上电压时，电容就会储存电荷。电容是电子电力领域中不可缺少的电子元件，主要用于电源滤波、信号滤波、信号耦合、谐振、滤波、补偿、充放电、储能等电路中。电容的图形符号和实物图如图 5-1-4 所示。

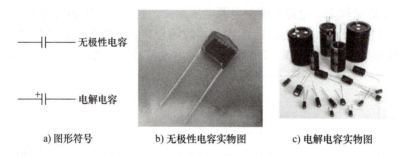

a) 图形符号   b) 无极性电容实物图   c) 电解电容实物图

图 5-1-4　电容的图形符号和实物图

📝 任务实施

1. 明确工作任务

任务实施以小组为单位，根据班级人数将学生分为若干个小组，每组以 2 人为宜，每人明确各自的工作任务和要求，小组讨论推荐 1 人为小组长（负责组织小组成员制订本组工作计划、协调小组成员实施工作任务），推荐 1 人负责成果汇报。

2. 制订工作计划

根据任务要求、工作流程和小组成员的分工，小组讨论制订合理的工作计划，并填写

表 5-1-1。

表 5-1-1　工作计划表

序号	工作内容	计划工时	任务实施者

3. 准备工具

准备工具表见表 5-1-2。

表 5-1-2　准备工具表

序号	名称	规格	数量
1	直流稳压电源	9V（或 6~15V）	1 个
2	万用表	可选择	1 块
3	直尺或三角板	8~10cm	1 把
4	铅笔	2B 或 HB	1 支

4. 测绘防盗报警探测器电路

1）接上 5V 的直流电，根据已焊好的电路板先进行通电试验，记录电路现象并填写表 5-1-3。

表 5-1-3　电路现象记录表

动作	对象	现象	电压值
合上 S1	LED1		
	LED2		
	IC1. 1-1		
	IC1. 1-2		
	IC1. 1-3		
	IC1. 2-5		
	IC1. 2-6		
	IC1. 2-7		
遮住 VT1	LED1		
	LED2		
	IC1. 1-1		
	IC1. 1-2		

（续）

动作	对象	现象	电压值
遮住 VT1	IC1.1-3		
	IC1.2-5		
	IC1.2-6		
	IC1.2-7		

2）根据电路板，在图样上先将电路元器件测绘出来，电路符号应符合国家标准，如图 5-1-5 所示。

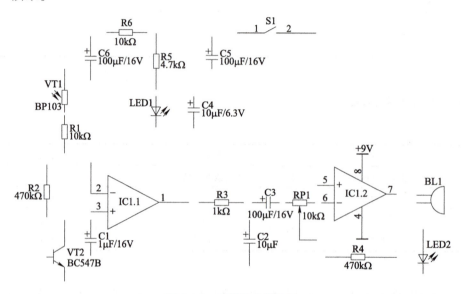

图 5-1-5　元器件电路符号

3）根据测出的元器件及其摆放位置，用万用表测出连线端并在图样上连线。

4）将连好的电路图进行优化整合，使其符合电路要求。

5. 防盗报警探测器电路的组成

防盗报警探测器的电路原理图如图 5-1-6 所示，电路采用 LM358 芯片，IC1 组成比较放大器，IC2 组成反相放大器，BC547B 组成晶体管放大电路，R5 与 LED1 组成电源指示电路，BL1 与 LED2 组成报警电路。

6. 防盗报警探测器电路的工作原理

该电路采用光敏电阻来探测人员进入警戒区域时引起的环境光照变化，从而实现探测功能。当光照变化时，光敏电阻上流过的电流发生变化，导致 LM358 的 3 脚电压变化。LM358 的第一个运算放大器构成电压比较器，由于 3 号引脚的电压变化，使其输出电压变化。通过耦合电容 C3，进入第二个运算放大器的 6 号引脚。第二个运算放大器和周围的元器件构成反相放大电路，通过 RP1 调节放大倍数。经 LM358 后输出到发光二极管，实现报警。

📝 任务评价

考核内容及评分标准见表 5-1-4。

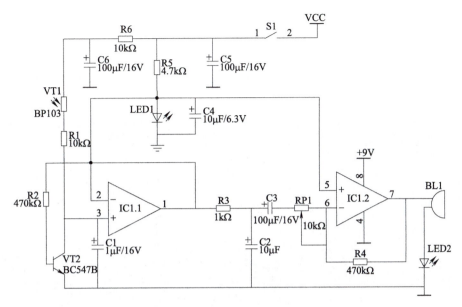

图 5-1-6　防盗报警探测器电路原理图

表 5-1-4　考核评价表

序号	考核内容	考核要求	评分标准	配分	自评	互评	师评
1	元器件连线	根据电路板在规定时间内绘制出正确的电路原理图	1. 绘制的元器件图形符号与电路原理图不符，每处扣 5 分 2. 连线错误，每处扣 5 分	40 分			
2	元器件标注	根据电路板上的元器件，正确标注各元器件的文字符号及参数	1. 芯片标注错误或漏标，扣 3 分 2. 其他元器件标注错误或漏标，每处扣 2 分，扣完为止	30 分			
3	电路工作原理描述	根据电路要求写出电路工作原理	1. 工作原理与电路原理图完全不符，全部扣除 2. 工作原理部分不正确、不完整，每处扣 2 分，扣完为止	20 分			
4	现场操作规范	操作符合安全操作规程，穿戴劳保用品	违规操作，视情节严重性扣 1~5 分	5 分			
		考试完成之后打扫现场，整理工位	现场未清理，工具摆放不整齐，扣 1~5 分	5 分			
5	是否按规定时间完成	考核时间是否超时	本项目不配分，如有超时情况，每超时 1min 扣 5 分，总超时不得超过 10min，超过 10min 判定为不合格	倒扣			
合计				100 分			

否定项说明

若学生发生下列情况之一，则应及时终止其考试，学生该试题成绩记为 0 分：

（1）考试过程中出现严重违规操作导致设备损坏

（2）违反安全文明生产规程造成人身伤害

📝**任务拓展**

1）简述电子电路测绘的步骤。

2）根据所给的印制电路板（见图5-1-7），进行测绘练习，绘制出电路原理图，并分析工作原理。

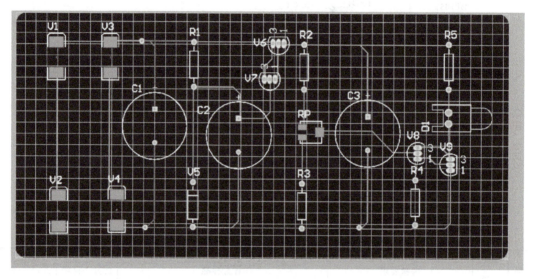

图 5-1-7　练习用电路板

任务 2　单相半控桥式整流调光灯电路的测绘

📝**任务描述**

某企业有一批可调光台灯（单相半控桥式整流调光灯）坏了，发现电路板（见图5-2-1）没有电路原理图，现要求正确使用电工工具、万用表等进行测量，然后正确绘出电路原理图，标明电子元器件的符号和参数，并分析工作原理。

额定工时：60min。

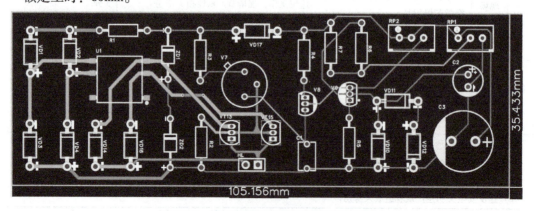

图 5-2-1　单相半控桥式整流调光灯电路板

📝任务分析

本任务所测绘的电路属于电力电子电路。完成本任务需要掌握电子电路测绘的步骤、方法及注意事项，查询了解电路板上电子元器件的名称、作用、引脚顺序及功能，在此基础上绘制草图，再正确绘出电路原理图，标明电子元器件的符号和参数，并分析工作原理。

📝任务准备

要完成本任务的电路测绘操作，需要掌握电力电子主要元器件的工作特性，如二极管、晶闸管、单结晶体管等。

一、识别电路板中的主要元器件

1. 二极管

半导体二极管又叫晶体二极管，简称二极管，它的内部由一个 PN 结构成，外部引出两个电极，从 P 区引出的电极为二极管的正极（又叫阳极），从 N 区引出的电极为二极管的负极（又叫阴极），然后再将其封装在管壳内。其结构示意图和电路符号如图 5-2-2 所示。当二极管外加正向电压（二极管正极电位高于负极电位）时，二极管导通，反之则截止，这一性质称为二极管的单向导电性。

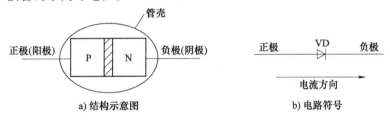

图 5-2-2 二极管的结构示意图和电路符号

任务中所使用的二极管主要分为两种，一种是整流二极管，还有一种是稳压二极管，两种二极管的图形符号和作用有所区别。图 5-2-3 中的 1N4007 是一种整流二极管，它利用二极管的单向导电性，可以把方向交替变化的交流电转换成单一方向的脉冲直流电。

稳压二极管简称稳压管，是一种特殊的面接触型半导体硅二极管，其电路符号和伏安特性曲线如图 5-2-4 所示。其正向特性与普通二极管相似，反向击穿特性曲线很陡。在正常情

图 5-2-3 整流二极管 1N4007

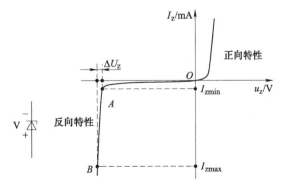

图 5-2-4 稳压二极管的电路符号和伏安特性曲线

况下，稳压管工作在反向击穿区，由于曲线很陡，反向电流在很大范围内变化时，其两端电压却基本保持不变，因而具有稳压作用。只要控制反向电流不超过一定的值，管子就不会因过热而损坏。

2. 晶闸管

晶闸管的外部有 3 个电极，内部是由 P、N、P、N 4 层半导体构成的，最外层的 P 层和 N 层分别引出阳极 A 和阴极 K，中间的 P 层引出门极（曾称控制极）G，内部有 3 个 PN 结。其结构示意图及图形符号如图 5-2-5 所示，文字符号用 V 表示。

晶闸管的导通条件：一是在它的阳极 A 与阴极 K 之间外加正向电压，二是在它的门极 G 与阴极 K 之间输入一个正向触发电压。晶闸管导通后，去掉触发电压，仍然维持导通状态。晶闸管导通和关断的条件见表 5-2-1。

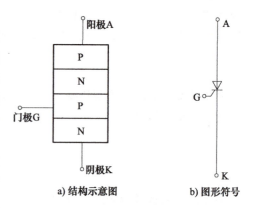

a) 结构示意图　　b) 图形符号

图 5-2-5　晶闸管的结构示意图和图形符号

表 5-2-1　晶闸管导通和关断的条件

项　目	说　　明
晶闸管导电的特点	1. 晶闸管具有单向导电特性 2. 晶闸管的导通是通过门极控制的
晶闸管导通的条件	1. 阳极和阴极间加正向电压 2. 门极与阴极间加正向电压（这个电压称为触发电压） （以上两个条件必须同时满足，晶闸管才能导通）
导通的晶闸管关断的条件	1. 降低阳极与阴极间的电压，使通过晶闸管的电流小于维持电流 2. 阳极与阴极间的电压减小为零 3. 将阳极与阴极间加反向电压 （只要具备其中一个条件就可使导通的晶闸管关断）

3. 单结晶体管

单结晶体管内部有一个 PN 结，所以称为单结晶体管；有 3 个电极，分别是一个发射极和两个基极，所以又叫双基极二极管。两个基极分别叫第一基极和第二基极，用符号 B1 和 B2 表示。单结晶体管的等效电路和图形符号如图 5-2-6 所示。发射极 E 与 B1 之间为一个 PN 结，相当于一只二极管。R_{B1} 表示 B1 与 E 之间的电阻，R_{B2} 表示 B2 与 E 之间的电阻。正常工

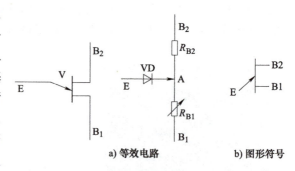

a) 等效电路　　b) 图形符号

图 5-2-6　单结晶体管的等效电路和图形符号

作时，R_{B1} 随发射极电流 I_E 的变化而变化，I_E 增大，R_{B1} 减小。若在两基极 B2、B1 间加上正电压 U_{BB}，则 A 点电压为 $U_A = \dfrac{R_{B1}}{R_{B1}+R_{B2}} U_{BB} = \dfrac{R_{B1}}{R_{BB}} U_{BB} = \eta U_{BB}$，其中 η 表示分压比，其值一

般为 $0.3 \sim 0.9$，$R_{BB} = R_{B1} + R_{B2}$。

单结晶体管的伏安特性如图 5-2-7 所示。当发射极电压 U_E 等于峰值电压 U_P 时，单结晶体管导通，导通后，I_E 显著增加，R_{B1} 迅速减小，发射极电压 U_E 减小，管子进入负阻区。当发射极电压 U_E 减小到谷点电压 U_V 时，管子又由导通转变为截止。一般单结晶体管的谷点电压在 $2 \sim 5V$。

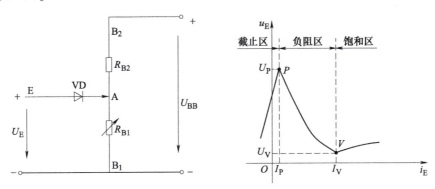

图 5-2-7　单结晶体管的伏安特性

二、分析单结晶体管振荡电路

利用单结晶体管的负阻特性和 RC 电路的充放电特性，组成频率可调的振荡电路，用来产生晶闸管的触发脉冲。该电路又称为单结晶体管振荡电路。其电路原理图和脉冲波形如图 5-2-8 所示。改变 RP 的阻值（或电容 C 的大小），便可改变电容充电的快慢，使输出脉冲波形前移或后移，从而控制晶闸管触发导通的时刻。

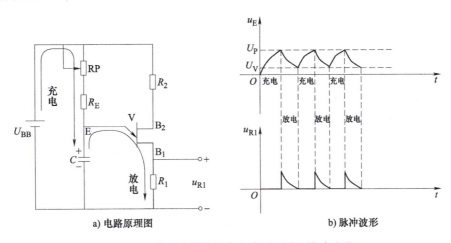

a) 电路原理图　　　　　　　b) 脉冲波形

图 5-2-8　单结晶体管振荡电路原理图和脉冲波形

📝任务实施

1. 明确工作任务

任务实施以小组为单位，根据班级人数将学生分为若干个小组，每组以 2 人为宜，每人明确各自的工作任务和要求，小组讨论推荐 1 人为小组长（负责组织小组成员制订本组工作计划、协调小组成员实施工作任务），推荐 1 人负责成果汇报。

2. 制订工作计划

根据任务要求、工作流程和小组成员的分工，小组讨论制订合理的工作计划，并填写表 5-2-2。

表 5-2-2　工作计划表

序号	工作内容	计划工时	任务实施者

3. 准备工具

准备工具表见表 5-2-3。

表 5-2-3　准备工具表

序号	名称	规格	数量
1	直流稳压电源	9V（或 6~15V）	1 个
2	万用表	可选择	1 块
3	直尺或三角板	8~10cm	1 把
4	铅笔	2B 或 HB	1 支

4. 测绘单相半控桥式整流调光灯电路

1）接上变压器电源，36V 给触发电路，24V 给主电路，根据已焊好的电路板，先进行通电试验，记录电路现象并填写表 5-2-4。

表 5-2-4　电路现象记录表

动作	对象	现象	电压值
合上电源，调节 RP1	稳压管		两端
	灯泡		
	V9		基极
	电压 U_{C1}		

2）根据电路板，在图样上先将电路元器件测绘出来，电路符号应符合国家标准，如图 5-2-9 所示。

3）根据测出的元器件及其摆放位置，用万用表测出连线端并在图样上连线。

4）将连好的电路图进行优化整合，使其符合电路要求。

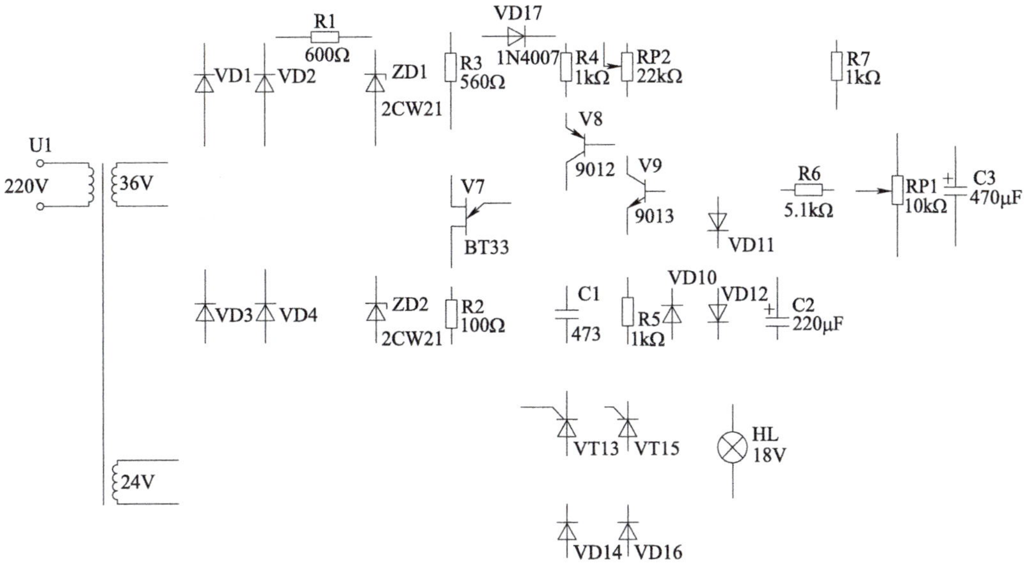

图 5-2-9　元器件电路符号

5. 单相半控桥式整流调光灯电路的组成

单相半控桥式整流调光灯电路原理图如图 5-2-10 所示，电路由电源变压器、整流电路、稳压电路、单结晶体管振荡电路、电压采样电路、比较放大电路等部分组成。其中，变压器二次侧有两种电压输出，分别是 36V 和 24V，36V 用来给单结晶体管触发电路使用，24V 用来给调光灯电路的驱动电路使用。晶闸管 VT13、VT15 和二极管 VD14、VD16 构成半控桥式整流电路，作为照明灯的电源使用，灯的亮暗取决于输出电压的大小，改变晶闸管的导通角就可以改变输出电压的大小。

VD1~VD4 构成桥式整流电路，R1、ZD1 和 ZD2 构成稳压电路，给单结晶体管触发电路提供电源。RP1、V8、C1 构成单结晶体管的触发电路，晶体管 V9 以及后面的元器件构成电压采样以及比较放大电路。

6. 单相半控桥式整流调光灯电路的工作原理

220V 交流电经变压器降压后变为 36V 交流电给电路提供电源，经 VD1、VD2、VD3、VD4 四只二极管整流后，将 36V 交流电整流为 32.4V 直流电。经 R1 分压及 ZD1、ZD2 稳压后，电压在 15V 左右，给后面的放大电路和晶体管 V7 提供电源。V9 为放大管，基极信号通过 RP1 采样输入到 V9 的基极，使 V9 导通，从而拉低 V8 的基极电压。由于 V8 为 PNP 型管，使得 V8 也导通，电源通过 V8 给 C1 充电。当充电电压达到 V7 的触发电压时，V7 导通。U_{C1} 经 V7 和 R2 支路放电。当 U_{C1} 电压低于 V7 的触发电压时，V7 截止。在 R2 端就会形成触发脉冲，加到 VT13、VT15 的门极，从而控制 VT13、VT15 的导通角，使输出电压可调。因此，只要控制 RP1 的输入信号大小，就可以控制输出电压的大小，从而调节灯泡的亮暗。

任务评价

考核内容及评分标准见表 5-2-5。

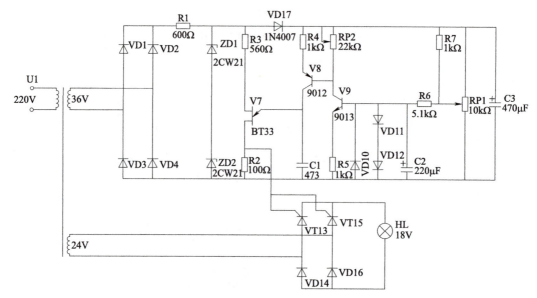

图 5-2-10 单相半控桥式整流调光灯电路原理图

表 5-2-5 考核评价表

序号	考核内容	考核要求	评分标准	配分	自评	互评	师评
1	元器件连线	根据电路板在规定时间内绘制出正确的电路原理图	1. 绘制的元器件图形符号与电路原理图不符，每处扣 5 分 2. 连线错误，每处扣 5 分	40 分			
2	元器件标注	根据电路板上的元器件，正确标注各元器件的文字符号及参数	1. 芯片标注错误或漏标，扣 3 分 2. 其他元器件标注错误或漏标，每处扣 2 分，扣完为止	30 分			
3	电路工作原理描述	根据电路要求写出电路工作原理	1. 工作原理与电路原理图完全不符，全部扣除 2. 工作原理部分不正确、不完整，每处扣 2 分，扣完为止	20 分			
4	现场操作规范	操作符合安全操作规程，穿戴劳保用品	违规操作，视情节严重性扣 1~5 分	5 分			
		考试完成之后打扫现场，整理工位	现场未清理，工具摆放不整齐扣 1~5 分	5 分			
5	是否按规定时间完成	考核时间是否超时	本项目不配分，如有超时情况，每超时 1min 扣 5 分，总超时不得超过 10min，超过 10min 判定为不合格	倒扣			
合计				100 分			

否定项说明

若学生发生下列情况之一，则应及时终止其考试，学生该试题成绩记为 0 分：

（1）考试过程中出现严重违规操作导致设备损坏

（2）违反安全文明生产规程造成人身伤害

任务拓展

1）简述晶闸管的导通和关断条件。

2）描述单结晶体管的伏安特性。

3）根据本任务所学知识，识读并分析图 5-2-11 所示电路的工作原理。

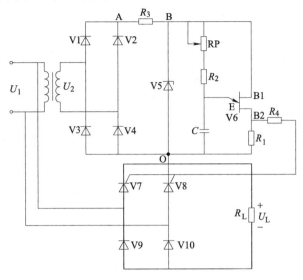

图 5-2-11 练习用电路

任务3 小型开关稳压电源电路的测绘

任务描述

在家庭、办公室、酒店房间等现在都采用了高亮的 LED 灯作照明用。某酒店有一批 LED 灯，是在多年前采购使用的，现在发现有几个房间的 LED 灯坏了，经检查发现，是 LED 灯的开关电源坏了。发现电路板（见图 5-3-1）没有电路图，现要求正确使用电工工具、万用表等进行测量，然后正确绘出电路图，标明电子元器件的符号和参数，并分析工作原理。

额定工时：60min。

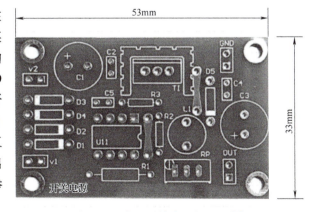

图 5-3-1 小型开关稳压电源电路板

任务分析

完成本任务需要具备电源电路测绘操作技能，需要掌握电子电路测绘的步骤、方法及注意事项，需要查询了解电路板上元器件的名称、作用、引脚顺序及功能，在此基础上绘制草图，再正确绘出电路原理图，标明电子元器件的符号和参数，并分析工作原理。

📝 任务准备

本任务电路属于直流稳压电源电路，主要由整流电路、滤波电路、稳压电路等组成。要完成本任务的电路测绘操作，需要掌握开关电源的基本知识，该电路主要涉及整流二极管、MC34063 稳压电路芯片、开关晶体管、电感、电阻、电容等元器件。

1. MC34063 芯片

MC34063 芯片是包含了 DC/DC 转换器基本功能的单片集成控制电路，它由具有温度自动补偿功能的基准电压发生器、比较器、占空比可控的振荡器、RS 触发器和大电流输出开关电路等组成。该器件专用于升压变换器、降压变换器、反相器的控制核心，由它构成的 DC/DC 变换器可以减少外部元件的使用数量。MC34063 芯片的内部结构及引脚示意图如图 5-3-2 所示，其引脚功能见表 5-3-1。

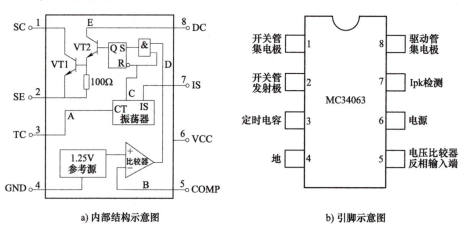

a) 内部结构示意图　　　　　　　　　　b) 引脚示意图

图 5-3-2　MC34063 芯片的内部结构及引脚示意图

表 5-3-1　MC34063 芯片的引脚功能

引脚	功　　能	引脚	功　　能
1	开关管 VT1 集电极引出端	5	电压比较器的反相输入端，同时也是输出电压采样端，使用时应外接两个精度不低于 1% 的精密电阻
2	开关管 VT1 发射极引出端	6	电源端
3	定时电容 CT 接线端，调节电容大小可使工作频率在 100Hz~100kHz 范围内变化	7	负载峰值电流（I_{pk}）采样端；6、7 脚之间电压超过 300mV 时，芯片将启动内部过电流保护功能
4	电源地	8	驱动管 VT2 集电极引出端

2. 电感

电感是用绝缘导线绕制而成的电磁感应元件，也是电子电路中常用的元件之一。它在电路中用字母 L 表示，主要作用是对交流信号进行隔离、滤波，与电容、电阻等组成谐振电路。

电感能够把电能转化为磁能而存储起来，电感的结构类似于变压器，但只有一个线圈。当线圈中有电流通过时，线圈的周围就会产生磁场；当线圈中的电流发生变化时，其周围的磁场也产生相应的变化，此变化的磁场可使线圈自身产生感应电动势，这就是自感，可以阻碍电流的变化。电感又称扼流器、电抗器、动态电抗器，其电路符号及实物图如图 5-3-3 所示。

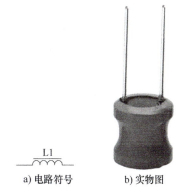

a) 电路符号　　b) 实物图

图 5-3-3　电感的电路符号及实物图

3. 晶体管 13005

晶体管 13005 是一种 NPN 型晶体管，主要用于电子节能灯、电子镇流器、开关电源等功率开关电路中。

任务实施

1. 明确工作任务

任务实施以小组为单位，根据班级人数将学生分为若干个小组，每组以 2 人为宜，每人明确各自的工作任务和要求，小组讨论推荐 1 人为小组长（负责组织小组成员制订本组工作计划、协调小组成员实施工作任务），推荐 1 人负责成果汇报。

2. 制订工作计划

根据任务要求、工作流程和小组成员的分工，小组讨论制订合理的工作计划，并填写表 5-3-2。

表 5-3-2　工作计划表

序号	工作内容	计划工时	任务实施者

3. 准备工具

准备工具表见表 5-3-3。

表 5-3-3　准备工具表

序号	名称	规格	数量
1	直流稳压电源	9V（或 6~15V）	1 个
2	万用表	可选择	1 块
3	直尺或三角板	8~10cm	1 把
4	铅笔	2B 或 HB	1 支

4. 测绘小型开关稳压电源电路

1）接上交流电源给电路板供电，根据已焊好的电路板，先进行通电试验，记录电路现象并填写表 5-3-4。随着交流电压的增大，输出电压保持不变，电路正常。

表 5-3-4　电路现象记录表

动作	对象	电压值/V		
合成电源，调节 RP1	输入电压	U_i:	U_i:	U_i:
	U1 的 61 脚			
	U1 的 5 脚			
	输出电压	U_o:	U_o:	U_o:

2）根据电路板，在图样上先将电路元器件测绘出来，电路符号应符合国家标准，如图 5-3-4 所示。

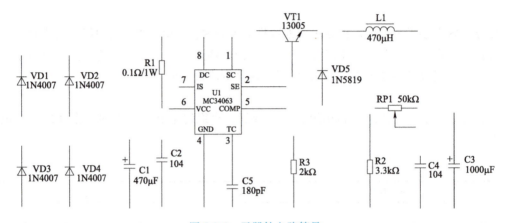

图 5-3-4　元器件电路符号

3）根据测出的元器件及其摆放位置，用万用表测出连线端并在图样上连线。

4）将连好的电路图进行优化整合，使其符合电路要求。

5. 小型开关稳压电源电路的组成

小型开关稳压电源电路原理图如图 5-3-5 所示，二极管 VD1～VD4 构成整流电路，电容 C1 为滤波电容，MC34063 芯片及周围的元器件构成稳压电路，晶体管 VT1 作为开关管控制电源输出电压的大小，其开关状态取决于 MC34063 芯片的控制。

6. 小型开关稳压电源电路的工作原理

MC34063 芯片的 5 脚内部连接电压比较器的反相输入端，电压比较器的同相输入端为 1.25V 参考电压。同时，5 脚也是电源输出电压采样端，通过外接分压电阻 R2、RP1 采样输出电压的大小。其中，输出电压 $U_o = 1.25 \times (1 + R_{RP1}/R_2)$，由此可知，输出电压仅与 RP1、R2 的阻值有关。因 1.25V 为基准电压，恒定不变，若 RP1、R2 的阻值稳定，U_o 亦稳定。

将芯片 MC34063 的 5 脚电压与内部基准电压（1.25V）同时送入电压比较器进行电压比较。当 5 脚的电压值低于内部基准电压时，触发器触发，芯片内部开关管 VT2 导通，继而 VT1 导通，使输入电压 U_i 经 R1、VT1、L1 向输出滤波电容 C3 充电，从而提高输出电压 U_o；当 5 脚的电压值高于内部基准电压时，控制内部电路截止，从而达到自动控制输出电压

$U_。$稳定的目的。

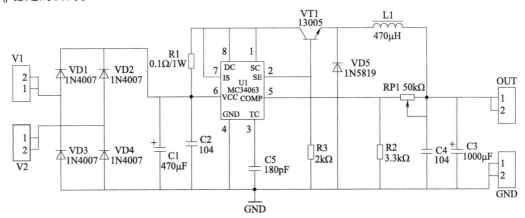

图 5-3-5　小型开关稳压电源电路原理图

任务评价

考核内容及评分标准见表 5-3-5。

表 5-3-5　考核评价表

序号	考核内容	考核要求	评分标准	配分	自评	互评	师评
1	元器件连线	根据电路板在规定时间内绘制出正确的电路原理图	1. 绘制的元器件图形符号与电路原理图不符，每处扣 5 分 2. 连线错误，每处扣 5 分	40 分			
2	元器件标注	根据电路板上的元器件，正确标注各元器件的文字符号及参数	1. 芯片 MC34063 测绘错误，扣 5 分 2. 其他元器件标注错误或漏标，每处扣 2 分，扣完为止	30 分			
3	电路工作原理描述	根据电路要求写出电路工作原理	1. 工作原理与电路原理图完全不符，全部扣除 2. 工作原理部分不正确、不完整，每处扣 5 分，扣完为止	20 分			
4	现场操作规范	操作符合安全操作规程，穿戴劳保用品	违规操作，视情节严重性扣 1~5 分	5 分			
		考试完成之后打扫现场，整理工位	现场未清理，工具摆放不整齐，扣 1~5 分	5 分			
5	是否按规定时间完成	考核时间是否超时	本项目不配分，如有超时情况，每超时 1min 扣 5 分，总超时不得超过 10min，超过 10min 判定为不合格	倒扣			
合计				100 分			

否定项说明

若学生发生下列情况之一，则应及时终止其考试，学生该试题成绩记为 0 分：

（1）考试过程中出现严重违规操作导致设备损坏

（2）违反安全文明生产规程造成人身伤害

根据所给电路板（见图 5-3-6），分析电路工作原理，并对电路图进行测绘练习。

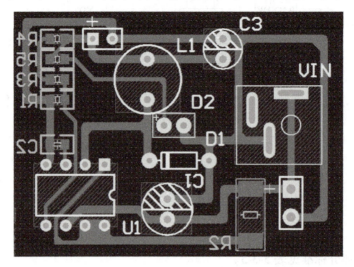

图 5-3-6　练习用电路板

任务 4　数字抢答器电路的装调

任务描述

在电视上经常可以看到一些竞赛节目，其中一个环节就是抢答，每组选手都有一个抢答器。当一人抢答成功后，电路进行锁定，其他人按下抢答键也没有反应。本任务就是分析并制作一个这样的抢答电路，要求具有提示报警功能。

额定工时：60min。

任务分析

设计一个智能竞赛八路抢答器，其可以实现下列功能：

1）可同时供 8 个选手或 8 个代表队参加比赛。

抢答器拥有 8 个输入选择键，编号从 1~8 各有一个抢答按键，按键的编号与选手的编号相对应，分别是 S1~S8。

2）给节目主持人设置一个控制按键，用来控制系统的清零（S9）和抢答的开始（S10）。

3）抢答器具有数据锁存和显示的功能。

抢答开始后，若有选手按动抢答按键，编号立即锁存，并在 LED 数码管上显示选手的编号。此外，还要封锁输入电路，禁止其他选手抢答，最先抢答选手的编号一直保持到主持人将系统清零为止。

任务准备

一、明确八路抢答器电路的组成

1. 八路抢答器电路的组成

抢答器讯响电路由蜂鸣器完成，通过 4 只 1N4148 组成二极管或门电路，4 只二极管的阳极分别接 CD4511 的 1、2、6、7 脚，任何抢答按键按下，讯响电路都能振荡发出讯响声。八路抢答器电路原理图如图 5-4-1 所示。S1~S8 组成 8 路抢答按键，VD1~VD12 组成数字编码器，任一抢答按键按下，都须通过编码二极管编成 BCD 码，再将编码信号送到 CD4511 的输入端。从 CD4511 的引脚可以看出，引脚 6、2、1、7 分别为 BCD 码的 D、C、B、A 位（D 为高位、A 为低位）。设 S8 按键按下，高电平加到 CD4511 的 6 脚，而 2、1、7 脚保持低电平，此时 CD4511 输入的 BCD 码是"1000"。又如，设 S5 按键按下，此时高电平通过两只二极管 VD6、VD7 加到 CD4511 的 2 脚与 7 脚，而 6、1 脚保持低电平，此时 CD4511 输入的 BCD 码是"0101"。依此类推，按下第几号抢答按键，输入的 BCD 码就是该按键的号码，并自动地由 CD4511 内部电路译码成十进制数在数码管上显示。

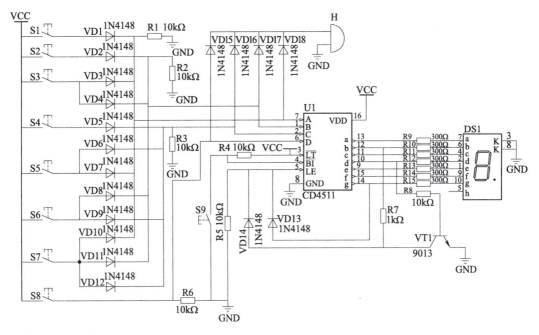

图 5-4-1　八路抢答器电路原理图

2. 译码驱动器 CD4511

CD4511 是一块集 BCD 七段锁存、译码、驱动电路于一体的集成电路，它的内部除了七段译码电路，还有锁存电路和输出驱动器部分，最大输出电流可达 25mA，可直接驱动 LED 数码管。CD4511 有 4 个输入端（A、B、C、D）和 7 个输出端（a~g），还具有输入 BCD 码锁存、测试和消隐控制功能，分别由锁存端 LE、测试端 $\overline{LT}$ 和消隐端 $\overline{BI}$ 来控制。CD4511 的封装图和引脚示意图如图 5-4-2 所示，其功能见表 5-4-1。

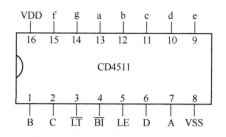

a) 封装图   b) 引脚示意图

图 5-4-2　CD4511 的封装图和引脚示意图

表 5-4-1　CD4511 的功能表

输 入							输 出							
LE	$\overline{BI}$	$\overline{LT}$	D	C	B	A	a	b	c	d	e	f	g	显示
×	×	0	×	×	×	×	1	1	1	1	1	1	1	8
×	0	1	×	×	×	×	0	0	0	0	0	0	0	消隐
0	1	1	0	0	0	0	1	1	1	1	1	1	0	0
0	1	1	0	0	0	1	0	1	1	0	0	0	0	1
0	1	1	0	0	1	0	1	1	0	1	1	0	1	2
0	1	1	0	0	1	1	1	1	1	1	0	0	1	3
0	1	1	0	1	0	0	0	1	1	0	0	1	1	4
0	1	1	0	1	0	1	1	0	1	1	0	1	1	5
0	1	1	0	1	1	0	0	0	1	1	1	1	1	6
0	1	1	0	1	1	1	1	1	1	0	0	0	0	7
0	1	1	1	0	0	0	1	1	1	1	1	1	1	8
0	1	1	1	0	0	1	1	1	1	0	0	1	1	9
0	1	1	1	0	1	0	0	0	0	0	0	0	0	消隐
0	1	1	1	0	1	1	0	0	0	0	0	0	0	消隐
0	1	1	1	1	0	0	0	0	0	0	0	0	0	消隐
0	1	1	1	1	0	1	0	0	0	0	0	0	0	消隐
0	1	1	1	1	1	0	0	0	0	0	0	0	0	消隐
0	1	1	1	1	1	1	0	0	0	0	0	0	0	消隐
1	1	1	×	×	×	×	锁存							锁存

二、分析八路抢答器电路

1. 抢答准备阶段

当抢答按键都未按下时，因为 CD4511 的 BCD 码输入端都有接地电阻（10kΩ），所以 BCD 码的输入端为 "0000"，则 CD4511 的输出端 a、b、c、d、e、f 均为高电平，g 为低电平，数码管显示数字 "0"。此时，CD4511 的输出端 b、d 为高电平，g 为低电平，则 VT1 导通，VD13、VD14 的阳极均为低电平，使 CD4511 的 5 脚（即 LE 端）为低电平"0"。在这种状态下，CD4511 没有锁存而允许 BCD 码输入。如果已经完成过一轮抢答，主持人需要按下清零按键 S9，按下 S9 时，数码管处于消隐状态，松开按键，数码管显示数字"0"。

2. 抢答阶段

当 S1～S8 任一按键按下时，CD4511 的输出端 d 为低电平或输出端 g 为高电平，这两种状态必有一个存在或都存在，迫使 CD4511 的 5 脚（LE 端）由"0"到"1"，则抢答按键信号的 BCD 码允许输入，并使 CD4511 的 a～g 7 个输出锁存保持在 LE 为"0"时输入的 BCD 码的显示状态。例如 S1 按下，数码管应显示"1"，此时 b、c 为高电平，d 为低电平，晶体管 VT1 的基极亦为低电平，集电极为高电平，并经 VD14 加至 CD4511 的 5 脚，使 LE 由"0"变为"1"状态，则在 LE 为"0"时输入给 CD4511 的第一个 BCD 码数据被判定优先而锁存。所以，数码管显示对应 S1 送来的信号"1"，S1 之后按下的任一按键信号都不显示。

为了进行下一轮的抢答，主持人需要先按下清零按键 S9，清除锁存器内的数值，数码管先是熄灭一下，再复显"0"。此后，若 S5 按键第一个按下，这时应立即显示"5"。与此同时，CD4511 的输出端 14 脚 g 为高电平，10 脚 d 为高电平，12 脚 b 为低电平，VT1 截止，并通过 VD13 使 CD4511 的 5 脚为高电平，此时 LE 由"0"变为"1"状态，于是电路判定优先锁存，后边再按下的按键信号均被封住。可见，电路"优先锁存"后，任何抢答按键均失去作用。

📝 任务实施

1. 明确工作任务

任务实施以小组为单位，根据班级人数将学生分为若干个小组，每组以 3～4 人为宜，每人明确各自的工作任务和要求，小组讨论推荐 1 人为小组长（负责组织小组成员制订本组工作计划、协调小组成员实施工作任务），推荐 1 人负责领取和分发材料，推荐 1 人负责成果汇报。

2. 制订工作计划

根据任务要求、工作流程和小组成员的分工，小组讨论制订合理的工作计划，并填写表 5-4-2。

表 5-4-2　工作计划表

序号	工作内容	计划工时	任务实施者

3. 准备工具

准备工具表见表 5-4-3。

表 5-4-3　准备工具表

序号	名称	规格	数量
1	单相交流电源	15V（或6~15V）	1个
2	万用表	可选择	1块
3	电烙铁	15~30W	1把
4	烙铁架	可选择	1个
5	电子实训通用工具	尖嘴钳、斜口钳、镊子、螺丝刀（一字槽和十字槽）	1套

4. 准备材料器材

将表 5-4-4 填写完整，向仓库管理员提供材料清单，并领取和分发材料。

表 5-4-4　材料清单

序号	名称	型号与规格	单位	数量	备注
1					
2					
3					
4					
5					
6					
7					
8					
9					
10					
11					
12					
13					

5. 元器件识别、检测与筛选

准确清点和检查全套装配材料的数量和质量，进行元器件的识别与检测，筛选确定元器件，检测过程中填写表 5-4-5。

表 5-4-5　元器件识别与检测表

序号	符号	名称	检测结果
1	R1~R8	电阻	
2	VD1~VD18	二极管	
3	VT1	晶体管	
4	SB1~SB9	按键	
5	DS1	七段数码管（共阴极）	

（续）

序号	符号	名称	检测结果
6		译码驱动集成块底座	
7	CD4511	译码器	
8		印制板电路（8×6cm）	
9	H	蜂鸣器	

6. 元器件安装工艺

根据元器件安装工艺要求填写表5-4-6。

表 5-4-6　元器件安装工艺要求

焊接次序	符号	元器件名称	安装要求
1			
2			
3			
4			
5			
6			
7			
8			

焊接工艺要求：元器件焊接后的焊点光滑、圆润、无毛刺、大小适中，无漏焊、虚焊、连焊；导线长度、剥头长度符合工艺要求，芯线完好，捻头镀锡。

7. 八路抢答器电路调试

1）按下抢答按键，测量 CD4511 的 2 脚的电压波形并填写表5-4-7。

表 5-4-7　2 脚的电压波形

输入波形绘制	示波器			
	幅度档位	上下几格	峰峰值	最大值（峰值）
	时间档位	左右几格	周期	有效值

2）按下抢答按键，测量 CD4511 的 6 脚的电压波形并填写表 5-4-8。

表 5-4-8　6 脚的电压波形

输入波形绘制	示波器			
	幅度档位	上下几格	峰峰值	最大值（峰值）
	时间档位	左右几格	周期	有效值

3）测量 CD4511 的 9~15 脚的输出电压并填写表 5-4-9。

表 5-4-9　9~15 脚的输出电压

引脚	9 脚	10 脚	11 脚	12 脚	13 脚	14 脚	15 脚
无抢答时的输出电压							
有抢答时的输出电压							

4）依次按下 8 个抢答按键，并观察数码管显示的内容，填写表 5-4-10。

表 5-4-10　抢答按键测试表

抢答按键编号	S1	S2	S3	S4	S5	S6	S7	S8
抢答时数码管显示的数字								

📝 **任务评价**

考核内容及评分标准见考核评价表 5-4-11。

表 5-4-11　考核评价表

序号	考核内容	考核要求	评分标准	配分	自评	互评	师评
1	元器件检测与识别	用万用表检测元器件的质量，正确筛选元器件	1. 未检测出损坏的元器件，每只扣 2 分 2. 元器件识别错误，每只扣 2 分 3. 万用表使用错误，每次扣 2 分	10 分			

（续）

序号	考核内容	考核要求	评分标准	配分	自评	互评	师评
2	电路安装	电路安装符合工艺要求	1. 元器件排列整齐，紧贴板面，引脚离板高度符合要求，不符合要求的每处扣 1 分 2. 电路元器件或连线装接错误，每处扣 5 分 3. 焊点圆润、有光泽、无毛刺，不符合要求的每处扣 1 分	30 分			
3	电路调试	能正确对电路进行调试。抢答成功后能显示编号，并提示"嘀"的一声	1. 调试过程中功能不完整，每处扣 5 分 2. 返工一次，扣 10 分	35 分			
4	电路参数计算	按下 S3 按键，计算 CD4511 的输入值是多少，数码管显示的数字是多少	输入值错误扣 5 分，显示的数字错误扣 5 分	10 分			
5	工作原理描述	正确描述除 S9 外其他按键的作用，描述 S9 按键的功能	1. 按键作用描述完全错误不得分 2. S9 按键的功能描述错误扣 5 分 3. 除 S9 外其他按键的作用描述错误扣 5 分	15 分			
6	现场操作规范	操作符合安全操作规程，穿戴劳保用品	违规操作，视情节严重性扣 2~4 分	倒扣			
		考试完成之后打扫现场，整理工位	现场未打扫扣 2 分，工具摆放不整齐扣 2 分				
7	是否按规定时间完成	考核时间是否超时	本项目不配分，如有延时情况，每延时 1min 扣 5 分，总延时不得超过 10min	倒扣			
合计				100 分			

否定项说明

若学生发生下列情况之一，则应及时终止其考试，学生该试题成绩记为 0 分：

（1）考试过程中出现严重违规操作导致设备损坏

（2）违反安全文明生产规程造成人身伤害

📝 任务拓展

1）八路抢答器电路由哪几部分电路组成？简述各部分电路的功能。

2）安装并调试图 5-4-3 所示电路。

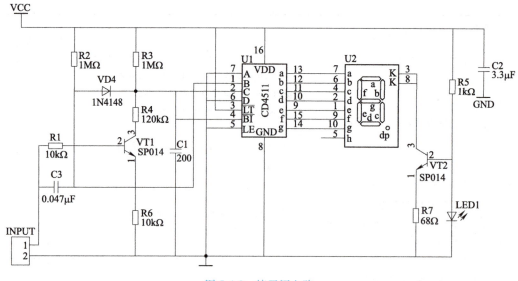

图 5-4-3　练习用电路

任务 5　单相半控桥式整流调光灯电路的装调

📝 任务描述

　　在家庭卧室、办公室、酒店客房等场合，往往需要不同的光照亮度。作为一种可调光灯具，调光台灯通过改变电路参数来调节照明亮度，满足人们不同的需要。当需要看书时，可以将灯光调亮；当需要休息时，可以将灯光调暗。本任务是采用晶闸管来实现调光灯电路的安装和调试。单相半控桥式整流调光灯电路原理图参见图 5-2-10。

　　额定工时：60min。

📝 任务分析

　　单相半控桥式整流调光灯电路属于电力电子电路。完成本任务需要查询了解电路板上电子元器件的名称、作用、引脚顺序及功能，分析单相半控桥式整流调光灯电路的工作原理，学习晶闸管、单结晶体管、单结晶体管触发电路等知识。本任务电路主要由整流电路、滤波电路、稳压电路等部分组成，工作特点是控制晶闸管的门极可以改变晶闸管的导通角，从而改变输出电压。

📝 任务准备

一、晶闸管

　　晶闸管（简称 SCR）是一种大功率电气元件，旧称可控硅，它具有体积小、效率高、寿命长等优点。在自动控制系统中，它可作为大功率驱动器件，实现用小功率器件控制大功率设备。它在交直流电动机调速系统、调功系统及随动系统中都得到了广泛的应用。晶闸管是四层三端结构，共有 3 个 PN 结。分析原理时，可以把它看作由一个 PNP 型晶管和一个 NPN 型晶管所组成，其等效图解及图形符号如图 5-5-1 所示。

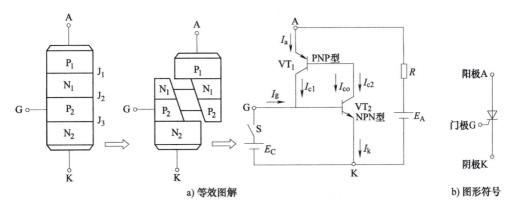

图 5-5-1　晶闸管的等效图解及图形符号

为了能够直观地认识晶闸管的工作特性，可进行晶闸管的导通与关断实验，如图 5-5-2 所示，晶闸管与小灯泡串联，接在直流电源 U_{SA} 上，阳极 A 接电源的正极，阴极 K 接电源的负极，门极 G 通过开关 S 接在直流电源 U_{SG} 的正极。晶闸管与电源的这种连接方式叫作正向连接，也就是说，给晶闸管的阳极和门极所加的都是正向电压。按下开关 S，给门极输入一个触发电压，小灯泡亮了，说明晶闸管导通了。

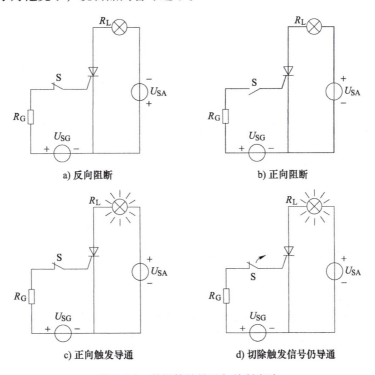

图 5-5-2　晶闸管的导通与关断实验

这个实验告诉我们：要使晶闸管导通，一是在它的阳极 A 与阴极 K 之间外加正向电压，二是在它的门极 G 与阴极 K 之间输入一个正向触发电压。晶闸管导通后，松开开关，去掉触发电压，仍然维持导通状态。

二、单结晶体管

单结晶体管是只有一个 PN 结作为发射极而有两个基极的三端半导体器件，也称为双基极二极管。其典型结构是以一个均匀轻掺杂、高电阻率的 N 型单晶半导体作为基区，两端做成欧姆接触的两个基极，在基区中心或者偏向其中一个极的位置上用浅扩散法重掺杂制成 PN 结作为发射极。其结构示意图如图 5-5-3 所示。

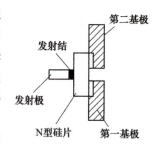

图 5-5-3　单结晶体管的
结构示意图

判别单结晶体管发射极 E 的方法：把万用表置于 $R×100$ 挡或 $R×1k$ 挡，黑表笔接假设的发射极，红表笔接另外两极，当出现两次低电阻值时，黑表笔接的就是单结晶体管的发射极。

单结晶体管两个基极 B1 和 B2 的判别方法：把万用表置于 $R×100$ 挡或 $R×1k$ 挡，用黑表笔接发射极，红表笔分别接另外两极，两次测量中电阻值大的一次，红表笔接的就是 B1。

应当说明的是，上述判别 B1、B2 的方法不一定对所有的单结晶体管都适用，有个别管子 E 和 B1 间的正向电阻值较小。不过，准确地判别哪极是 B1、哪极是 B2 在实际使用中并不是特别重要，即使 B1、B2 用颠倒了，也不会使管子损坏，只影响输出脉冲的幅度（单结晶体管多作脉冲发生器使用），当发现输出脉冲的幅度偏小时，只要将原来假定的 B1、B2 对调过来就可以了。

单结晶体管性能的好坏可以通过测量其各极间的电阻值是否正常来判断。把万用表置于 $R×1k$ 挡，将黑表笔接发射极 E，红表笔依次接两个基极（B1 和 B2），正常时均应有几千欧至十几千欧的电阻值。再将红表笔接发射极 E，黑表笔依次接两个基极，正常时阻值为无穷大。

单结晶体管两个基极（B1 和 B2）之间的正、反向电阻值均在 $2～10k\Omega$ 范围内，若测得某两极之间的电阻值与上述正常值相差较大，则说明该管已损坏。

利用单结晶体管的负阻特性和 RC 电路的充放电特性，组成频率可调的振荡电路，用来产生晶闸管的触发脉冲，该电路又称为单结晶体管振荡电路。其电路原理图及脉冲波形如图 5-5-4 所示。

接通电源后，电源通过 R_2、R_1 加在单结晶体管的两个基极上，同时，电源通过 RP、R_E 给电容 C 充电，电容两端电压 U_C 按指数规律增加，当 U_C 小于峰值电压 U_P 时，单结晶体管截止，R_1 上没有电压输出。当 U_C 达到峰值电压 U_P 时，单结晶体管导通，R_{B1} 迅速减小，电容 C 通过 R_{B1}、R_1 迅速放电，在 R_1 上形成脉冲电压。随着电容 C 的放电，U_E 迅速下降，当 U_E 小于谷点电压 U_V 时，单结晶体管截止，放电结束，输出电压又降到零，完成一次振荡。电源对电容再次充电，并重复上述过程，于是在 R_1 上产生一系列的尖脉冲电压。

通过上述电路工作过程的分析可知，振荡过程的形成利用了单结晶体管的负阻特性和 RC 电路的充放电特性。改变 R_P 的阻值（或电容 C 的大小），便可改变电容充电的快慢，使输出脉冲波形前移或后移，从而控制晶闸管触发导通的时刻。显然，当充电时间常数 $\tau(\tau=$

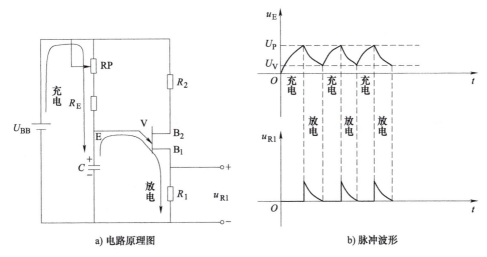

a) 电路原理图   b) 脉冲波形

图 5-5-4   单结晶体管振荡电路原理图及脉冲波形

RC) 大时，触发脉冲后移，控制角（也称触发角）增大；当 τ 小时，触发脉冲前移，控制角减小。

任务实施

1. 明确工作任务

任务实施以小组为单位，根据班级人数将学生分为若干个小组，每组以 3~4 人为宜，每人明确各自的工作任务和要求，小组讨论推荐 1 人为小组长（负责组织小组成员制订本组工作计划、协调小组成员实施工作任务），推荐 1 人负责领取和分发材料，推荐 1 人负责成果汇报。

2. 制订工作计划

根据任务要求、工作流程和小组成员的分工，小组讨论制订合理的工作计划，并填写表 5-5-1。

表 5-5-1   工作计划表

序号	工作内容	计划工时	任务实施者

3. 准备工具

准备工具表见表 5-5-2。

表 5-5-2　准备工具表

序号	名称	规格	数量
1	单相交流电源	15V（或 6~15V）	1 个
2	万用表	可选择	1 块
3	电烙铁	15~30W	1 把
4	烙铁架	可选择	1 个
5	电子实训通用工具	尖嘴钳、斜口钳、镊子、螺丝刀（一字槽和十字槽）	1 套

4. 准备材料器材

将表 5-5-3 填写完整，向仓库管理员提供材料清单，并领取和分发材料。

表 5-5-3　材料清单

序号	名称	型号与规格	单位	数量	备注
1					
2					
3					
4					
5					
6					
7					
8					
9					
10					
11					
12					
13					
14					
15					
16					
17					
18					
19					

5. 元器件识别、检测与筛选

准确清点和检查全套装配材料的数量和质量，进行元器件的识别与检测，筛选确定元器件，检测过程中填写表 5-5-4。

表 5-5-4　元器件识别与检测表

序号	符号	名称	检测结果
1	R1	电阻	
2	R2	电阻	
3	R3	电阻	

（续）

序号	符号	名称	检测结果
4	R4	电阻	
5	R5	电阻	
6	R6	电阻	
7	R7	电阻	
8	RP1	电位器	
9	RP2	电位器	
10	VD1～VD4	二极管	
11	VD10～VD12	二极管	
12	VD14、VD16	二极管	
13	VT13、VT15	晶闸管	
14	ZD1、ZD2	稳压管	
15	V7	单结晶体管	
16	V8	晶体管	
17	V9	晶体管	
18	C1	极性电容	
19	C2	极性电容	
20	C3	极性电容	
21	HL	灯泡	

6. 元器件安装工艺

根据元器件安装工艺要求填写表 5-5-5。

表 5-5-5 元器件安装工艺要求

焊接次序	符号	元器件名称	安装要求
1			
2			
3			
4			
5			
6			
7			
8			

焊接工艺要求：元器件焊接后的焊点光滑、圆润、无毛刺、大小适中，无漏焊、虚焊、连焊；导线长度、剥头长度符合工艺要求，芯线完好，捻头镀锡。

7. 单相半控桥式整流调光灯电路的调试

接上电源，给定电路部分用变压器 36V 电压调试，电压输出部分（即灯泡部分）用变压器 24V 电压调试。用万用表测量稳压电路两端电压应在 15V 左右，采样电压应在 15V 左右。调节 RP1，使得在 V9 的基极有 0~1.34V 的可调电压。调节 RP2，使得 C1 两端的电压达到 5V 左右，并用示波器测出锯齿波形。在 V7 的第一基极测出尖脉冲波，调节 RP1 可改变灯泡的亮暗，则电路正常。

任务评价

考核内容及评分标准见表 5-5-6。

表 5-5-6　考核评价表

序号	考核内容	考核要求	评分标准	配分	自评	互评	师评
1	元器件检测与识别	用万用表检测元器件的质量，正确筛选元器件	1. 未检测出损坏的元器件，每只扣 2 分 2. 元器件识别错误，每只扣 2 分 3. 万用表使用错误，每次扣 2 分	10 分			
2	电路安装	电路安装符合工艺要求	1. 元器件排列整齐，紧贴板面，引脚离板高度符合要求，不符合要求的每处扣 1 分 2. 电路元器件或连线装接错误，每处扣 5 分 3. 焊点圆润、有光泽、无毛刺，不符合要求的每处扣 1 分	30 分			
3	电路调试	按规定步骤对电路进行调试	1. 调试过程中功能不完整，每处扣 5 分 2. 返工一次，扣 10 分	35 分			
4	电路问答	试卷中有两处原理分析	原理分析不正确，每处扣 5 分	10 分			
5	波形检测	绘制电路充放电波形图	波形图绘制错误，每处扣 5 分	15 分			
6	现场操作规范	操作符合安全操作规程，穿戴劳保用品	违规操作，视情节严重性扣 2~4 分	倒扣			
		考试完成之后打扫现场，整理工位	现场未打扫扣 2 分，工具摆放不整齐扣 2 分				
7	是否按规定时间完成	考核时间是否超时	本项目不配分，如有延时情况，每延时 1min 扣 5 分，总延时不得超过 10min	倒扣			
合计				100 分			

否定项说明

若学生发生下列情况之一，则应及时终止其考试，学生该试题成绩记为 0 分：

（1）考试过程中出现严重违规操作导致设备损坏

（2）违反安全文明生产规程造成人身伤害

任务拓展

1）画出晶闸管的结构示意图及图形符号，并简述其导通和关断条件。

2）简述单结晶体管的引脚判别方法。

3）根据所给电路图（见图 5-5-5），分析电路工作原理，并准备元器件进行安装调试。

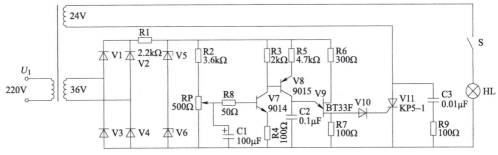

图 5-5-5　练习用电路

任务 6　幸运转盘电路的装调

📝 任务描述

在各种抽奖节目及抽奖游戏中，时常会用到幸运转盘电路，当主持人按下抽奖按键时，电路功能被触发，转盘开始运行，转盘最后指向哪里，就能得到对应的奖励。本任务中幸运转盘电路采用了 NE555 和 CD4017 两个芯片实现对应功能。本任务要求完成幸运转盘电路的安装和调试。

额定工时：60min。

📝 任务分析

幸运转盘电路是一种比较简单的趣味电路，其功能要求是电路中的 LED 在开始按键按下的一定时间内逐一点亮并循环往复，直至设定时间到，锁定最终处于点亮状态的 LED，并且不再变化。本任务需要用到定时电路、脉冲触发电路和计数电路，每一脉冲通过计数电路，触发不同的计数状态，从而点亮不同的 LED。根据功能要求可选择 555 定时电路和 CD4017 计数器来实现。

📝 任务准备

一、认识定时器芯片 NE555

NE555 时基电路是一种数字、模拟混合型的小规模集成电路。由于其内部比较器的参考电压由 3 个 5kΩ 的电阻构成的分压器提供，故取名 555 时基电路。NE555 芯片有 8 个引脚，如图 5-6-1 所示。

NE555 芯片的内部结构如图 5-6-2 所示。定时器内部由比较器、分压电路、RS 触发器及放电管等组成，分压电路由 3 个 5kΩ 的电阻构成，分别给运放 A_1 和 A_2 提供参考电

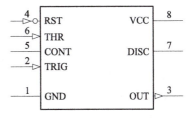

图 5-6-1　NE555 芯片的引脚图

平，A_1 和 A_2 的输出端控制 RS 触发器状态和放电管开关状态。NE555 功能表见表 5-6-1。

1）当 6 脚输入电压大于 $2U_{DD}/3$，2 脚输入电压大于 $U_{DD}/3$ 时，触发器复位，3 脚输出

为低电平，放电管 VT（晶体管）导通。

2）当 2 脚输入电压低于 $U_{DD}/3$，6 脚输入电压低于 $2U_{DD}/3$ 时，触发器置位，3 脚输出高电平，放电管截止。

3）4 脚为复位端，当 4 脚接入低电平时，则输出为 0；正常工作时，4 脚为高电平。

4）5 脚为控制端，平时输入 $2U_{DD}/3$ 作为比较器的参考电平，当 5 脚外接一个输入电压时，即改变了比较器的参考电平，从而实现了对输出的另一种控制。

5）如果不在 5 脚外加电压，而是接 $0.01\mu F$ 电容到地，则起滤波作用，可消除外来的干扰，确保参考电平的稳定。

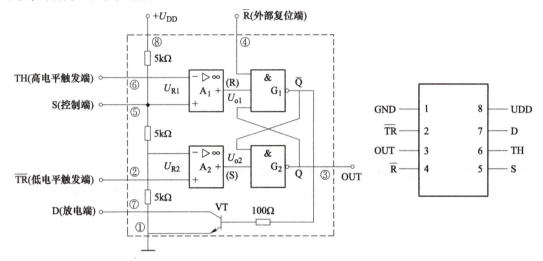

图 5-6-2　NE555 芯片的内部结构

表 5-6-1　NE555 功能表

输入			输出	
高电平触发端 TH（6 号引脚）	低电平触发端 $\overline{TR}$（2 号引脚）	外部复位端 $\overline{R}$（4 号引脚）	输出端 OUT（3 号引脚）	放电端 D（7 号引脚）
×	×	0	0	放电管导通
$<2U_{DD}/3$	$<U_{DD}/3$	1	1	放电管截止
$>2U_{DD}/3$	$>U_{DD}/3$	1	0	放电管导通
$<2U_{DD}/3$	$>U_{DD}/3$	1	不变	放电管不变

二、分析 NE555 多谐振荡电路

NE555 可组成单稳态触发电路、双稳态触发电路和多谐振荡电路等。在此任务中，NE555 主要用作产生移位脉冲，即组成多谐振荡电路，其电路原理图及脉冲波形如图 5-6-3 所示。

如图 5-6-3a 所示，电路由 NE555 和外接元件 R_1、R_2、C 构成多谐振荡器，引脚 2 和引脚 6 直接相连。电路无稳态，仅存在两个暂稳态，不需外加触发信号即可产生振荡。

电源接通后，U_{DD} 通过电阻 R_1、R_2 向电容 C 充电。当电容上的电压等于 $2U_{DD}/3$ 时，阀值输入端 6 号引脚受到触发，RS 触发器翻转，输出电压 $U_o = 0$，同时放电管 VT 导通，电容 C 通过 R_2 放电。

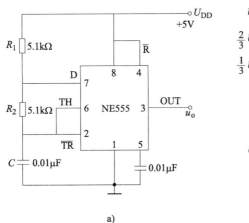 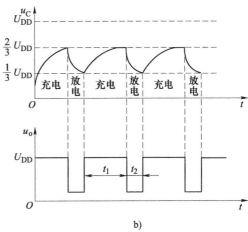

a) b)

图 5-6-3　NE555 多谐振荡电路原理图及脉冲波形

放电过程中，当电容上的电压等于 $U_{DD}/3$ 时，RS 触发器翻转，输出电压 U_o 变为高电平，电容 C 放电终止，又重新开始充电，如此周而复始，形成振荡。

如图 5-6-3b 所示，电容 C 在 $U_{DD}/3 \sim 2U_{DD}/3$ 之间不断充电和放电，形成脉冲波形。

其振荡周期 $T = t_1 + t_2 \approx 0.7(R_1 + 2R_2)C$，其中充电时间 $t_1 \approx 0.7(R_1 + R_2)C$，放电时间 $t_2 \approx 0.7R_2C$。

三、认识 CD4017 芯片

CD4017 芯片的引脚图如图 5-6-4 所示。CD4017 是一种十进制计数器/脉冲分配器，它内部由计数器及译码器两部分组成。由译码输出实现对脉冲信号的分配，整个输出时序就是 Q0、Q1、Q2……Q9，依次出现与时钟同步的高电平，宽度等于时钟周期。CD4017 真值表见表 5-6-2。

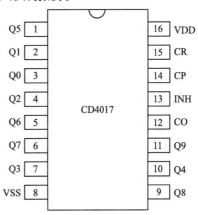

图 5-6-4　CD4017 芯片的引脚图

表 5-6-2　CD4017 真值表

输　　入			输　　　　出	
CP	INH	CR	Q0~Q9	CO
×	×	1	Q0=1（复位）	
↑	0	0	计数	
1	↓	0		计数脉冲为 Q0~Q4 时，C0=1；计数脉冲为 Q5~Q9 时，C0=0
×	1	0	保持原来状态，禁止计数	
0	×	0	保持原来状态	
↓	×	0		
×	↑	0		

CD4017 也是 5 位计数器，它有 10 个译码输出端和 3 个输入端（CP、CR 和 INH）。CR 为清零端，当在 CR 端上加高电平或正脉冲时其输出端 Q0 为高电平，其余输出端（Q1～Q9）均为低电平。CP 和 INH 是两个时钟输入端，若要用上升沿来计数，则信号由 CP 端输入；若要用下降沿来计数，则信号由 INH 端输入。CP 脉冲信号输入时，计数器开始工作。此芯片工作的电源电压范围为 3～15V。

四、分析幸运转盘电路

1. 幸运转盘电路的组成

幸运转盘电路主要由 555 定时电路和 CD4017 计数器共同组成，其中 555 电路在多谐振荡的基础上进行了一定的改进，增加了定时功能。幸运转盘电路原理图如 5-6-5 所示。

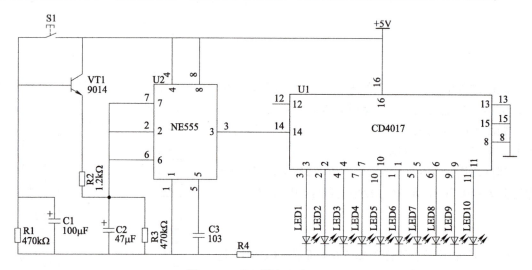

图 5-6-5　幸运转盘电路原理图

2. 幸运转盘电路的工作原理

幸运转盘电路中脉冲产生器为由 NE555 及外围元件构成的多谐振荡器，当按下按键 S1 时，晶体管 VT1 饱和导通，电容 C1 由电源经 S1 充电，充电瞬间完成，NE555 的 3 脚输出脉冲，CD4017 的 14 脚有脉冲依次输入，则 CD4017 的 10 个输出端轮流输出高电平，驱动 10 只 LED 轮流发光。

松开按键 S1 后，由于有电容 C1 的存在，晶体管 VT1 不会立即截止，由 NE555 构成的多谐振荡器持续输出脉冲信号。随着电容 C1 两端电压的下降，晶体管 VT1 的导通程度逐渐减弱，NE555 的 3 脚输出脉冲的频率变慢，点亮的 LED 移动频率也随之变慢。最后，当 C1 放电结束后，VT1 截止，NE555 的 3 脚不再输出脉冲，点亮的 LED 停止移动。一次"开奖"过程就这样完成了。电阻 R2 决定了点亮 LED 的移动速度，电容 C1 决定等待"开奖"的时间。

📝 任务实施

1. 明确工作任务

任务实施以小组为单位，根据班级人数将学生分为若干个小组，每组以 3～4 人为宜，每人明确各自的工作任务和要求，小组讨论推荐 1 人为小组长（负责组织小组成员制订本组工作计划、协调小组成员实施工作任务），推荐 1 人负责领取和分发材料，推荐 1 人负责成果汇报。

2. 制订工作计划

根据任务要求、工作流程和小组成员的分工，小组讨论制订合理的工作计划，并填写表 5-6-3。

表 5-6-3　工作计划表

序号	工作内容	计划工时	任务实施者

3. 准备工具

准备工具表见表 5-6-4。

表 5-6-4　准备工具表

序号	名称	规格	数量
1	直流稳压电源	5V（或 5~15V）	1个
2	万用表	可选择	1块
3	电烙铁	15~30W	1把
4	烙铁架	可选择	1个
5	焊锡丝	$\phi 0.8mm$	若干
6	电子实训通用工具	尖嘴钳、斜口钳、镊子、螺丝刀（一字槽和十字槽）	1套

4. 准备材料器材

将表 5-6-5 填写完整，向仓库管理员提供材料清单，并领取和分发材料。

表 5-6-5　材料清单

序号	名称	型号与规格	单位	数量	备注
1					
2					
3					
4					
5					
6					
7					

（续）

序号	名称	型号与规格	单位	数量	备注
8					
9					
10					
11					
12					
13					

5. 元器件识别、检测与筛选

准确清点和检查全套装配材料的数量和质量，进行元器件的识别与检测，筛选确定元器件，检测过程中填写表5-6-6。

表 5-6-6　元器件识别与检测表

序号	符号	名称	检测结果
1	R1	电阻	
2	R2	电阻	
3	R3	电阻	
4	R4	电阻	
5	C1	电解电容	
6	C2	电解电容	
7	C3	电容	
8	LED1	发光二极管	
9	LED2	发光二极管	
10	LED3	发光二极管	
11	LED4	发光二极管	
12	LED5	发光二极管	
13	LED6	发光二极管	
14	LED7	发光二极管	
15	LED8	发光二极管	
16	LED9	发光二极管	
17	LED10	发光二极管	
18	VT1	晶体管	
19	CD4017	计数器芯片	
20	NE555	定时器芯片	
21	S1	开关	

6. 元器件安装工艺

根据元器件安装工艺要求填写表5-6-7。

表 5-6-7　元器件安装工艺要求

焊接次序	符号	元器件名称	安装要求
1			
2			
3			
4			
5			
6			
7			

焊接工艺要求：元器件焊接后的焊点光滑、圆润、无毛刺、大小适中，无漏焊、虚焊、连焊；导线长度、剥头长度符合工艺要求，芯线完好，捻头镀锡。

7. 幸运转盘电路的调试

按下按键 S1，LED1～LED10 循环点亮，到定时时间后停止循环，此时只有一个 LED 亮，电路正常。

📝 任务评价

考核内容及评分标准见表 5-6-8。

表 5-6-8　考核评价表

序号	考核内容	考核要求	评分标准	配分	自评	互评	师评
1	元器件检测与识别	用万用表检测元器件的质量，正确筛选元器件	1. 未检测出损坏的元器件，每只扣 2 分 2. 元器件识别错误，每只扣 2 分 3. 万用表使用错误，每次扣 2 分	10 分			
2	电路安装	电路安装符合工艺要求	1. 元器件排列整齐，紧贴板面，引脚离板高度符合要求，不符合要求的每处扣 1 分 2. 电路元器件或连线装接错误，每处扣 5 分 3. 焊点圆润、有光泽、无毛刺，不符合要求的每处扣 1 分	30 分			
3	电路调试	能正确对电路进行调试，按下启动按键，能正确实现 LED 循环显示	1. 调试过程中功能不完整，每处扣 5 分 2. 返工一次，扣 10 分	30 分			
4	电路参数测量	当按下按键 S1 时，记录 NE555 的输出波形	1. 记录波形错误，扣 5 分 2. 记录单位错误，扣 5 分	10 分			
5	工作原理描述	正确描述工作原理	1. 工作原理描述完全错误不得分 2. 工作原理描述部分错误，扣 5~20 分	20 分			
6	现场操作规范	操作符合安全操作规程，穿戴劳保用品	违规操作，视情节严重性扣 2~5 分	倒扣			
		考试完成之后打扫现场，整理工位	现场未打扫，工具摆放不整齐，扣 2~5 分				

（续）

序号	考核内容	考核要求	评分标准	配分	自评	互评	师评
7	是否按规定时间完成	考核时间是否超时	本项目不配分，如有延时情况，每延时 1min 扣 5 分，总延时不得超过 10min	倒扣			
合计				100 分			

否定项说明

若学生发生下列情况之一，则应及时终止其考试，学生该试题成绩记为 0 分：

（1）考试过程中出现严重违规操作导致设备损坏

（2）违反安全文明生产规程造成人身伤害

📄 任务拓展

1）根据多谐振荡的周期公式估算 NE555 的振荡周期，对照测试结果进行验证，并简述原因。

2）根据本任务内容思考，如果幸运转盘只需要 6 个 LED 的循环往复，电路应怎样进行修改来实现。

3）根据所给电路图（见图 5-6-6），分析电路工作原理，并准备元器件进行安装调试。

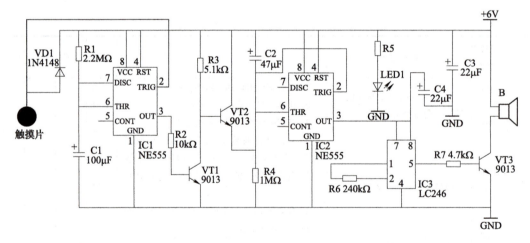

图 5-6-6　练习用电路

交直流传动系统装调维修

任务1　转速负反馈晶闸管–直流电动机调速系统的装调

📝 任务描述

在某直流调速系统的实训、考核装置上，装有转速负反馈晶闸管–直流电动机调速系统电路模块，该系统的电路原理图如图6-1-1所示。要求用插拔导线连接的方式，正确连接电路，使系统安全、稳定运行，具体要求如下：

1）绘制电路框图。根据提供的转速负反馈晶闸管–直流电动机调速系统电路原理图，正确绘制电路框图。

2）接线。根据电路原理图及其他有关技术资料，在实训、考核装置上用插拔导线连接电路。

3）通电调试。正确使用验电笔、万用表、示波器等，有步骤地进行通电试验，验证电路是否达到功能要求；调试前，对照电路原理图熟悉装置，查寻关键元器件安装的位置及有关线端标记；调试中，调节RP4的值，观察电动机转速的变化，当控制角 $\alpha = 120°$ 时，用万用表测量电动机电枢两端电压 U_d、给定电压 U_g，用示波器测量晶闸管两端电压和电容C7

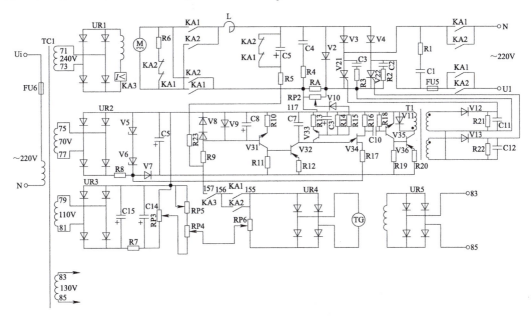

图 6-1-1　转速负反馈晶闸管–直流电动机调速系统电路原理图

两端电压的波形并记录、绘制在指定图样上，完成后断开交流电源。

4）遵守电气安全操作规程和环境保护规定。

5）额定工时：60min。

任务分析

随着电力电子器件、微电子技术和控制理论的发展，以变频技术、伺服控制技术为代表的交流调速系统应用越来越普遍，但由于直流电动机调速系统具有调速性能好、起动转矩大、电网影响小等优点，在轧钢、造纸等生产领域仍然广泛应用。本任务要学习了解直流电动机调速系统的基本组成、电路功能、按图连接电路的方法和步骤，通过实践训练，学会用双踪示波器测量信号，提高电工操作的基本技能及分析、解决问题的能力。

任务准备

一、相关知识与技能

1. 直流电动机调速系统的基本组成

图 6-1-2 是转速负反馈晶闸管-直流电动机调速系统的基本框图。该系统的控制对象是直流电动机 M，被控量是电动机的转速 n。

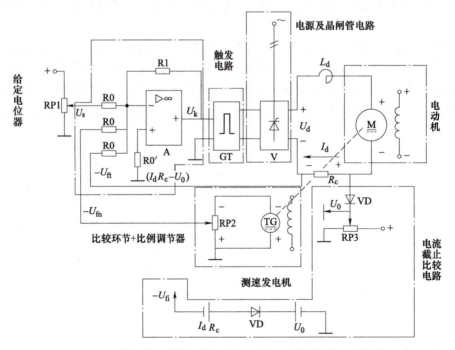

图 6-1-2　转速负反馈晶闸管-直流电动机调速系统的基本框图

2. 晶闸管-直流电动机调速系统的安装调试原则和步骤

（1）晶闸管-直流电动机调速系统的安装调试原则：

1）先单元电路调试后整机调试。

2）先静态调试后动态调试。

3）先开环调试后闭环调试。

4）先空载调试后有载调试。

5）先阻性负载调试后感性负载调试。

6）先轻载调试后满载调试。

（2）晶闸管—直流电动机调速系统的安装调试步骤：

1）切断电源，确保断电情况下连线。

2）按功能单元电路依次连接：继电控制正反转电路→电压放大电路→电压（综合）比较电路→晶闸管触发电路→电压微分负反馈电路和电流截止负反馈电路→转速负反馈电路→励磁电路→半控整流电路→电压给定电路。

3）触发电路调试。

4）晶闸管主电路调试。

5）开环调试，将测速发电机电枢回路断开。调试时注意励磁电路通电状况，以防失磁"飞车"事故的发生。

6）带载（或模拟负载）调试。

7）闭环调试，系统整机调试。

3. 操作训练的注意事项

1）实训时，穿戴好劳动防护用品，人体不可接触带电线路。

2）接线或拆线都必须在切断电源的情况下进行，插线要插到底。

3）学生独立完成接线或改接电路后，必须交互检查，并招呼全组同学注意后，方可接通电源。

4）实训中若发生事故，应立即切断电源，并报告指导老师，待查清问题和妥善处理故障后，才能继续进行实验。

5）实训时应注意衣服、围巾、发辫及实验接线用的导线等不得卷入电动机的旋转部分。

6）不得用手或脚去促使电动机起动或停转，以免发生危险。

7）电动机若直接起动，则应先检查电流表是否经并联回路短路，以免损坏仪表或电源。

8）为防止电枢受过大电流冲击，增加给定电压应缓慢，且每次起动前应调至零位，以防过电流。

9）电动机堵转时，大电流测量的时间要短，以防电动机过热。

10）实训中应使 U_d、I_d 波形连续，避免进入不连续区。

11）若装置运行时，电流和电压有波动，可取平均值。

12）只能使用一根示波器地线，加长示波器地线或探头线时要用绝缘胶布将裸露的金属部分包扎好，以避免实验电路短路，损坏实验设备。

13）直流电动机不能失磁运行，要严防失磁"飞车"事故的发生。

二、准备所需工具、仪表

1）场地准备。场地准备由学校指导教师或实训管理员组织实施，具体内容见表 6-1-1。

表 6-1-1　场地准备清单

序号	名称	型号与规格	单位	数量	备注
1	变压器	4 组电压输出	台	满足训练及考核要求	AC 220V 输入，4 组输出电压为 240V、70V、110V、130V
2	双踪示波器	自定	台		
3	转速负反馈晶闸管-直流电动机调速装置	自定	套		含说明书
4	演草纸	自定	张		

2）学生准备。每位训练学生或培训学生应事先准备相关物品，具体内容见表 6-1-2。

表 6-1-2　学生准备清单

序号	名称	型号与规格	单位	数量
1	万用表	自定	块	1
2	电工通用工具	验电笔、钢丝钳、螺丝刀（包括十字槽螺丝刀、一字槽螺丝刀）、电工刀、尖嘴钳、活扳手等	套	1
3	圆珠笔或铅笔	自定	支	1
4	绘图工具	自定	套	1
5	劳保用品	绝缘鞋、工作服等	套	1

📝 任务实施

1. 组建工作小组

任务实施以小组为单位，将学生分为若干个小组，每个小组 2~3 人，每个小组中推举 1 名小组负责人，负责组织小组成员制订工作计划、实施工作计划、汇报工作成果等。

2. 制订工作计划

根据任务要求、工作流程和小组成员的分工，小组讨论制订合理的工作计划，并填写表 6-1-3。

表 6-1-3　工作计划表

序号	工作内容	计划工时	任务实施者

3. 绘制电路框图

4. 记录安装调试过程

5. 绘制电压波形

当控制角 $\alpha = 120°$ 时，用万用表测量电动机电枢两端电压 U_d、给定电压 U_g，用示波器测量晶闸管两端电压和电容 C7 两端电压的波形，并记录、绘制在指定图样上。

6. 清理场地，归置物品

按 3Q7S 工作要求，清理操作场地。

任务评价

按照表 6-1-4 中的考核内容及评分标准进行自评、互评和师评。

表 6-1-4　考核评价表

序号	考核内容	考核要求	评分标准	配分	自评	互评	师评
1	绘制电路框图	依据提供的转速负反馈晶闸管-直流电动机调速系统电路原理图，正确绘制出电路框图	1. 无半控整流电路、给定电压电路、转速反馈电路、触发电路，每处扣 2 分 2. 无励磁电路、电压微分负反馈电路、电流截止负反馈电路、电压比较电路，每处扣 1 分 3. 不整洁、美观，扣 1~5 分	20 分			
2	接线	按电路原理图及其他有关技术资料，在缺失部分连线的电路板上，用提供的导线正确连接	1. 接线不正确，每处扣 2 分 2. 接线不牢固，每处扣 1 分	30 分			
3	通电调试	调节 RP4 的值，观察电动机转速的变化，当控制角 $\alpha=120°$ 时，用万用表测量电动机电枢两端电压 U_d、给定电压 U_g，用示波器测量晶闸管两端电压和电容 C7 两端电压波形，完成后断开交流电源	1. 调试操作过程不熟练，扣 5 分 2. 记录的波形错误，每个扣 10 分 3. 调试过程中损坏元器件，扣 15 分 4. 记录的电压值错误，扣 10 分	40 分			
4	仪器仪表使用	正确使用双踪示波器、万用表等	使用方法不正确，每次扣 1~3 分	10 分			
5	安全文明生产	劳动保护用品穿戴整齐；电工工具准备齐全；遵守操作规程；讲文明礼貌；考评结束要清理现场	1. 穿戴不符合安全要求，扣 10 分 2. 违反安全文明生产考核要求，每项扣 1~2 分，一般违规扣 10 分 3. 发现学生导致重大事故隐患时，每次扣 10~15 分；严重违规扣 15~50 分，直至取消考试资格	倒扣			
合计				100 分			

否定项说明

若学生发生下列情况之一，则应及时终止其考试，学生该试题成绩记为 0 分：

（1）考试过程中出现严重违规操作导致设备损坏

（2）违反安全文明生产规程造成人身伤害

任务拓展

当控制角 $\alpha=60°$ 时，用万用表测量电动机电枢两端电压 U_d、给定电压 U_g，用示波器测量晶闸管两端电压和电容 C7 两端电压的波形，并记录、绘制在指定图样上。

任务 2　步进电动机控制丝杠移动滑台传动系统的装调

📝 任务描述

某步进电动机控制丝杠移动滑台示意图如图 6-2-1 所示，其中 SQ1 为左限位，SQ2 为右限位，S1 为原点。丝杠通过步进电动机控制，步进运行采用 PLC 脉冲控制方式。移动滑台可实现向左和向右移动，其有效移动范围在 SQ1 和 SQ2 之间。设置复位按钮、起动按钮、停止按钮来实现对移动复位、起动、停止的控制。设置步进驱动器每周步数为 1000 步，电流为 2.03A，丝杠导程为 5mm。控制要求如下：

1）设备初始化，黄灯（HL1）以 1Hz 频率闪烁，按下复位按钮（SB1）后，移动滑台以 1r/s 的速度向左移动；向左移动的同时黄灯（HL1）常亮，移动到 S1 位置后停止，黄灯（HL1）熄灭，绿灯（HL2）以 1Hz 频率闪烁。

2）按下起动按钮（SB2）后，绿灯（HL2）常亮，移动滑台以 1r/s 的速度向右移动 50mm，再以 2r/s 的速度向右移动 50mm，接着以 1r/s 的速度继续向右移动 50mm，移动到位后停止；停止 1s 后再以 1r/s 的速度向左移动 150mm 后停止运行，同时绿灯（HL2）熄灭，红灯（HL3）常亮。再次按下起动按钮（SB2）后，重复以上动作。

3）在运行过程中，按下停止按钮（SB3），移动滑台立即停止，同时绿灯（HL2）熄灭，红灯（HL3）点亮；再次按下起动按钮，移动滑台延续停止前的状态继续运行。

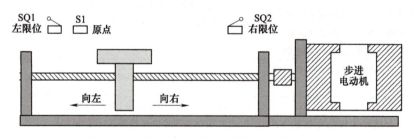

图 6-2-1　步进电动机控制丝杠移动滑台示意图

根据上述控制要求在规定时间内完成以下任务：

1）接线。依据现场提供的电气接线图（见图 6-2-2）和控制要求，选择合适的实训模块，并对系统缺失部分进行正确接线，导线连接要正确、紧固、美观，导线要有端子标号，引出端要有接线端头。

2）调试。按照控制要求设计 PLC 梯形图，进行程序输入并完成系统调试。若系统的 PLC 程序已预先下载在 PLC 内，则可按控制要求修改程序和参数。调试中，需要设置合适的步进驱动器细分参数、运行电流参数，并记录在参数设置表中。

3）遵守电气安全操作规程和环境保护规定。

4）额定工时：60min。

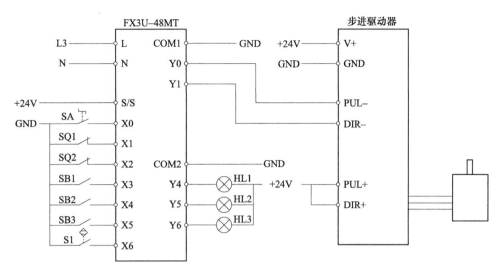

图 6-2-2 PLC 控制步进电动机电气接线图

任务分析

步进电动机是一种将脉冲信号转换成直线位移或角位移的执行元件。步进电动机具有较好的控制性能和较高的控制精度，因而广泛应用在数控机床、钟表、数字系统、程序控制系统及航天工业装置中。PLC 对步进电动机具有良好的控制能力，利用其高速脉冲输出功能或运动控制功能非常方便。PLC 对步进电动机的运动控制是十分典型的工作任务。学习本任务需要了解步进电动机的工作原理、接线方式，会按图连接步进电动机及驱动器的电路，并能合理设置步进驱动器细分参数、运行电流参数。

任务准备

一、相关知识学习

1. 步进电动机

步进电动机相对于其他控制用途电动机的最大区别是，它接收数字控制信号（电脉冲信号）并转化成与之相对应的角位移或直线位移，它本身就是一个完成数字模式转化的执行元件。而且它可进行开环位置控制，输入一个脉冲信号就得到一个规定的位置增量，这样的增量位置控制系统与传统的直流控制系统相比，其成本明显减少，几乎不必进行系统调整。步进电动机的角位移量与输入的脉冲个数严格成正比，而且在时间上与脉冲同步，因而只要控制脉冲的数量、频率和电动机绕组的相序，即可获得所需的转角、速度和方向。步进电动机驱动器根据外来的控制脉冲和方向信号，通过其内部的逻辑电路，控制步进电动机的绕组以一定的时序正向或反向通电，使得电动机正/反向旋转或者锁定。步进电动机分为三种：永磁式（PM）、反应式（VR）和混合式（HB）。永磁式步进电动机一般为两相，图 6-2-3 是雷赛 57 系列 4、6、8 线的两相步进电动机接线示意图。如果调整两相步进电动机通电后的转动方向，最简单的方法是将电动机与驱动器接线的 A+ 和 A−（或者 B+ 和 B−）对调即可。

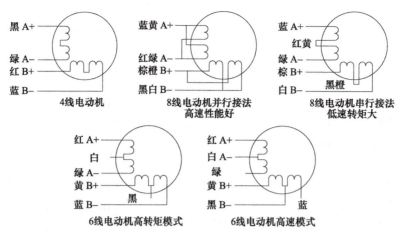

图 6-2-3　雷赛 57 系列 4、6、8 线的两相步进电动机接线示意图

2. 步进电动机驱动器

步进电动机工作时要选择好适配的驱动器，如 DM542 细分型两相混合式步进电动机驱动器适配雷赛 57 系列电动机。图 6-2-4 是 DM542 的外形结构及端子功能图。此驱动器采用交流伺服驱动器的电流环进行细分控制，电动机的转矩波动很小，低速运行很平稳，几乎没有振动和噪声。其主要特点如下：

图 6-2-4　DM542 的外形结构及端子功能图

1）平均电流控制，两相正弦电流驱动输出，输出电流最大值范围为 1.0~4.2A，内部熔体的熔断电流为 6A。

2）直流 18~50V 供电，功耗为 80W。

3）光电隔离信号输入/输出。

4）有过电压、欠电压、过电流、相间短路保护功能。

5）15 挡细分和自动半流功能。

6）8 挡输出电流设置。

7）具有脱机命令输入端子。

8）电动机的转矩与它的转速有关，而与电动机每转的步数无关。

9）高起动转速，高速转矩大。

图 6-2-5 是步进电动机控制信号连接图，可分为差分接法、共阳极接法、共阴极接法三种。

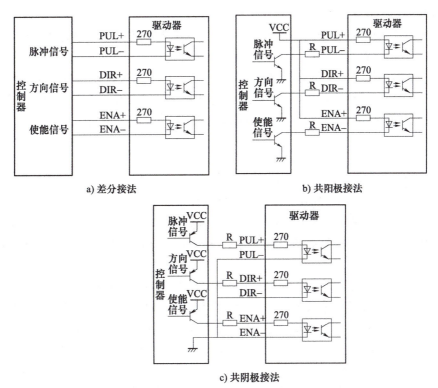

图 6-2-5　步进电动机控制信号连接图

控制信号定义如下：

PUL+/CW+：步进脉冲信号输入正端或正向步进脉冲信号输入正端。

PUL-/CW-：步进脉冲信号输入负端或正向步进脉冲信号输入负端。

DIR+/CCW+：步进方向信号输入正端或反向步进脉冲信号输入正端。

DIR-/CCW-：步进方向信号输入负端或反向步进脉冲信号输入负端。

ENA+：脱机使能复位信号输入正端。

ENA-：脱机使能复位信号输入负端。

脱机使能信号有效时，复位驱动器故障，禁止任何有效的脉冲，驱动器的输出功率元件被关闭，电动机无保持转矩。

上位机的控制信号可以为高电平有效，也可以为低电平有效。当高电平有效时，把所有控制信号的负端连在一起作为信号地；当低电平有效时，把所有控制信号的正端连在一起作为信号公共端。

注意：VCC 值为 5V 时，R 短接；VCC 值为 12V 时，R 为阻值为 1kΩ、功率大于 1/8W 的电阻；VCC 值为 24V 时，R 为阻值为 2kΩ、功率大于 1/8W 的电阻；R 必须接在控制器信号端。

DM542 驱动器的功能选择（用驱动器面板上的 DIP 开关实现）：

1）设置电动机每转的步数。驱动器可将电动机每转的步数分别设置为 400、500、800、1000、1250、1600、2000、2500、3200、4000、5000、6400、8000、10000、12800 步等。用户可以通过驱动器正面板上的拨码开关的 SW5、SW6、SW7、SW8 位来设置驱动器的步数。

2）控制方式选择。拨码开关 SW4 位可设置成两种控制方式，当设置成"OFF"时驱动器有半流功能，当设置成"ON"时驱动器无半流功能。

3）设置输出电流。为了驱动不同转矩的步进电动机，用户可以通过驱动器面板上的拨码开关的 SW1、SW2、SW3 位来设置驱动器的输出电流（有效值，单位为 A）。各开关位置所对应的输出电流值不同，不同型号驱动器的开关所对应的输出电流值也不同。

二、明确操作步骤

1）检查实训设备中器材是否齐全。

2）正确设置步进驱动器的输出电流、每转脉冲量。

3）按照步进驱动器外部接线图完成驱动器的接线，认真检查，确保正确无误。

4）打开电源开关，看驱动器有无异常。无异常，断电更改参数；有异常，断电查找原因。

5）打开示例程序或用户自己编写的控制程序进行编译，有错误时，根据提示信息修改，直至无误。用三菱编程电缆连接计算机串口与 PLC 通信口，打开 PLC 设备电源，下载程序至 PLC 中，下载完毕后将 PLC 的"RUN/STOP"开关拨至"RUN"状态。

6）按下按钮 SB1，观察移动滑台向左移动，黄灯（HL1）常亮，移动到 S1 位置后停止，黄灯（HL1）熄灭，绿灯（HL2）以 1Hz 频率闪烁。

7）按下起动按钮（SB2）后，绿灯（HL2）常亮，观察移动滑台是否按要求准确到位。

8）在运行过程中，按下停止按钮（SB3），观察移动滑台是否立即停止，同时绿灯（HL2）熄灭、红灯（HL3）点亮。

9）尝试改变程序指令中脉冲发送频率后，再次运行电动机，观察总结电动机运行情况的变化。

10）实训结束后清扫整理，并归还物品。

三、准备所需工具、仪表

1）场地准备。场地准备由学校指导教师或实训管理员组织实施，具体内容见表 6-2-1。

表 6-2-1　场地准备清单

序号	名称	型号与规格	单位	数量	备注
1	可编程控制器	FX3U-16MT	个	1	
2	步进电动机控制器	DM542(TB6600)	台	1	
3	步进电动机	57BYGH56(573J09)	台	1	
4	滚珠丝杠移动滑台	FY05(300mm 有效行程)	套	1	导程为 5mm
5	按钮	LA42P-11/R	个	3	
6	熔断器	RT18-32 1P	个	1	
7	熔芯	RT14-20/3A	个	1	
8	限位开关	VS10N051C2	个	2	
9	原位开关	HYTL-W5MC	个	1	
10	电源开关	CDBK C 型 2P 10A 或自定	个	1	
11	指示灯	AD16-22	个	3	DC 24V
12	直流电源	DC 24V	组	1	
13	软铜线	BVR-1mm², 颜色自定	m	若干	
14	端子标号	定制	套	1	
15	冷压绝缘端头	UT1-4	个	若干	
16	台式计算机	预装 GX Works2 编程软件	台	1	
17	演草纸	自定	张	2	

2）学生准备。具体内容见表 6-1-2。

任务实施

1. 组建工作小组

任务实施以小组为单位，将学生分为若干个小组，每个小组 2~3 人，每个小组中推举 1 名小组负责人，负责组织小组成员制订工作计划、实施工作计划、汇报工作成果等。

2. 制订工作计划

根据任务要求、工作流程和小组成员的分工，小组讨论制订合理的工作计划，并填写表 6-2-2。

表 6-2-2　工作计划表

序号	工作内容	计划工时	任务实施者

3. 填写步进驱动器参数设置表

根据步进驱动器的输出电流为 2.03A，每转脉冲量设为 1000 的控制要求，设置 DIP 开关状态，并填写表 6-2-3。

表 6-2-3　步进驱动器参数设置表

SW1	SW2	SW3	SW4	SW5	SW6	SW7	SW8

4. 绘制步进电动机电气接线图

5. 记录安装调试过程

6. 清理场地，归置物品

按 3Q7S 工作要求，清理操作场地。

任务评价

按照表 6-2-4 中的考核内容及评分标准进行自评、互评和师评。

表 6-2-4　考核评价表

序号	考核内容	考核要求	评分标准	配分	自评	互评	师评
1	调整步进驱动器参数	按照提供的电路原理图及其他有关技术资料，正确调整步进驱动器使用参数	1. 步进驱动器参数设置表填写错误，每处扣 1 分 2. 步进驱动器拨码开关设置错误，每处扣 2 分	20 分			
2	绘制电路接线图	依据控制要求和所提供设备的规格参数，正确绘制出电路接线图	1. 绘制的电路接线图缺少 PLC、步进电动机、步进驱动器，每少一块扣 10 分 2. 步进驱动器的控制信号连接错误，扣 5 分 3. 缺少电路连线，每少一根扣 2 分 4. 图面不清洁、美观，扣 1~5 分	15 分			
3	安装与接线	按照提供的电路原理图及其他有关技术资料，在缺失部分连线，用提供的导线正确连接	1. 模块配置选错或漏选，每处扣分 3 分 2. 损坏元器件，每处扣 2 分；接线错误，每处扣 2 分 3. 不按电路原理图接线或不按 PLC 控制 I/O（输入/输出）接线图接线，每处扣 2 分 4. 接点松动、露铜过长、反圈、压绝缘层，标记线号不清楚、遗漏或误标，引出端无别径压端子，每处扣 1 分	30 分			
4	调试	按照被控设备的动作要求进行模拟调试，达到设计要求	1. 初始化、定位、停止等功能缺失，每处扣 10 分 2. 指示灯不能按要求点亮或熄灭，每个扣 5 分	35 分			

（续）

序号	考核内容	考核要求	评分标准	配分	自评	互评	师评
5	安全文明生产	劳动保护用品穿戴整齐；电工工具准备齐全；遵守操作规程；讲文明礼貌；考评结束要清理现场	1. 穿戴不符合安全要求，扣10分 2. 违反安全文明生产考核要求，每项扣1~2分，一般违扣10分 3. 发现学生导致重大事故隐患时，每次扣10~15分；严重违规扣15~50分，直至取消考试资格	倒扣			
		合计		100分			

否定项说明

若学生发生下列情况之一，则应及时终止其考试，学生该试题成绩记为0分：

（1）考试过程中出现严重违规操作导致设备损坏

（2）违反安全文明生产规程造成人身伤害

📝 任务拓展

某工作台移动位置如图6-2-1所示，假设电动机转一周需要1600个脉冲，输出电流为1.2A，试编制控制步进电动机的运行程序，使电动机运转速度为1r/s，电动机正转5周，停止1s，再反转2周，停止1s，再正转5周……如此循环。按下按钮SB2，工作台移动，移动时须在原位（S1闭合）。按下按钮SB1，工作台立即停止；碰到左右限位时，工作台停止运行。要求系统的PLC程序已预先下载在实训室准备的PLC内（无须学生现场编程），按照被控设备的动作要求进行接线与调试，需要设置合适的步进驱动器细分参数、运行电流参数。请选择合适的参数进行设置并写出设置的具体参数，使达到系统的设计要求。

任务3　伺服电动机控制丝杠移动滑台传动系统的装调

📝 任务描述

系统工作任务是模拟某生产过程中某环节的电气控制过程。图6-3-1是伺服电动机控制丝杠移动滑台示意图，其中SQ1为左限位，SQ2为右限位，S1为原点。丝杠（导程为5mm）通过伺服电动机控制，伺服运行采用PLC脉冲控制方式。移动滑台可实现向左和向右移动，其有效移动范围在SQ1和SQ2之间。设置复位按钮、起动按钮、停止按钮来实现对移动复位、起动、停止的控制。系统设有调试模式和运行模式。调试模式下，可以点动控制伺服以5mm/s的速度前进和后退，有必要的限位安全保护功能；运行模式下，由起动按钮起动设备自动运行。由停止按钮停止设备运行。具体控制要求如下：

1）设备初始化，黄灯（HL1）以1Hz频率闪烁，按下复位按钮（SB1）后，移动滑台以5mm/s的速度向左移动；向左移动的同时黄灯（HL1）常亮，移动到S1位置后变为1mm/s继续运行，离开S1位置后停止，黄灯（HL1）熄灭，绿灯（HL2）以1Hz频率闪烁。

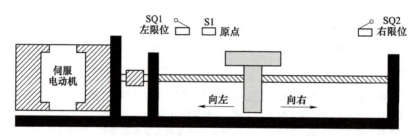

图 6-3-1　伺服电动机控制丝杠移动滑台示意图

2）按下起动按钮（SB2）后，移动滑台以 8mm/s 的速度向右移动，同时绿灯（HL2）常亮，移动到 30mm（相对原点位置距离）位置后停止运行；停止 3s 后以 10mm/s 的速度向左移动，移动到 10mm（相对原点位置距离）位置后停止运行，绿灯（HL2）熄灭，红灯（HL3）常亮。再次按下起动按钮（SB2），重复以上动作。

3）在运行过程中，按下停止按钮（SB3），移动滑台立即停止，同时绿灯（HL2）熄灭，红灯（HL3）点亮；再次按下起动按钮，移动滑台继续运行。

根据上述控制要求在规定时间内完成以下任务：

1）接线。依据现场提供的电气接线图（见图 6-3-2）和控制要求，选择合适的实训模块，并对系统缺失部分进行正确接线，导线连接要正确、紧固、美观，导线要有端子标号，引出端要有接线端头。

2）调试。按照控制要求设计 PLC 梯形图，进行程序输入并完成系统调试。若系统的 PLC 程序已预先下载在 PLC 内，则可按控制要求修改程序和参数。调试中，需要设置伺服驱动器的具体参数。

3）遵守电气安全操作规程和环境保护规定。

4）额定工时：60min。

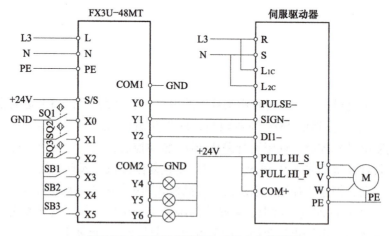

图 6-3-2　PLC 控制伺服电动机电气接线图

📝 **任务分析**

伺服电动机是一种具有非常高精度和稳定性的电动机。它可以通过控制电动机的转速、位置和加速度等参数来完成精确控制。伺服电动机广泛应用于工业自动化、数控机床、机器人等领域，主要用于机械结构运动驱动的场合。在实际应用中常使用 PLC 输出脉冲控制伺服电动机实现定位控制。学习该任务需要了解伺服电动机的工作原理、接线及伺服驱动器的使用和参数设置，会按图连接伺服电动机及驱动器的电路，并能合理设置伺服驱动器的电子齿轮比、运行模式等参数。

📝 任务准备

一、相关知识学习

1. 伺服电动机

伺服电动机也叫执行电动机，可使控制速度、位置精度非常准确，还可以将电压信号转换为转矩和转速，以驱动控制对象。与步进电动机原理结构不同的是，伺服电动机由于把控制电路放到了电动机之外，里面的电动机部分就是标准的直流电动机或交流感应电动机。伺服电动机靠脉冲来定位，伺服电动机接收到 1 个脉冲，就会旋转 1 个脉冲对应的角度。电动机每旋转一个角度，编码器都会发出对应数量的反馈脉冲，反馈脉冲和伺服驱动器接收的脉冲形成闭环控制，这样，伺服驱动器就能够很精确地控制电动机的转动，从而实现精确定位。图 6-3-3 是伺服电动机的结构示意图和实物图。

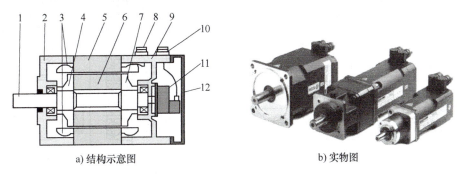

a) 结构示意图　　　　　　　　　　b) 实物图

图 6-3-3　伺服电动机的结构示意图和实物图

1—电动机轴　2—前端盖　3—三相绕组线圈　4—压板　5—定子　6—磁钢　7—后压板
8—动力线插头　9—后端盖　10—反馈插头　11—脉冲编码器　12—电动机后盖

一般工业用的伺服电动机都是三环控制，即电流环、速度环和位置环，分别能反馈电动机运行时的角加速度、角速度和旋转位置。驱动器芯片通过三者的反馈控制电动机各相的驱动电流，使电动机的速度和位置都准确地按照预定运行。步进和伺服电动机的原始转矩不够用的情况下，往往需要配合减速机进行工作，可以使用减速齿轮组或行星减速器。

2. 伺服电动机驱动器

台达 ASDA-B3 伺服驱动器是台达标准型伺服系统，具有运动控制功能强大、使用寿命长、运行平稳，驱动设备高效便利的特点。ASDA-B3 伺服驱动器具备强大的控制变负载能力，适用于高中低惯量的各种伺服电动机，内建 PID 控制器，算法高效，控制简单，高性能点对点运动功能可降低上位控制器的功能要求。通常，伺服驱动器和伺服电动机在使用时需要搭配，不同型号的伺服电动机、伺服驱动器在使用时可能出现不兼容的情况。伺服电动机的控制方式是由 PLC 控制器输出信号送至驱动器内部，由驱动器内部转换为电脉冲来控制伺服电动机的运行。图 6-3-4 是台达 ASDA-B3 伺服驱动器的面板图。

台达 ASDA-B3 伺服驱动器面板说明表见表 6-3-1。

表 6-3-1　台达 ASDA-B3 伺服驱动器面板说明表

序号	名称	说　明
1	—	七段显示器
2	CHARGE	电源指示灯
3	R、S、T	主电路电源：连接于电源（AC 200～230V，50/60Hz）
4	L1C、L2C	控制电路电源：供给单相电源（AC 200～230V，50/60Hz）
5	回生电阻	使用外部回生电阻、内部回生电阻、外部回生制动单元
6	U、V、W	伺服驱动器电流输出，连接电动机
7	接地螺钉	连接至电源地线及电动机地线
8	CN4	Mini USB 连接口，连接至个人计算机
9	CN3	Modbus 通信端口
10	CN1	输出/输入信号用连接口，连接至 PLC 或控制 I/OD
11	CN10	STO 接口，仅 B3A 系列支持此功能
12	CN2	编码器连接库，连接至电动机上的编码器

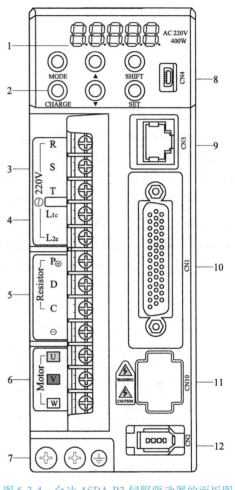

图 6-3-4　台达 ASDA-B3 伺服驱动器的面板图

3. 伺服电动机的点动控制

伺服电动机的点动控制又称为寸动控制，图 6-3-5 是点动控制模式示意图。通过点动方式来试运转电动机及驱动器，使用者不需要接额外配线。为了安全起见，建议以低转速作空载点动测试，此方式可以测试电动机与装置之间是否匹配，其步骤如下：

1）点动操作在伺服驱动器 Servo On 时才有效。使用者可以通过上位机或将参数 P2.030 设定为 1，以强制伺服启动（通信模式不支持由面板操作点动测试）。

2）通过参数 P4.005 设定点动速度（单位为 rpm）；按下 SET 键，显示点动速度值，初值为 20 rpm。

3）按▲或▼键来调整点动速度。图 6-3-5 中调整为 100rpm。

4）按下 SET 键，显示 JOG 并进入点动模式。

5）测试完毕后，按下 MODE 键，即可离开点动模式。

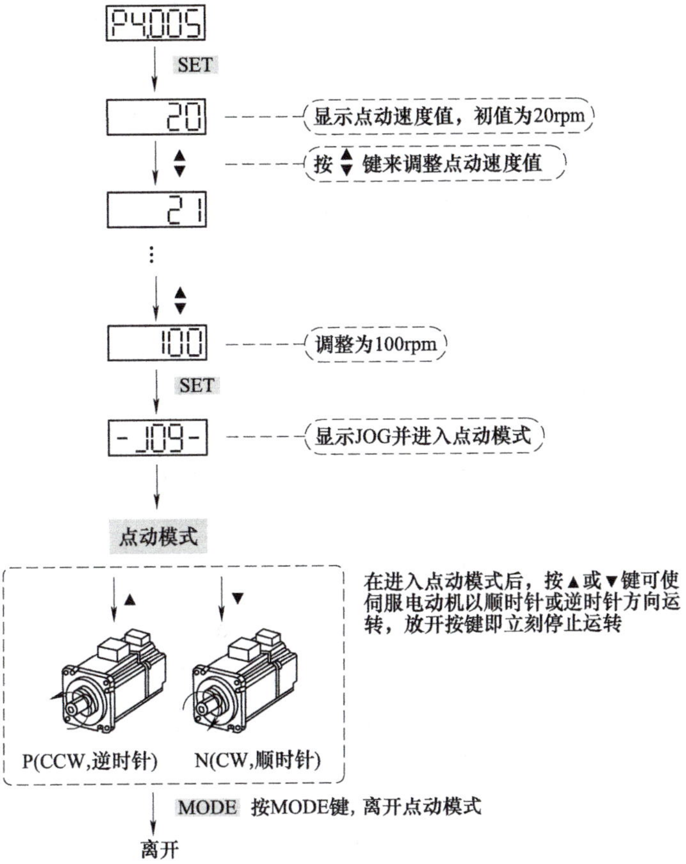

P4.005

SET

20 ----- 显示点动速度值，初值为20rpm

按 ▲▼ 键来调整点动速度值

21

⋮

100 ----- 调整为100rpm

SET

- J0G - ----- 显示JOG并进入点动模式

点动模式

在进入点动模式后，按▲或▼键可使
伺服电动机以顺时针或逆时针方向运
转，放开按键即立刻停止运转

P(CCW,逆时针)　　　N(CW,顺时针)

MODE　按MODE键，离开点动模式

离开

图 6-3-5　点动控制模式示意图

4. 输入接线方式

外部控制器（PLC）通过 CN1 接口可对伺服驱动器进行脉冲控制，控制伺服电动机定位运转。伺服驱动器中脉冲指令可使用开集极方式或差动方式输入，差动方式的最大输入脉冲频率为 4Mpps，开集极方式的最大输入脉冲频率为 200kpps。图 6-3-6 是不同输入方式接线图。

5. 电子齿轮比

电子齿轮比为用户提供简单易用的分辨率设定。ASDA-B3 的分辨率为 24bit，也就是电动机每一圈会有 16777216 个脉冲。不论是搭配 17bit、20bit 还是 22bit 的编码器，电子齿轮比都是依照 ASDA-B3（分辨率为 24bit）做设定。电子齿轮比计算示意图如图 6-3-7 所示。

当电子齿轮比等于 1 时，电动机编码器每一圈脉冲数为 16777216 个；当电子齿轮比等于 0.5 时，则命令端每两个脉冲对应到一个电动机转动脉冲。通常，大的电子齿轮比会导致位置命令步阶化，这时可通过 S 形命令平滑器或低通滤波器将其平滑化来改善。

例如：经过适当的电子齿轮比设定后，工作物移动量为 1μm/pulse，使用者可知 1 个脉冲移动 1μm。

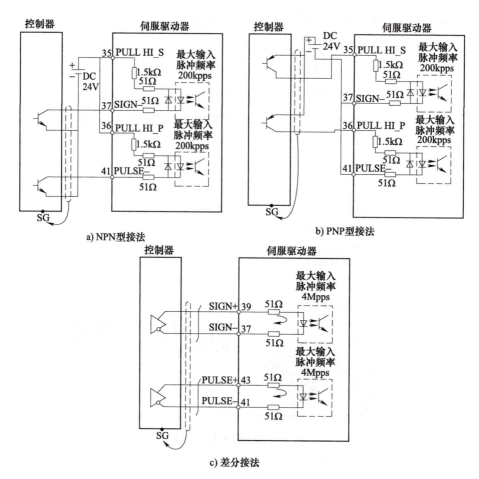

a) NPN型接法   b) PNP型接法

c) 差分接法

图 6-3-6　不同输入方式接线图

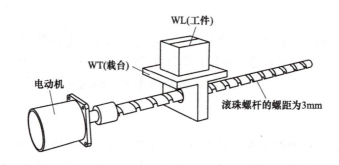

	电子齿轮比	每1pulse命令对应工作物移动的距离
未使用电子齿轮	$=\dfrac{1}{1}$	$=\dfrac{3000\dfrac{\mu m}{rev}}{16777216\dfrac{pulse}{rev}}\times\dfrac{1}{1}=\dfrac{3000}{16777216}\ \dfrac{\mu m}{pulse}$
使用电子齿轮	$=\dfrac{16777216}{3000}$	$=\dfrac{3000\dfrac{\mu m}{rev}}{16777216\dfrac{pulse}{rev}}\times\dfrac{16777216}{3000}=1\ \dfrac{\mu m}{pulse}$

图 6-3-7　电子齿轮比计算示意图

二、明确操作步骤

1）检查实训设备中器材是否齐全。

2）正确设置伺服驱动器的电子齿轮比、位置控制等参数。

3）按照伺服驱动器外部接线图完成驱动器的接线，认真检查，确保正确无误。

4）打开电源开关，看驱动器有无异常。无异常，断电更改参数；有异常，断电查找原因。

5）打开示例程序或用户自己编写的控制程序，进行编译，有错误时，根据提示信息修改，直至无误。用三菱编程电缆连接计算机串口与 PLC 通信口，打开 PLC 设备电源，下载程序至 PLC 中，下载完毕后将 PLC 的"RUN/STOP"开关拨至"RUN"状态。

6）设备通电后执行初始化，黄灯（HL1）闪烁正常，按下复位按钮（SB1）后，平台复位移动正常，移动到 S1 位置后变为 1mm/s 继续运行，离开 S1 位置后停止，黄灯（HL1）熄灭，绿灯（HL2）以 1Hz 频率闪烁。

7）按下起动按钮（SB2）后，绿灯（HL2）常亮，观察移动滑台是否按要求准确到位。

8）在运行过程中，按下停止按钮（SB3），移动滑台是否立即停止，同时绿灯（HL2）熄灭，红灯（HL3）点亮；再次按下起动按钮，移动滑台能够继续运行。

9）尝试改变程序指令中脉冲发送频率后，再次运行电动机，观察总结电动机运行情况的变化。

10）实训完结后清扫整理，并归还物品。

三、准备所需工具、仪表

1）场地准备。场地准备由学校指导教师或实训管理员组织实施，具体内容见表 6-3-2。

表 6-3-2　场地准备清单

序号	名称	型号与规格	单位	数量	备注
1	可编程控制器	FX3U-48MT	个	1	
2	伺服电动机驱动器	ASDA-B31-0121	台	1	
3	伺服电动机	ECM-B3L-C20401RS1	台	1	
4	滚珠丝杠移动滑台	FY05（300mm 有效行程）	套	1	导程为 5mm
5	按钮	LA42P-11/R	个	3	
6	熔断器	RT18-32 1P	个	1	
7	熔芯	RT14-20/3A	个	1	
8	限位开关	SN04-N	个	3	
9	电源开关	CDBK C 型 2P 10A 或自定	个	1	
10	指示灯	AD16-22	个	3	DC 24V
11	直流电源	DC 24V	组	1	
12	软铜线	BVR-1mm²，颜色自定	m	若干	
13	端子标号	定制	套	1	

（续）

序号	名称	型号与规格	单位	数量	备注
14	冷压绝缘端头	UT1-4	个	若干	
15	台式计算机	预装 GX Works2 编程软件	台	1	
16	演草纸	自定	张	若干	

2）学生准备。具体内容见表 6-1-2。

📝 任务实施

1. 组建工作小组

任务实施以小组为单位，将学生分为若干个小组，每个小组 2~3 人，每个小组中推举 1 名小组负责人，负责组织小组成员制订工作计划、实施工作计划、汇报工作成果等。

2. 制订工作计划

根据任务要求、工作流程和小组成员的分工，小组讨论制订合理的工作计划，并填写表 6-3-3。

表 6-3-3　工作计划表

序号	工作内容	计划工时	任务实施者

3. 填写伺服驱动器参数设置表

根据伺服驱动器通电自使能及每转需要 1000 个脉冲量的控制要求，设置伺服驱动器相关参数，填写表 6-3-4。

表 6-3-4　伺服驱动器参数设置表

参数代号	参数名称	设定值	生效方式

（续）

参数代号	参数名称	设定值	生效方式

4. 绘制伺服电动机电气接线图

5. 写出伺服驱动器电子齿轮比参数的计算方式及结果

6. 记录安装调试过程

7. 清理场地，归置物品

按 3Q7S 工作要求，清理操作场地。

任务评价

按照表 6-3-5 中的考核内容及评分标准进行自评、互评和师评。

表 6-3-5　考核评价表

序号	考核内容	考核要求	评分标准	配分	自评	互评	师评
1	调整伺服驱动器参数	按照提供的电路原理图及其他有关技术资料，正确调整伺服驱动器使用参数	1. 伺服驱动器参数设置表填写错误，每处扣 1 分 2. 伺服驱动器参数设置错误，每处扣 2 分	20 分			
2	绘制电路接线图	依据控制要求和所提供设备的规格参数，正确绘制出电路接线图	1. 绘制的电路接线图缺少 PLC、伺服电动机、伺服驱动器，每少一块扣 10 分 2. 伺服驱动器的控制信号连接错误，扣 5 分 3. 缺少电路连线，每少一根扣 2 分 4. 图面不清洁、美观，扣 1~5 分	20 分			
3	安装与接线	按照提供的电路原理图及其他有关技术资料，在缺失部分连线，用提供的导线正确连接	1. 模块配置选错或漏选，每处扣分 3 分 2. 损坏元器件，每处扣 2 分；接线错误，每处扣 2 分 3. 不按电路原理图接线或不按 PLC 控制 I/O（输入/输出）接线图接线，每处扣 2 分 4. 接点松动、露铜过长、反圈、压绝缘层，标记线号不清楚、遗漏或误标，引出端无别径压端子，每处扣 1 分	30 分			
4	调试	按照被控设备的动作要求进行模拟调试，达到设计要求	1. 初始化、定位、停止等功能缺失，每处扣 10 分 2. 指示灯不能按要求点亮或熄灭，每个扣 5 分	30 分			

（续）

序号	考核内容	考核要求	评分标准	配分	自评	互评	师评
5	安全文明生产	劳动保护用品穿戴整齐；电工工具准备齐全；遵守操作规程；讲文明礼貌；考评结束要清理现场	1. 穿戴不符合安全要求，扣10分 2. 违反安全文明生产考核要求，每项扣1~2分，一般违规扣10分 3. 发现学生导致重大事故隐患时，每次扣10~15分；严重违规扣15~50分，直至取消考试资格	倒扣			
合计				100分			

否定项说明

若学生发生下列情况之一，则应及时终止其考试，学生该试题成绩记为0分：

（1）考试过程中出现严重违规操作导致设备损坏

（2）违反安全文明生产规程造成人身伤害

📝 **任务拓展**

采用伺服驱动器 CN1 信号控制端子，在速度控制模式下进行三段速度控制设计，SA1 和 SA2 为正反方向控制，SA3 和 SA4 为速度选择，第一段速度为 200r/min，第二段速度为 350r/min，第三段速度为 450r/min，设置相应的限位。

具体要求如下：

1）电路设计：根据任务，设计用伺服驱动器控制伺服电动机的电路原理图，有短路、过载及必要的联锁保护功能等；填写材料清单；绘制伺服驱动器控制伺服电动机电气接线图。

2）安装与接线：

①按伺服驱动器控制伺服电动机电气接线图在模拟配线板上正确安装元器件，元器件在配线板上布置要合理，安装要准确、紧固，导线连接要紧固、美观，导线要进入线槽，导线要有端子标号，引出端要用别径压端子。

②将断路器、熔断器、伺服驱动器、伺服电动机等安装在一块配线板上，而将按钮安装在另一块配线板上。

3）通电试验：正确使用电工工具及万用表进行仔细检查，有步骤地进行通电试验，达到项目功能要求；注意人身和设备安全，遵守安全操作规程。

任务4 转速负反馈晶闸管-直流电动机调速系统的检修

📝 **任务描述**

在一台转速负反馈晶闸管-直流电动机调速系统的实训、考核装置上，电工师傅检查后，发现有三处故障，交给其徒弟去检修，任务要求如下：

1）按程序操作设备，仔细观察故障现象。

2）能正确分析故障范围和检查故障点，并能进行故障排除。

3）能正确选择和使用合适的仪表和工具进行检修。

4）学生进入实训场地要穿戴好劳保用品并进行文明操作。

5）检修工时：60min。

📝 任务分析

转速负反馈晶闸管–直流电动机调速系统虽然具有调速性能好、起动转矩大、对电网干扰小等优点，但由于直流电动机结构较复杂、维护成本高、控制电路多分立元件等原因，相比而言，系统容易发生故障。一旦系统出现故障，作为维修人员要沉着应对，认真分析故障现象，通过测量、比对等多种手段和方法，查找故障原因，然后排除故障。所以，学习本任务需要熟悉电路元器件，能分析电路工作原理，按照电子元器件故障检修的步骤和方法，不断积累经验，以提高解决问题的能力。

📝 任务准备

一、相关知识与技能

1. 调速系统的转速控制要求

任何一台需要控制转速的设备，其生产工艺对调速性能都有一定的要求。归纳起来，调速系统的转速控制要求有以下三个方面：

1）调速：在一定的最高转速和最低转速范围内，要求系统调速范围越宽越好，且能实现平滑调速。

2）稳速：以一定的精度在所需转速上稳定运行，在各种干扰下不允许有过大的转速波动，以确保产品质量。

3）加、减速：频繁起、制动的设备要求加、减速尽量快，以提高生产率；不宜经受剧烈速度变化的机械则要求起、制动尽量平稳。

2. 转速负反馈晶闸管–直流电动机调速系统稳速工作原理

该系统通过测速发电机对被控对象（即直流电动机）的转速进行实时监测，具体来说，测速发电机收集电动机的实时转速数据后转化为电压值 U_f，并将其与设定的目标转速的电压值 U_g 进行比较，得出误差电压（$\Delta U = U_g - U_f$），误差电压会被送到放大器去控制触发器，自动改变晶闸管的控制角，从而改变晶闸管整流装置的输出电压，达到自动稳定输出转速的目的。图 6-4-1 是转速负反馈晶闸管–直流电动机调速系统的稳速过程示意图。例如，当电网电压 U 突然下降时，电动机的输出转速 n 下降，测速发电机反馈电压 U_{fn} 下降，误差电压 ΔU 增加，经过放大器产生触发装置的控制电压 U_c 增加，控制角 α 减小，直流电动机输出电压 U_d 增加，转速得到提升。同样，当电网电压 U 突然增加时，转速反而会下降。可见，该系统具有克服电网波动干扰、实现稳定速度的功能。

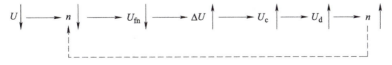

图 6-4-1　转速负反馈晶闸管–直流电动机调速系统的稳速过程示意图

3. 单结晶体管触发电路分析

单结晶体管触发电路是一种基于单结晶体管的电路，常用于产生触发脉冲或进行信号调制。图 6-4-2 为单结晶体管触发电路原理图。V6 是单结晶体管，它是一种具有特殊结构的半导体器件，其内部包含一个 PN 结和一个高阻区，使得它具有独特的负阻特性。

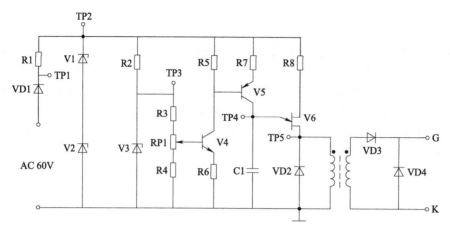

图 6-4-2　单结晶体管触发电路原理图

由同步变压器二次侧输出 AC 60V 的同步电压，经 VD1 半波整流，再由稳压管 V1、V2 进行削波，从而得到梯形波电压，其过零点与电源电压的过零点同步。梯形波通过 R7 及等效可变电阻 V5 向电容 C1 充电，当充电电压达到单结晶体管的峰值电压 U_P 时，V6 导通，电容通过脉冲变压器的一次侧迅速放电，同时脉冲变压器的二次侧输出触发脉冲。由于放电时间常数很小，C1 两端的电压很快下降到单结晶体管的谷点电压 U_V，使得 V6 重新关断，C1 再次被充电，周而复始，就会在电容 C1 两端呈现锯齿波形。在每次 V6 导通的时刻，均在脉冲变压器的二次侧输出触发脉冲。在一个梯形波周期内，V6 可能导通、关断多次，但对晶闸管而言只有第一个输出脉冲起作用。电容 C1 的充电时间常数由等效电阻等决定，调节 RP1 电位器改变 C1 的充电时间，控制第一个有效触发脉冲的出现时刻，从而实现脉冲移相控制。图 6-4-3 所示为当 $\alpha = 90°$ 时单结晶体管触发电路各点的典型波形。

4. 转速负反馈晶闸管–直流电动机调速系统电路分析

转速负反馈晶闸管–直流电动机调速系统电路原理图如图 6-1-1 所示，其电路组成及元器件作用分析如下：

1）主电路采用单相桥式半控整流电路。在主

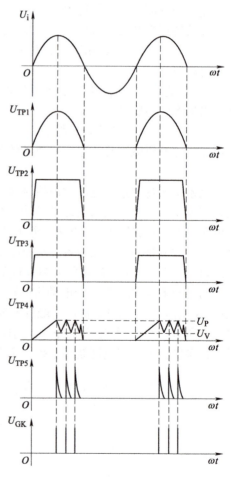

图 6-4-3　单结晶体管触发电路
各点的典型波形（$\alpha = 90°$）

电路中加平波电抗器 L，减少整流器输出电流的脉动并尽可能使电流连续。这时电路呈感性。为了保证晶闸管可靠换相而不失控，故接入续流二极管 V2。同时，为了保证晶闸管免遭过电压的损害，加入了阻容吸收装置（R1C1～R4C4）。

2）给定电压和转速负反馈电路。由变压器输出的交流 110V 电源经过单相桥式整流和 C15、R7、C14 组成的 π 形滤波后输出的直流电压为给定电源。RP4 为调速电位器，RP3 为高速上限调整用电位器，RP5 为零速调整用电位器，调节 RP4 可以得到不同的给定电压 U_g。TG 为测速发电机，其输出电压与转速成正比。通过转速负反馈提高系统的机械特性硬度，电位器 RP6 可调整反馈深度。给定电压 U_g 和测速反馈电压 U_{TG} 反极性串联后由 117 和 157 输出加到放大器。

3）放大电路。117 及 157 两端输入给定电压与反馈电压综合而成的差值信号。晶体管 V31 为电压放大，放大后的控制信号给锯齿波发生器的晶体管 V32，V32 相当于一个可变电阻，改变输入信号的大小，就改变了电容 C7 的充电时间，进行移相。二极管 V8、V9 作为输入信号的正负向限幅之用。电容 C8 对给定及测速电压起滤波作用，还起"给定积分"作用，即对输入信号的突变起缓冲作用。

4）C5、R5、R23 组成的电压微分负反馈电路。它是为了避免系统发生振荡而设的。振荡最易在低速运行时出现。

5）电流截止负反馈由电流采样电阻 RA、RP2、V10、V33 等元器件组成，它是为防止电动机在起动、正反转切换等情况下电流过大而设的。主电路电流在允许范围内时，在 RA 上产生的压降不足以使 V10 击穿，V33 截止，该环节不起作用。当主电路电流超过截止电流时，V10 被击穿，V33 趋近导通，则 C7 的充电受 V33 的分流作用而变慢，触发脉冲后移，整流器输出电压变低，主电路电流被限制在规定值之内。调节 RP2 就可以改变主电路电流的限制数值。C9 滤波。R14 保证 V33 在 V10 被击穿以前可靠截止。

6）触发脉冲电路由同步信号、移相环节和脉冲形成三部分组成。此电路的同步信号由变压器 TC1 二次侧的 70V 交流电压经整流后，由稳压管 V5 形成梯形波并作为单结晶体管 V34 的电源，因为和主电路是同一个变压器的绕向相同的不同输出绕组（即同名端相同），故两者同步。V35、V36 组成脉冲放大环节，V34 输出的正脉冲经 C10 耦合到 V35 的基极，经两级放大再由脉冲变压器 T1 输出正脉冲到晶闸管的触发极。并联在脉冲变压器 T1 一次侧的二极管 V11 是给 T1 的一次绕组提供放电回路的。当 V36 截止时，T1 的一次绕组产生自感电动势，这个电压对 V36 是有害的。提供放电回路可避免 V36 因过电压而损坏。V12、V13 可保证只有正脉冲输出。电容 C11、C12 是为吸收干扰脉冲而设的，以避免产生晶闸管误触发。

5. 直流电动机常见故障及其处理方法

直流电动机常见故障及其处理方法见表 6-4-1。

表 6-4-1　直流电动机常见故障及其处理方法

故障现象	可能原因	排除方法
不能起动	①电源无电压 ②励磁回路断开 ③电刷回路断开 ④有电源但电动机不能转动	①检查电源及熔断器 ②检查励磁绕组及起动器 ③检查电枢绕组及电刷换向器接触情况 ④负载过重，或电枢被卡死，或起动设备不合要求，应分别进行检查

（续）

故障现象	可能原因	排除方法
转速不正常	①转速过高 ②转速过低	①检查电源电压是否过高，主磁场是否过弱，电动机负载是否过轻 ②检查电枢绕组是否有断路、短路、接地等故障；检查电刷压力及电刷位置；检查电源电压是否过低及负载是否过重；检查励磁绕组回路是否正常
电刷火花过大	①电刷不在中性线上 ②电刷压力不当或与换向器接触不良，或电刷磨损，或电刷牌号不对 ③换向器表面不光滑或云母片凸出 ④电动机过载或电源电压过高 ⑤电枢绕组、磁极绕组或换向极绕组故障 ⑥转子动平衡未校正好	①调整刷杆位置 ②调整电刷压力，或研磨电刷与换向器接触面，或淘换电刷 ③研磨换向器表面，或下刻云母槽 ④降低电动机负载及电源电压 ⑤分别检查原因 ⑥重新校正转子动平衡
过热或冒烟	①电动机长期过载 ②电源电压过高或过低 ③电枢、磁极或换向极绕组故障 ④起动或正反转过于频繁	①更换功率较大的电动机 ②检查电源电压 ③分别检查原因 ④避免不必要的正反转
机座带电	①各绕组绝缘电阻太低 ②出线端与机座相接触 ③各绕组绝缘损坏造成对地短路	①烘干或重新浸漆 ②修复出线端绝缘 ③修复绝缘损坏处

二、准备检修工具、仪表

1）工具：验电笔、电工刀、剥线钳、尖嘴钳、斜口钳、螺丝刀等。

2）仪器仪表：万用表、双踪示波器。

3）设备：转速负反馈晶闸管-直流电动机调速系统的实训、考核装置或类似电力电子实训、考核装置。

4）其他：跨接线若干，穿戴好劳动防护用品。

5）圆珠笔、演草纸等文具。

📝任务实施

1. 组建工作小组

任务实施以小组为单位，根据班级人数将学生分为若干个小组，每组以 2~3 人为宜，每人明确各自的工作任务和要求，小组讨论推荐 1 人为小组长（负责组织小组成员制订本组工作计划、协调小组成员实施工作任务），推荐 1 人负责监护工作，推荐 1 人负责成果汇报工作。

2. 制订工作计划

小组讨论制订合理的工作计划，填写工作计划表，见表 6-4-2。工作计划主要内容包括工作流程、工作内容、检修人员、监护人员、计划工时等。其中，工作流程包括检修步骤、方法等，工作内容包括维修对象、维修内容及要求。工作计划须提交小组长或指导教师审核，同意后方可实施。

表 6-4-2　工作计划表

工作流程	工作内容	检修人员	监护人员	计划工时

3. 观察故障现象，确定故障范围

按正常开机顺序操作设备，仔细观察故障现象，分析电路原理，判断故障可能发生的电路模块或范围。例如：是属于电动机本身故障，还是控制模块故障；是属于主电路故障，还是反馈电路故障等。

4. 实施故障排除

根据故障范围和线路的复杂情况，选择合适的检修方法进行检修，检修时应注意所用仪器、仪表等要符合使用要求。带电操作检修时，必须有指导教师（师傅）监护，以确保人身、设备安全。还要注意检修的顺序。发现某个故障时，必须及时修复故障点，同时防止故障范围扩大或引发新故障。

5. 记录检修过程

将三处故障的检修过程按检修排除故障的顺序填写在表 6-4-3 中。

表 6-4-3　检修过程记录表

第一处故障	故障现象	
	故障范围判断	
	排故过程	
	实际故障点	
第二处故障	故障现象	
	故障范围判断	
	排故过程	
	实际故障点	

（续）

第三处故障	故障现象	
	故障范围判断	
	排故过程	
	实际故障点	

6. 整理清扫

拆除所装电路及元器件，按 3Q7S 要求清扫现场，整理并归还物品。

📋 任务评价

按照表 6-4-4 中的考核内容及评分标准进行自评、互评和师评。

表 6-4-4　考核评价表

序号	考核内容	考核要求	评分标准	配分	自评	互评	师评
1	工作准备	检修工作准备充分	1. 工具、仪表、仪器等准备不足或错误，每项扣 2 分 2. 资料、文具等准备不足或错误，每项扣 2 分	10 分			
2	现象调查	对每个故障现象进行调查研究	排除故障前不进行调查研究，每次扣 5 分	15 分			
3	故障分析	分析故障可能的原因，思路正确	错标或标不出故障最小范围，每个故障扣 5 分	15 分			
4	故障检测与修复	正确排除故障，写出故障点	1. 每少查出一个故障，扣 5 分 2. 每少排除一个故障，扣 10 分 3. 实际排除故障中思路不清楚，排除故障方法不合理，扣 5~10 分 4. 在规定时间内返工一次，扣 10 分	35 分			
5	仪器仪表使用	正确使用仪器仪表，记录考评老师指定的波形或参数	1. 不会正确使用仪器仪表，扣 3~5 分 2. 波形记录不正确，每个扣 10 分 3. 参数测试记录不正确，每个扣 5 分	10 分			
6	排故记录	正确填写记录表	1. 记录表填写错误或未填写，扣 15 分 2. 记录表书写部分错误或不完整，每处扣 2~10 分 3. 故障检修顺序填写错误，每处扣 5 分	15 分			
7	安全文明生产	安全文明生产	1. 穿戴不符合要求或工具仪表不齐，扣 2~5 分 2. 违规操作，每次扣 5~10 分 3. 严重损坏设备及造成事故的，扣单项 30~60 分	倒扣			
		合计		100 分			

否定项说明

若学生发生下列情况之一，则应及时终止其考试，学生该试题成绩记为 0 分：

（1）考试过程中出现严重违规操作导致设备损坏

（2）违反安全文明生产规程造成人身伤害

📝**任务拓展**

在转速负反馈晶闸管-直流电动机调速系统中，其电路原理图如图6-1-1所示，当检测到测速发电机电枢没有电压输出时，会出现什么现象？如何防止出现这种故障？

任务5　步进电动机控制丝杠移动滑台传动系统的检修

📝**任务描述**

在某步进电动机控制丝杠移动滑台传动系统的模拟实训、考核装置上，步进电动机控制丝杠移动滑台示意图如图6-5-1所示，步进电动机通过丝杠带动滑块来模拟工作台的左右移动，编码器检测反馈的闭环系统。电工师傅检查后，发现有三处故障，交给其徒弟去检修，任务要求如下：

1）按程序操作设备，仔细观察故障现象。

2）能正确分析故障范围和检查故障点，并能进行故障排除。

3）能正确选择和使用合适的仪表和工具进行检修。

4）学生进入实训场地要穿戴好劳保用品并进行文明操作。

5）检修工时：60min。

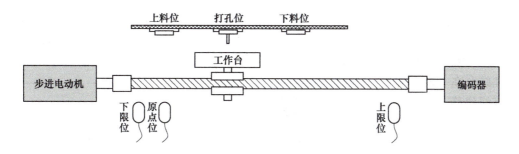

图6-5-1　步进电动机控制丝杠移动滑台示意图

📝**任务分析**

在步进电动机控制丝杠移动滑台传动系统中，有开环控制和闭环控制两种控制方式。步进电动机的开环控制方式在高速转动时，有失步、振动（噪声）以及高速运行困难等问题，为了弥补这些缺点，通过在步进电动机拖动的丝杠上安装编码器等方式，形成闭环控制，用以精准定位和检测并避免失步。因此，在精度和稳定性标准要求比较高的系统中，就必须采用闭环控制系统。步进电动机控制丝杠移动滑台闭环传动系统的检修需要识读其电路组成单元和电气接线图，分析电路的电源供给、信号传递、保护方式等，通过测量、比对等多种手段和方法，查找故障原因，然后排除故障。

任务准备

一、相关知识与技能

1. 步进电动机闭环控制系统的组成

图 6-5-2 是步进电动机闭环控制系统的组成示意图。上位机触摸屏与 PLC 连接，PLC 执行程序后，输出信号给步进驱动器，步进驱动器再输出信号给步进电动机，通过丝杠控制工作台移动，最后编码器是将工作台的运动速度和位置信息反馈给 PLC，形成了一个闭环控制系统。具体控制过程是，通过 PLC 发送相应的脉冲到指定位置以后，与编码器内收到的脉冲数相比较，若两数不相等，则 PLC 进行相应的补偿，最终达到精准定位的目的。

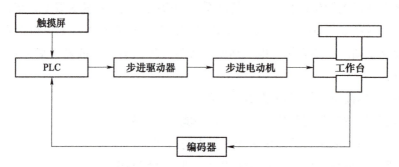

图 6-5-2　步进电动机闭环控制系统的组成示意图

2. 编码器

编码器是将信号或数据进行编制，转换为可用以通信、传输和存储的信号形式的设备，它也是一种将旋转位移转换成一串数字脉冲信号的旋转式传感器，这些脉冲能用来控制角位移。如果将编码器与齿轮条或螺旋丝杠结合在一起，它也可用于测量直线位移。编码器主要是利用电磁感应原理将两个平面绕组之间的相对位移转换成电信号的测量元件，用于速度测量。图 6-5-3 是输出两相脉冲的旋转编码器与 FX 系列 PLC 的连接示意图。编码器有 4 条引线，其中两条是脉冲输出线，1 条是 COM 端线，

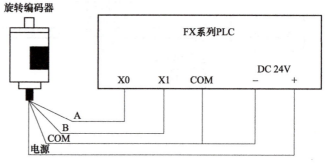

图 6-5-3　输出两相脉冲的旋转编码器与
FX 系列 PLC 的连接示意图

1 条是电源线。编码器的电源可以是外接电源，也可直接使用 PLC 的 DC 24V 电源此时电源的"−"端要与编码器的 COM 端连接，"+"端与编码器的电源端连接。编码器的 COM 端与 PLC 的输入 COM 端连接，A、B 两相脉冲输出线直接与 PLC 的输入端连接（连接时要注意 PLC 输入的响应时间）。有的旋转编码器还有一条屏蔽线，使用时要将屏蔽线接地。

3. 步进电动机故障诊断

（1）状态灯指示　RUN 指示灯为绿灯，表示电动机在正常工作；ERR 指示灯为红灯，表示电动机有故障，如电动机相间短路或处于过电压保护和欠电压保护状态。

（2）故障现象与排除 步进电动机常见故障的原因及解决措施见表 6-5-1。

表 6-5-1 步进电动机常见故障的原因及解决措施

故障	原因	解决措施
LED 不亮	电源接错	检查电源连线
	电源电压低	提高电源电压
电动机不转，且无保持转矩	电动机连线不对	改正电动机连线
	脱机使能 RESET 信号有效	使 RESET 无效
电动机不转，但有保持转矩	无脉冲信号输入	调整脉冲宽度及信号的电平
电动机转动方向错误	动力线相序接错	互换任意两相连线
	方向信号输入不对	改变方向设定
电动机转矩太小	相电流设置过小	正确设置相电流
	加速度太快	减小加速度值
	电动机堵转	排除机械故障
	驱动器与电动机不匹配	换合适的驱动器

4. 步进电动机闭环控制系统故障点示例

系统故障可能发生在硬件部位，也可能发生在软件部位，还可能是参数设置不对或不合理，下面介绍该系统硬件断线故障点可能出现位置示例，如图 6-5-4~图 6-5-6 所示，共设 10 个故障点 S1~S10。

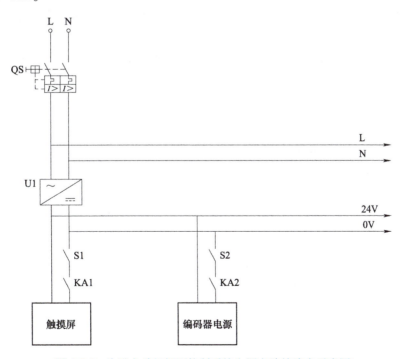

图 6-5-4 步进电动机闭环控制系统电源电路故障点示意图

S1：加设于电源电路之间，串联于 KA1 上桩。

S2：加设于电源电路之间，串联于 KA2 下桩。

S3：加设于 PLC 输入电路之间，串联于 X2 端口上。

S4：加设于 PLC 输入电路之间，串联于 X3 端口上。

S5：加设于 PLC 输入电路之间，串联于 X4 端口上。

S6：加设于 PLC 输出电路之间，串联于 Y5 端口上。

S7：加设于 PLC 输出电路之间，串联于 Y4 端口上。

S8：加设于 PLC 输出电路之间，串联于 Y3 端口上。

S9：加设于步进电动机驱动器 24V 引入线上。

S10：加设于步进电动机驱动器 0V 引入线上。

步进电动机闭环控制系统电源电路故障点示意图如图 6-5-4 所示，通过进线桩引入 L（相线）和 N（中性线）到刀开关 QS，通过短路保护器件，再通过整流器 U1 整流后接入触摸屏 24V 和 0V 端，编码器电源也接入到 24V 和 0V 线。触摸屏和编码器的电源都串联两个中间继电器 KA1 和 KA2。引入故障开关 S1 串联在 KA1 上，引入故障开关 S2 串联在 KA2 上。

PLC 输入输出接口电路故障点示意图如图 6-5-5 所示。在 PLC 输入部分，L（相线）和 N（中性线）接入公共端，0V 和 S/S 相连，24V 分别和 X0（编码器 A）、X1（编码器 B）、X2（左限位）、X3（原点位）、X4（右限位）并联，常开开关 SB1、SB2、SB3 分别串联于 X2、X3、X4，断线故障点 S3、S4、S5 分别串联于 X2、X3、X4。在 PLC 输出部分，COM0~COM5 的每个端口都需先并联起来再接至 0V，Y0 口与驱动器的 PUL（脉冲）口相连，Y1 口与驱动器的 DIR（方向）D 相连，Y2 口与驱动器的 ENA（始能）D 相连，Y3 口需串联中间继电器 KA1 再接至 24V 电源，Y4 口需串联中间继电器 KA2 再接至 24V 电源，Y5 口需串联中间继电器 KA3 再接至 24V 电源，断线故障点 S8、S7、S6 分别串联于输出口 Y3、Y4、Y5 上。

步进电动机驱动器接口电路故障点示意图如图 6-5-6 所示。在驱动器 VCC 端引入 24V 直

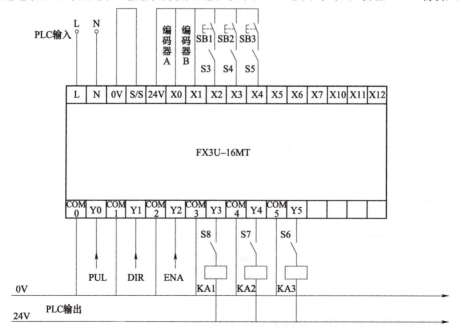

图 6-5-5　PLC 输入输出接口电路故障点示意图

流电，在 GND 端引入 0V，并在 GND 端串联接入 KA3（由 PLC 输出控制），驱动器 A-、A+、B-、B+分别引入步进电动机 M1（蓝、红、黑、绿）接线口，ENA+（使能）、DIR+（方向）、PUL+（脉冲）并联接入 24V，DIR-（方向）、PUL-（脉冲）分别接入三菱 PLC 输出口，S10、S9 为引入的故障点。

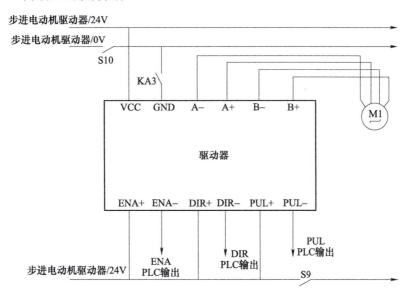

图 6-5-6　步进电动机驱动器接口电路故障点示意图

二、准备检修工具、仪表

1）工具：验电笔、电工刀、剥线钳、尖嘴钳、斜口钳、螺丝刀等。

2）仪器仪表：万用表、双踪示波器。

3）设备：转速负反馈晶闸管-直流电动机调速系统的实训、考核装置或类似电力电子实训、考核装置。

4）其他：跨接线若干，穿戴好劳动防护用品。

5）圆珠笔、演草纸等文具。

任务实施

1. 组建工作小组

任务实施以小组为单位，根据班级人数将学生分为若干个小组，每组以 2~3 人为宜，每人明确各自的工作任务和要求，小组讨论推荐 1 人为小组长（负责组织小组成员制订本组工作计划、协调小组成员实施工作任务），推荐 1 人负责监护工作，推荐 1 人负责成果汇报工作。

2. 制订工作计划

小组讨论制订合理的工作计划，填写工作计划表，见表 6-5-2。工作计划主要内容包括工作流程、工作内容、检修人员、监护人员、计划工时等。其中，工作流程包括检修步骤、方法等，工作内容包括维修对象、维修内容及要求。工作计划须提交小组长或指导教师审核，同意后方可实施。

表 6-5-2　工作计划表

工作流程	工作内容	检修人员	监护人员	计划工时

3. 观察故障现象，确定故障范围

按正常开机顺序操作设备，仔细观察故障现象，分析电路原理，判断故障可能发生的电路模块或范围。例如：是属于电动机本身故障，还是控制模块故障；是属于主电路故障，还是反馈电路故障等。

4. 实施故障排除

根据故障范围和线路的复杂情况，选择合适的检修方法进行检修，检修时应注意所用仪器、仪表等要符合使用要求。带电操作检修时，必须有指导教师（师傅）监护，确保人身、设备安全。还要注意检修的顺序。发现某个故障时，必须及时修复故障点，同时防止故障范围扩大或引发新故障。

5. 记录检修过程

将三处故障的检修过程按检修排除故障的顺序填写在表 6-5-3 中。

表 6-5-3　检修过程记录表

第一处故障	故障现象	
	故障范围判断	
	排故过程	
	实际故障点	
第二处故障	故障现象	
	故障范围判断	
	排故过程	
	实际故障点	

（续）

第三处故障	故障现象	
	故障范围判断	
	排故过程	
	实际故障点	

6. 整理清扫

拆除所装电路及元器件，按 3Q7S 要求清扫现场，整理并归还物品。

任务评价

按照表 6-5-4 中的考核内容及评分标准进行自评、互评和师评。

表 6-5-4 考核评价表

序号	考核内容	考核要求	评分标准	配分	自评	互评	师评
1	工作准备	检修工作准备充分	1. 工具、仪表、仪器等准备不足或错误，每项扣 2 分 2. 资料、文具等准备不足或错误，每项扣 2 分	10 分			
2	现象调查	对每个故障现象进行调查研究	排除故障前不进行调查研究，每次扣 5 分	15 分			
3	故障分析	分析故障可能的原因，思路正确	错标或标不出故障最小范围，每个故障扣 5 分	15 分			
4	故障检测与修复	正确排除故障，写出故障点	1. 每少查出一个故障，扣 5 分 2. 每少排除一个故障，扣 10 分 3. 实际排除故障中思路不清楚，排除故障方法不合理，扣 5~10 分 4. 在规定时间内返工一次，扣 10 分	35 分			
5	仪器仪表使用	正确使用仪器仪表，记录考评老师指定的波形或参数	1. 不会正确使用仪器仪表，扣 3~5 分 2. 波形记录不正确，每个扣 10 分 3. 参数测试记录不正确，每个扣 5 分	10 分			
6	排故记录	正确填写记录表	1. 记录表填写错误或未填写，扣 15 分 2. 记录表书写部分错误或不完整，每处扣 2~10 分 3. 故障检修顺序填写错误，每处扣 5 分	15 分			

（续）

序号	考核内容	考核要求	评分标准	配分	自评	互评	师评
7	安全文明生产	安全文明生产	1. 穿戴不符合要求或工具仪表不齐，扣 2~5 分 2. 违规操作，每次扣 5~10 分 3. 严重损坏设备及造成事故的，扣单项 30~60 分	倒扣			
		合计		100分			

否定项说明

若学生发生下列情况之一，则应及时终止其考试，学生该试题成绩记为 0 分：

（1）考试过程中出现严重违规操作导致设备损坏

（2）违反安全文明生产规程造成人身伤害

📝**任务拓展**

在某步进电动机控制丝杠移动滑台传动系统的模拟实训、考核装置上，发现不能精准定位，分析故障原因，并说明如何防止出现这种故障。

任务 6　伺服电动机控制丝杠移动滑台传动系统的检修

📝**任务描述**

在伺服电动机控制丝杠移动滑台实训、考核装置上，其电路原理图如图 6-6-1 所示。这

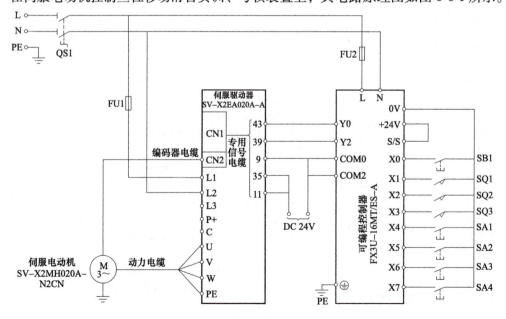

图 6-6-1　伺服电动机控制丝杠移动滑台电路原理图

是由 PLC 控制伺服驱动器实现精准定位滑台移动的控制系统，伺服驱动器和伺服电动机构成闭环控制系统。电工师傅检查后，发现有三处故障，交给其徒弟去检修，任务要求如下：

1）按程序操作设备，仔细观察故障现象。

2）能正确分析故障范围和检查故障点，并能进行故障排除。

3）能正确选择和使用合适的仪表和工具进行检修。

4）学生进入实训场地要穿戴好劳保用品并进行文明操作。

5）检修工时：60min。

任务分析

在伺服电动机控制丝杠移动滑台实训、考核装置上，伺服电动机的控制过程如下：PLC 输出定位脉冲，经由伺服驱动器处理，伺服电动机编码器反馈，最终实现精准定位。PLC 对伺服电动机的控制主要有三种常见的方式，分别是脉冲控制、模拟量控制和通信控制，其中脉冲控制方式较为常见。使用脉冲控制时，PLC 输出连接至伺服驱动器 CN1 端口上，伺服电动机和伺服驱动器之间的动力线和编码器线通过电缆的方式固定连至伺服驱动器相应端口处。伺服电动机控制丝杠移动滑台传动系统的检修任务需要识读其电路组成单元和电气接线图，分析电路的电源供给、信号传递、保护方式等，通过测量、对比等多种手段和方法，查找故障原因，然后排除故障。

任务准备

一、相关知识与技能

1. 伺服系统简介

"伺服（Servo）"一词源于希腊语，意思是"伺候"和"服从"。人们想把"伺服机构"当成一个得心应手的驯服的工具，只服从控制信号的要求而动作：在信号来到之前，转子静止不动；信号来到之后，转子立即转动；当信号消失，转子能即时自行停转。由于它的"伺服"性能，因此而得名伺服系统（servomechanism）。

伺服系统经由闭环控制方式实现对一个机械系统的位置、速度和加速度的控制。伺服系统的构成包括被控对象（如生产机械）、执行器和伺服驱动系统。执行器的功能在于提供被控对象的动力，其构成主要包括伺服电动机和反馈处理器，反馈处理器是指光电编码器、旋转编码器、光栅等位置传感器。伺服驱动系统通常包括伺服控制器和功率放大器，伺服控制器的功能在于提供整个伺服系统的闭环控制，如转矩控制、速度控制、位置控制等。图 6-6-2 为伺服系统的组成框图，其中粗线方框内为伺服驱动器的组成部分，细线圆框内为伺服电动机的组成部分。

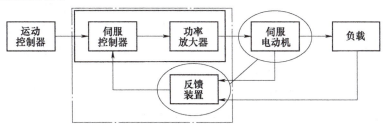

图 6-6-2　伺服系统的组成框图

2. 伺服系统的控制原理

运动伺服一般都是三环控制系统（串级 PID），从内到外依次是电流环、速度环和位置环。电流环反应速度最快，速度环的反应速度必须高于位置环，否则将会造成电动机运转的振动或反应不及时，即电流环增益值高于速度环增益值，速度环增益值高于位置环增益值。伺服驱动器在使用时只需调整位置环、速度环的增益即可。伺服三环控制系统的结构框图如图 6-6-3 所示。

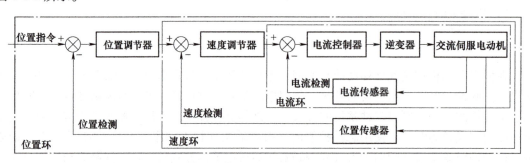

图 6-6-3　伺服三环控制系统的结构框图

第一环为电流环（内环）。此环完全在伺服驱动器内部进行，其 PID 常数已被设定，无须更改。电流环的输入是速度环 PID 调节后的输出，电流环的输出就是电动机的相电流。电流环的功能为对输入值和电流环反馈值的差值进行 PD/PID 调节。电流环的反馈来自驱动器内部每相的霍尔元件。电流闭环控制可以抑制起、制动电流和加速电流的响应过程。

第二环为速度环（中环）。速度环的输入就是位置环 PID 调节后的输出以及位置设定的前馈值。速度环的功能为对输入值和速度环反馈值的差值（即速度差）进行 PI 调节。速度环的反馈由编码器反馈后的值经过"速度运算器"的计算后得到。

第三环为位置环（最外环）。位置环的输入就是外部的脉冲。位置环的功能为对输入值和位置环反馈值的差值（即滞留脉冲）进行 P 调节。位置环的反馈由编码器反馈的脉冲信号经过"偏差计数器"的计算后得到。位置调节器（APR）的输出限幅值是电流的最大值，决定着电动机的最高转速。

位置环、速度环的参数调节没有固定的数值，由其他很多因素决定。多环控制系统调节器的设计方法如下：从内环到外环，逐个设计各环调节器，使每个控制环都是稳定的，从而保证整个控制系统的稳定性；每个环节都有自己的控制对象，分工明确，易于调整。这种设计的缺点是对最外环控制作用的响应不会很快。

3. 按键点动（JOG）时的操作及显示

（1）进入点动（JOG）界面之前　按键点动的操作接口位于 P20.00。先找到按键 P20.00，然后按 SET 键，进入 JOG 界面，显示点动速度设定值（P03.04 的值），各个参数均是出厂时的参数，显示为 ▰▰0200，此时最后一位闪烁，表示可以修改。按 SHIFT 键可以移动闪烁位，按 UP 键和 DOWN 键可分别加减数字。

（2）进入点动（JOG）界面之后　进入 JOG 界面之后，再按一次 SET 键，显示为 ▰▰0200，数字各个位都不再闪烁，表示已不能再修改，此时已启动点动过程。按住 UP 键不放，电动机以第一行显示的速度值正转；按住 DOWN 键不放，电动机以第一行显示的速度值反转；不再按住 UP 键或 DOWN 键时，电动机停止转动，但此时并没有退出点动过程，也就是此时仍处于速度模式的运行状态，只是指令为 0 而已。

按 MODE 键可以退出点动过程。

4. 伺服电动机故障诊断

（1）显示说明　通电之后面板提示 `. . 888`，表示正在初始化，此后将显示 0 级面板的内容。

发生故障时，0 级面板闪烁显示故障或警告代码，例如 `Err.021` 为故障代码，`AL.086` 为警告代码。此时按下 SET 键，代码不再闪烁，再按下 MODE 键可进入 1 级面板。

若无故障，初始化完成且检测各项设定都正常之后，面板显示 `ok rdy`。

0 级面板可监视最多 12 个状态参数，有故障或警告时最多显示 12 个，正常时最多显示 11 个。有故障或警告时，第 1 个是故障或警告代码，第 2 个是运行状态标志，正常时，第 1 个是运行状态标志，其余 10 个可通过 P07_01~P07_10 设置，设置值可以是 P21 组内除 0 之外的任意序号值。若设置为 0，则表示相应的位置没有监视参数，按 SHIFT 键时将直接跳过。若 P07_01 设置为 1，则监控 P21_01（实际运行速度）。这些监视参数可通过 SHIFT 键切换显示。若所监视参数是 32 位的，如 P21_17（反馈脉冲计数器），可通过长按 SHIFT 键翻页显示。

运行时根据控制模式不同，分别有如下显示：`Pc run` 表示位置模式正在运行；`Sc run` 表示速度模式正在运行；`tc run` 表示转矩模式正在运行。

（2）伺服电动机常见故障的报警代码和名称、原因及处理措施（见表 6-6-1）

表 6-6-1　伺服电动机常见故障的报警代码和名称、原因及处理措施

报警代码和名称	原　　因	处理措施
Err.005：产品匹配故障	1. 编码器连接线损坏或连接松动 2. 使用不支持的编码器等 3. 电动机与驱动器型号、功率不匹配 4. 不存在的产品型号编码	1. 检查编码器接线是否良好 2. 更换不匹配的产品 3. 选择正确的编码器类型或更换其他类型的驱动器；例如设置的电动机功率大于驱动器的功率会报出这个故障
Err.006：程序异常	1. 系统参数异常 2. 驱动器内部故障	EEPROM 故障，恢复出厂参数（P20.06 设置为 1），重新通电
Err.008：对地短路检测故障	1. U、V、W 相接线错误 2. 电动机损坏 3. 驱动器故障	1. 检测线缆 U、V、W 相是否与地短路，如果是则更换线缆 2. 检测电动机线电阻以及对地电阻是否正常，如异常更换电动机
Err.015：编码器电池电压过低异常	编码器电池电压低于 P06.48 设定值，并且 P06.47 的十位设置为 1	更换编码器电池
Err.018：控制电欠电压	控制电输入接线不良或输入电源故障	1. 检查输入电源及接线 2. 更换驱动器
Err.027：DI 端子参数设置故障	1. 不同的物理 DI 端子重复分配了同一 DI 功能 2. 物理 DI 端子与通信控制的 DI 功能同时存在分配	1. P04.01~P04.08 中有同一功能配置到多个物理 DI 端子的情况 2. P04.01~P04.08 中分配的功能，与 P09.05~P09.08 中相应的二进制位同时起用，应重新分配 DI 功能

（续）

报警代码和名称	原　　因	处理措施
Err.045：驱动器输出断相	1. 电动机的 U、V、W 相接线不良 2. 电动机损坏，出现断路	1. 检查 U、V、W 相接线 2. 更换伺服电动机
Err.056：主电源断电	停电或主电源线路异常（注：这个故障默认不存储记录，可通过 P07.22 设定是否存储）	检查输入主电源是否有瞬间断电，可提升电源电压、容量
AL.080：欠电压警告	母线电压较低时输出的警告状态	1. 检查输入主电源是否正常 2. 调低欠电压检测点（设置参数 P06.36）
AL.083：参数变更重新通电	变更了需要重新接通电源方可生效的参数	重新通电

5. 伺服电动机控制系统硬件故障点示例

在前面的"4. 伺服电动机故障诊断"中介绍了伺服驱动器的故障原因并提供了相关的解决方法，但伺服驱动器面板显示以软件故障为主，而系统故障可能发生在硬件部位，也可能发生在软件部位，还可能是参数设置不对或不合理，还有部分硬件部位故障并不能完全使驱动器面板显示报警信息，但会影响伺服电动机的运行。图 6-6-4 为伺服电动机控制系统硬件故障点示意图。下面介绍该系统硬件断线故障点可能出现的位置示例，共设置 5 个故障点 S1~S5。

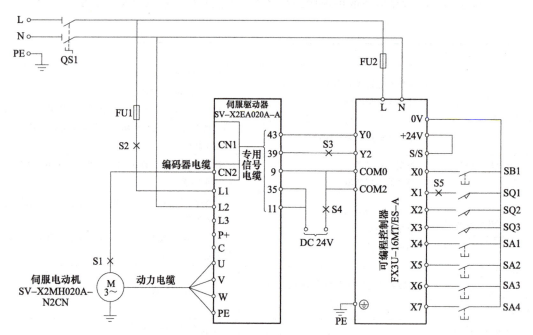

图 6-6-4　伺服电动机控制系统硬件故障点示意图

S1：加设在伺服电动机编码器线缆接口处。定位螺钉未拧紧，导致伺服电动机不工作，伺服驱动器面板显示报警代码。

S2：加设在 FU1 下桩和伺服驱动器 L1 处。使用故障开关控制断路，导致伺服电动机不工作，伺服驱动器面板不亮。

S3：加设在伺服驱动器 CN1 39#与 PLC 的 Y2 连线处。使用故障开关控制断路，导致伺服电动机只能正方向运转，不能反方向运转。

S4：加设在 PLC 输出接口公共端 COM 接口处。使用故障开关控制断路，导致伺服电动机不工作。

S5：加设在 PLC 输入 X1 与限位开关 SQ1 处。使用故障开关控制断路，导致 SQ1 限位功能失效。

二、准备检修工具、仪表

1）工具：验电笔、电工刀、剥线钳、尖嘴钳、斜口钳、螺丝刀等。

2）仪器仪表：万用表、双踪示波器。

3）设备：伺服电动机控制丝杠移动滑台传动系统的实训、考核装置或类似电力电子实训、考核装置。

4）其他：跨接线若干，穿戴好劳动防护用品。

5）圆珠笔、演草纸等文具。

📝任务实施

1. 组建工作小组

任务实施以小组为单位，根据班级人数将学生分为若干个小组，每组以 2~3 人为宜，每人明确各自的工作任务和要求，小组讨论推荐 1 人为小组长（负责组织小组成员制订本组工作计划、协调小组成员实施工作任务），推荐 1 人负责监护工作，推荐 1 人负责成果汇报工作。

2. 制订工作计划

小组讨论制订合理的工作计划，填写工作计划表，见表 6-6-2。工作计划主要内容包括工作流程、工作内容、检修人员、监护人员、计划工时等。其中，工作流程包括检修步骤、方法等，工作内容包括维修对象、维修内容及要求。工作计划须提交小组长或指导教师审核，同意后方可实施。

表 6-6-2　工作计划表

工作流程	工作内容	检修人员	监护人员	计划工时

3. 观察故障现象，确定故障范围

按正常开机顺序操作设备，仔细观察故障现象，分析电路原理，判断故障可能发生的电

路模块或范围。例如：是属于电动机本身故障，还是控制模块故障；是属于主电路故障，还是反馈电路故障等。

4. 实施故障排除

根据故障范围和线路的复杂情况，选择合适的检修方法进行检修，检修时应注意所用仪器、仪表等要符合使用要求。带电操作检修时，必须有指导教师（师傅）监护，确保人身、设备安全。还要注意检修的顺序。发现某个故障时，必须及时修复故障点，同时防止故障范围扩大或引发新故障。

5. 记录检修过程

将三处故障的检修过程按检修排除故障的顺序填写在表 6-6-3 中。

表 6-6-3　检修过程记录表

第一处故障	故障现象	
	故障范围判断	
	排故过程	
	实际故障点	
第二处故障	故障现象	
	故障范围判断	
	排故过程	
	实际故障点	
第三处故障	故障现象	
	故障范围判断	
	排故过程	
	实际故障点	

6. 整理清扫

拆除所装电路及元器件，按 3Q7S 要求清扫现场，整理并归还物品。

任务评价

按照表 6-6-4 中的考核内容及评分标准进行自评、互评和师评。

表 6-6-4　考核评价表

序号	考核内容	考核要求	评分标准	配分	自评	互评	师评
1	工作准备	检修工作准备充分	1. 工具、仪表、仪器等准备不足或错误，每项扣 2 分 2. 资料、文具等准备不足或错误，每项扣 2 分	10 分			
2	现象调查	对每个故障现象进行调查研究	排除故障前不进行调查研究，每次扣 5 分	15 分			
3	故障分析	分析故障可能的原因，思路正确	错标或标不出故障最小范围，每个故障扣 5 分	15 分			
4	故障检测与修复	正确排除故障，写出故障点	1. 每少查出一个故障，扣 5 分 2. 每少排除一个故障，扣 10 分 3. 实际排除故障中思路不清楚，排除故障方法不合理，扣 5~10 分 4. 在规定时间内返工一次，扣 10 分	35 分			
5	仪器仪表使用	正确使用仪器仪表，记录考评老师指定的波形或参数	1. 不会正确使用仪器仪表，扣 3~5 分 2. 波形记录不正确，每个扣 10 分 3. 参数测试记录不正确，每个扣 5 分	10 分			
6	排故记录	正确填写记录表	1. 记录表填写错误或未填写，扣 15 分 2. 记录表书写部分错误或不完整，每处扣 2~10 分 3. 故障检修顺序填写错误，每处扣 5 分	15 分			
7	安全文明生产	安全文明生产	1. 穿戴不符合要求或工具仪表不齐，扣 2~5 分 2. 违规操作，每次扣 5~10 分 3. 严重损坏设备及造成事故的，扣单项 30~60 分	倒扣			
合计				100 分			

否定项说明

若学生发生下列情况之一，则应及时终止其考试，学生该试题成绩记为 0 分：

（1）考试过程中出现严重违规操作导致设备损坏

（2）违反安全文明生产规程造成人身伤害

📝 任务拓展

在伺服电动机控制丝杠移动滑台实训系统中，其电路原理图如图 6-6-1 所示。伺服电动机的故障现象是控制左右滑台移动指令发出后不动作，但是使用万用表检测伺服驱动器 CN1 处，方向口有明显的电平变化，这会是什么原因造成的？如何检修？如何防止再出现这种故障？

电工高级工认定考核方式解读

职业技能认定是依据人力资源和社会保障部制定的《国家职业技能标准》（以下简称《标准》）要求，结合当前社会生产和技术发展水平对从业人员的各方面要求而组织实施的职业能力评价，体现"以职业活动为导向，以职业技能为核心"的指导思想。认定考核要点是考核题库抽题组卷的基本范围，它紧扣《标准》的相关要求，反映了当前本职业（工种）对从业人员知识和技能要求的主要内容。

认定考核要点采用考核要素细目表的格式编制，以考核范围和考核点的形式加以组织，列出了本等级下应考核的内容。在考核要素细目表中，每个考核点都有其重要程度指标，即表内考核点后标以"X""Y""Z"，反映了不同考核点在本职业（工种）中对从业人员的重要性水平。当然，重要的内容被选取为考核试题的可能性也就较大。"X"表示"核心要素"，是考核中最重要、出现频率最高的内容，要求掌握；"Y"表示"一般要素"，是考核中出现频率一般的内容，要求熟悉；"Z"表示"辅助要素"，在考核中出现的概率较小，了解即可。在考核要素细目表中，每个考核范围都有其比重指标，它表示在一份试卷中该考核范围所占的分数比例。

考核从形式上分为理论知识考核和操作技能考核，理论知识考核采用闭卷作答（机考）方式，操作技能考核主要采用现场实际操作（部分含笔试）方式。理论知识考核和操作技能考核均实行百分制，两门成绩都达到60分以上者为合格。

任务1 理论知识考核方式解读

一、理论知识考核要素

根据2018年版《国家职业技能标准 电工》理论知识权重表，理论知识分为"基本要求"和"相关知识"两部分。电工高级工的"基本要求"包含职业道德和基础知识，分别占5%和10%，其中基础知识主要侧重电工基本理论和基本操作知识；"相关知识"依据电工高级工的职业功能，具体分为继电控制电路装调维修、电气设备（装置）装调维修、自动控制电路装调维修、应用电子电路调试维修、交直流传动系统装调维修5大模块，每个模块又分为若干个工作内容，每个工作内容对应相关专业知识。"相关知识"服务于操作技能的实践知识，"相关知识"占比85%。为了便于学生系统掌握理论知识和有针对性地学习理论知识，下面整理出电工高级工理论知识考核要素细目表，见表7-1-1。

表 7-1-1　电工高级工理论知识考核要素细目表

考核项目		代码	考核范围	考核比重	代码	考核点	重要程度
基本要求	职业道德	01A	职业道德	5%	001	职业道德的内涵	X
					002	职业道德的基本知识	X
					003	职业道德的基本准则	X
					004	职业道德的具体要求	X
					005	企业职业遵纪守法的要求	Y
	基础知识	02A	电工基础知识	2%	001	直流电路基本知识	X
					002	电磁基本知识	X
					003	交流电路基本知识	X
					004	电工识图基本知识	X
					005	电力变压器的识别与分类	Y
		02B	电子技术基础知识	2%	001	二极管的基本知识	X
					002	晶体管的基本知识	X
					003	整流电路基本应用	X
					004	滤波电路基本应用	X
					005	稳压电路基本应用	X
		02C	常用电工工具、量具、仪器、仪表使用知识	2%	001	常用电工工具及其使用	X
					002	常用电工量具及其使用	X
					003	电工测量基础知识	X
					004	常用电工仪表及其使用	X
					005	常用电工仪器及其使用	X
		02D	常用电工材料选型知识	2%	001	常用导电材料的分类及其应用	X
					002	常用绝缘材料的分类及其应用	X
					003	常用磁性材料的分类及其应用	Y
		02E	安全知识	2%	001	电工安全基本知识	X
					002	电工安全用具	X
					003	触电急救知识	X
					004	电气消防、接地、防雷等基本知识	X
					005	接地的一般要求	X
					006	接零、接地的作用	X
					007	接零的一般要求	X
					008	接地、接零装置	X
相关知识	继电控制电路装调维修	03A	继电器、接触器控制电路	4%	001	低压开关的选用、故障处理	X
					002	低压断路器的选用、故障处理	X
					003	接触器的选用、故障处理	X
					004	按钮的选用、故障处理	X

（续）

考核项目		代码	考核范围	考核比重	代码	考核点	重要程度
相关知识	继电控制电路装调维修	03A	继电器、接触器控制电路	4%	005	时间继电器的选用、故障处理	X
					006	热继电器的选用、故障处理	X
					007	速度继电器的选用、故障处理	Y
					008	电气控制电路设计方案	X
					009	电动机的保护形式	X
					010	电气控制接线图测绘步骤、方法	X
		03B	机床电气控制电路	3%	001	T68 型镗床电路组成、控制原理	X
					002	X62W 型铣床电路组成、控制原理	X
					003	20/5t 桥式起重机电路组成、控制原理	Y
					004	龙门刨床电路组成、控制原理	Z
		03C	临时供电、用电设备设施	3%	001	临时用电负荷含义及计算	X
					002	临时供电、用电设备型号、技术指标	X
					003	接地装置施工、验收规范	X
					004	施工现场临时用电安全技术规范	X
	电气设备（装置）装调维修	04A	常用电力电子装置	20%	001	变频器常用的电力电子器件	X
					002	变频器的特点与分类	X
					003	交-直-交变频器的工作原理	Y
					004	变频器的外部连接端子	X
					005	变频器的基本控制	X
					006	变频器面板控制器	X
					007	变频器的安装调试	X
					008	变频电路与直流斩波电路	X
					009	变频器故障类型	X
					010	不间断电源工作原理、使用方法	Z
		04B	非工频设备	3%	001	趋肤效应、涡流等电磁原理	Y
					002	中高频淬火设备工作原理	X
					003	中高频淬火设备调试方法	X
					004	中高频淬火设备操作规程	X
		04C	调功器	2%	001	调功器工作原理	X
					002	过零触发控制电路工作原理	Y
	自动控制电路装调维修	05A	可编程控制系统	4%	001	编程的基本规则、指令及方法	Y
					002	可编程控制器步进顺控指令	X
					003	状态流程图及其编程方法	X
					004	可编程控制器的调试	X
					005	外设故障类型、排除方法	X

（续）

考核项目	代码	考核范围	考核比重	代码	考核点	重要程度
自动控制电路装调维修	05B	单片机控制电路	4%	001	单片机结构	X
				002	单片机引脚功能	X
				003	单片机编程软件基本功能	X
				004	单片机基本指令使用方法	X
				005	单片机常见故障及排除方法	X
	05C	消防电气系统	1%	001	消防电气设备特点、种类及选用	X
				002	消防电气系统安装、运行规范	Y
				003	消防系统人机界面	Z
	05D	冷水机组电控设备	1%	001	温度传感器的选用	X
				002	流量传感器的选用	Y
				003	冷水机组操作规范	Z
相关知识 应用电子电路调试维修	06A	电子电路	10%	001	集成运算放大器的特点	X
				002	反相比例运算放大电路	X
				003	同相比例运算放大电路	X
				004	加法器、减法器电路	X
				005	开关稳压电源的工作原理	X
				006	基本门电路	X
				007	逻辑代数的基本定律与公式	X
				008	逻辑函数的表达化简	X
				009	逻辑函数卡诺图化简法	Y
				010	集成逻辑门电路和组合电路	X
				011	组合逻辑电路的分析和设计	X
				012	编码器、译码器、半加器、全加器等	X
				013	触发器与时序逻辑电路	X
				014	电平触发与边沿触发	X
				015	同步 RS 触发器、D 触发器、JK 触发器与 T 触发器	X
				016	寄存器、数据寄存器、移位寄存器	X
				017	555 定时器工作原理及应用	X
				018	电子电路的测绘方法	X
	06B	电力电子电路	5%	001	电力电子器件	X
				002	晶闸管的保护	X
				003	晶闸管触发电路	X
				004	触发脉冲与主电路电压的同步	X
				005	晶闸管有源逆变电路	X

（续）

考核项目		代码	考核范围	考核比重	代码	考核点	重要程度
	应用电子电路调试维修	06B	电力电子电路	5%	006	三相半波可控整流电路	X
					007	三相半波可控整流电路的自然换相点、导通角及移相范围	Y
					008	三相全控桥式整流电路的工作原理	X
					009	三相半控桥式整流电路的工作原理	X
					010	可控整流电路计算	X
					011	相控整流电路调试方法	X
					012	相控整流电路波形分析	X
相关知识	交直流传动系统装调维修	07A	直流传动系统	8%	001	开环控制系统的概念和组成	X
					002	闭环控制系统的概念和组成	X
					003	闭环控制系统的结构原理	X
					004	晶闸管直流调速系统	X
					005	单闭环直流调速系统	X
					006	转速负反馈直流调速系统	X
					007	带电流截止负反馈的转速负反馈直流调速系统	X
					008	电压负反馈及电流正反馈直流调速系统	X
					009	转速、电流双闭环直流调速系统	X
		07B	交流传动系统	8%	001	交流异步电动机传动系统组成	X
					002	步进电动机传动系统原理接线	X
					003	步进电动机传动系统维修	X
					004	伺服电动机传动系统原理接线	X
					005	伺服电动机传动系统维修	X
		07C	液动气动传动系统	9%	001	液动气动控制元件	X
					002	液动气动执行元件	X
					003	液压传动电路原理组成	X
					004	气压传动电路原理组成	X
					005	液压气压传动电路维修	X

二、理论知识考核组卷

理论知识考核满分为 100 分，时间为 120min。目前理论知识考核采用标准化考试，题型、题量和配分情况见表 7-1-2。考核采取计算机自动组卷，在计算机上完成作答。

表 7-1-2　标准化理论知识试卷结构表

题型	题量	配分	分数
单项选择题	140 题	0.5 分/题	70 分
判断题	20 题	0.5 分/题	10 分
多选题	20 题	1 分/题	20 分
合计	180 题		100 分

任务 2　操作技能考核方式解读

一、操作技能考核要素

根据 2018 年版《国家职业技能标准　电工》技能要求权重表，结合新技术应用和先进制造业产业特点，电工高级工技能要求分为继电控制电路装调维修、电气设备（装置）装调维修、自动控制电路装调维修（分可编程控制系统分析、编程与调试维修，单片机控制电路装调，考核时二选一）、应用电子电路调试维修、交直流传动系统装调维修 5 大模块。为达到此标准要求，操作技能考核以模块化方式考核，紧贴标准，每个模块又分 6 个典型工作任务，适合于系统化、规范化的培训和学习。表 7-2-1 列出了电工高级工操作技能考核要素细目表。

表 7-2-1　电工高级工操作技能考核要素细目表

考核项目	考核比重	考核内容	代码	考核点	考核时间	重要程度
继电控制电路装调维修	15%	继电控制电路分析测绘	A01	T68 型镗床电气控制电路的测绘	60min	X
			A02	X62W 型铣床电气控制电路的测绘		X
			A03	20/5t 桥式起重机电气控制电路的测绘		Y
		继电控制电路调试维修	A04	T68 型镗床电气控制电路的维修		X
			A05	X62W 型铣床电气控制电路的维修		X
			A06	20/5t 桥式起重机电气控制电路的维修		Y
电气设备（装置）装调维修	20%	变频器的装调	B01	变频器单向点动运行电路的装调	60min	X
			B02	变频器双向连续运行电路的装调		X
			B03	变频器多段速单向运行电路的装调		X
			B04	变频器模拟量开环控制系统的装调		X
			B05	变频器 PID 控制电路的装调		X
		变频器故障维修	B06	变频器系统维护及常见故障排除		Y
自动控制电路装调维修（C 和 D 二选一）	30%	可编程控制系统分析、编程与调试维修	C01	C650 型卧式车床控制电路的 PLC 改造	120min	X
			C02	Z3040 型摇臂钻床控制电路的 PLC 改造		X
			C03	自动供水工作站的 PLC 设计与装调		X
			C04	半成品出入库工作站的 PLC 设计与装调		X
			C05	物料中转检测工作站的 PLC 设计与装调		X
			C06	生产线物料搬运工作站的 PLC 设计与装调		Y

（续）

考核项目	考核比重	考核内容	代码	考核点	考核时间	重要程度
自动控制电路装调维修（C 和 D 二选一）	30%	单片机控制电路装调	D01	LED 循环点亮的单片机设计与装调	60min	X
			D02	数码管显示字符 0~9 的单片机设计与装调		X
			D03	简易电子计分器的单片机设计与装调		X
			D04	叮咚门铃的单片机设计与装调		X
			D05	简易数字秒表的单片机设计与装调		X
			D06	汽车信号灯的单片机设计与装调		Y
应用电子电路调试维修	15%	电子电路分析测绘	E01	人员接近探测器电路的测绘	60min	X
			E02	单相桥式整流阻性负载电路的测绘		X
			E03	小型开关稳压电源电路的测绘		X
		电子电路调试维修	E04	数字抢答器电路的装调		X
			E05	单相全控桥式整流阻性负载电路的装调		X
			E06	幸运转盘电路的装调		Y
交直流传动系统装调维修	20%	交直流传动系统装调	F01	转速负反馈晶闸管－直流电动机调速系统的装调	60min	X
			F02	步进电动机控制丝杠移动滑台传动系统的装调		X
			F03	伺服电动机控制丝杆移动滑台传动系统的装调		X
		交直流传动系统维修	F04	转速负反馈晶闸管－直流电动机调速系统的维修		X
			F05	步进电动机控制丝杠移动滑台传动系统的维修		Y
			F06	伺服电动机控制丝杠移动滑台传动系统的维修		Y

二、操作技能考核组卷

电工高级工操作技能考核内容结构表见表 7-2-2，表中列出了考核要求模块内容、考核方式、考核比重、考核时间等。与 2018 年版《国家职业技能标准 电工》技能要求权重表相比较，电气设备（装置）装调维修模块考核比重改为 20%，自动控制电路装调维修模块考核比重改为 30%，目的在于顺应现代电气控制技术发展趋势，突出电气自动化技术的应用水平和能力，在实际考核中可以将这两个模块综合为一个模块进行考核。操作技能考核时间可根据考核设备灵活调整，总考核时间约为 300min。全日制职业院校、技工院校建议将一次性操作技能考核改为过程化考核，纳入课程教学计划，分学期、分模块考核，有利于提高教学质量。

表 7-2-2　电工高级工操作技能考核内容结构表

考核要求模块内容	继电控制电路装调维修	电气设备（装置）装调维修	自动控制电路装调维修		应用电子电路调试维修	交直流传动系统装调维修	合计
			PLC 技术应用	单片机技术应用			
选考方式	必考	必考	任选一		必考	必考	5 项
考核比重（%）	15	20	30		15	20	100
考核时间/min	40~60	40~60	90~120	60~90	90~120	40~60	约 300

（续）

考核形式	操作+笔试（口试）	操作+笔试	操作+笔试	操作+笔试	操作+笔试	
有无否定项	有	无	无	无	无	
考核项目组合	选一	选一	选一	选一	选一	

电工高级工自主认定理论知识考核试卷及参考答案

一、单项选择题（每题 0.5 分，共 140 题）

1. 在企业经营活动中，下列选项中的（　　）不是职业道德功能的表现。
   A. 激励作用　　　　B. 决策能力　　　　C. 规范行为　　　　D. 遵纪守法

2. 下列选项中属于职业道德作用的是（　　）。
   A. 增强企业的凝聚力　　　　　　　B. 增强企业的离心力
   C. 决定企业的经济效益　　　　　　D. 增强企业员工的独立性

3. 职业纪律是从事这一职业的员工应该共同遵守的行为准则，它包括的内容有（　　）。
   A. 交往规则　　　　B. 操作程序　　　　C. 群众观念　　　　D. 外事纪律

4. 市场经济条件下，职业道德最终将对企业起到（　　）的作用。
   A. 决策科学化　　　B. 提高竞争力　　　C. 决定经济效益　　　D. 决定前途与命运

5. 在日常工作中，对待不同对象，态度应真诚热情、（　　）。
   A. 尊卑有别　　　　B. 女士优先　　　　C. 一视同仁　　　　D. 外宾优先

6. 正确阐述职业道德与人生事业的关系的选项是（　　）。
   A. 没有职业道德的人，任何时刻都不会获得成功
   B. 具有较高的职业道德的人，任何时刻都会获得成功
   C. 事业成功的人往往并不需要较高的职业道德
   D. 职业道德是获得人生事业成功的重要条件

7. 跨步电压触电，触电者的症状是（　　）。
   A. 脚发麻　　　　　　　　　　　　B. 脚发麻、抽筋并伴有跌倒在地
   C. 腿发麻　　　　　　　　　　　　D. 以上都是

8. 电器通电后发现冒烟、有烧焦气味或着火时，应立即（　　）。
   A. 逃离现场　　　B. 泡沫灭火器灭火　　C. 用水灭火　　　D. 切断电源

9. 如果人体直接接触带电设备及线路的一根相线时，电流通过人体而发生的触电现象称为（　　）。
   A. 单相触电　　　B. 两相触电　　　C. 接触电压触电　　　D. 跨步电压触电

10. 将一根导线均匀拉长为原长度的 3 倍，则阻值为原来的（　　）倍。
    A. 3　　　　　　　B. 1/3　　　　　　C. 9　　　　　　　D. 1/9

11. 电位是（　　），随参考点的改变而改变，而电压是绝对量，不随参考点的改变而改变。
    A. 常量　　　　　B. 变量　　　　　　C. 绝对量　　　　D. 相对量

12. 万用表使用完毕后最好将转换开关置于（　　）。

A. 随机位置　　　　　B. 最高电流挡　　　　C. 最高直流电压挡　　D. 最高交流电压挡

13. T68 型镗床的主轴电动机由（　　　）实现过载保护。

　　A. 熔断器　　　　　　B. 过电流继电器　　　C. 速度继电器　　　　D. 热继电器

14. X62W 型铣床主轴电动机的正反转互锁由（　　　）实现。

　　A. 接触器常闭触点　　　　　　　　　B. 组合开关不同触点组合

　　C. 位置开关常闭触点　　　　　　　　D. 接触器常开触点

15. X62W 型铣床工作台前后进给工作正常，左右不能进给的原因可能是（　　　）。

　　A. 进给电动机 M2 电源断相　　　　　B. 进给电动机 M2 过载

　　C. 进给电动机 M2 损坏　　　　　　　D. 冲动开关 SQ6 损坏

16. T68 型镗床电气控制主电路由电源开关 QS、（　　　）接触器 KM1 ~ KM7、热继电器 FR、电动机 M1 和 M2 等组成。

　　A. 速度继电器 KS　　　　　　　　　B. 熔断器 FU1 和 FU2

　　C. 行程开关 SQ1 ~ SQ8　　　　　　　D. 时间继电器 KT

17. T68 型镗床的（　　　）采用了 △-丫丫 变极调速方法。

　　A. 风扇电动机　　　B. 冷却泵电动机　　　C. 主轴电动机　　　　D. 进给电动机

18. 测绘 X62W 型铣床电器位置图时要画出（　　　）、电动机、按钮、行程开关、电气柜等在机床中的具体位置。

　　A. 接触器　　　　　B. 熔断器　　　　　　C. 热继电器　　　　　D. 电源开关

19. 分析 X62W 型铣床主电路工作原理图时，首先要看懂主轴电动机 M1 的正反转电路、制动及冲动电路，然后再看进给电动机 M2 的正反转电路，最后看冷却泵电动机 M3 的（　　　）。

　　A. 起停控制电路　　　B. 正反转电路　　　C. 能耗制动电路　　　D. 丫-△ 起动电路

20. X62W 型铣床的主电路由（　　　）、熔断器 FU1、接触器 KM1 ~ KM6、热继电器 FR1 ~ FR3、电动机 M1 ~ M3、快速移动电磁铁 YA 等组成。

　　A. 位置开关 SQ1 ~ SQ7　　　　　　　B. 按钮 SB1 ~ SB6

　　C. 速度继电器 KS　　　　　　　　　D. 电源总开关 QS

21. T68 型镗床的（　　　）采用了反接制动的停机方法。

　　A. 主轴电动机 M1　　B. 进给电动机 M2　　C. 冷却泵电动机 M3　D. 风扇电动机 M4

22. 振荡电路在单片机中的作用是（　　　）。

　　A. 为单片机提供所需要的时钟脉冲信号，使内部电路和程序工作起来

　　B. 活跃电路的各部分零件

　　C. 振荡电路只是单片机里可有可无的部分

　　D. 使单片机内部各部分更好地连接

23. 用共阴型 LED 数码管显示数字 0 时，在单片机程序中应该是（　　　）。

　　A. 0×3F　　　　　　B. 0×06　　　　　　C. 0×5B　　　　　　D. 0×5F

24. 下列描述中正确的是（　　　）。

　　A. 程序就是软件　　　　　　　　　　B. 软件开发不受计算机系统的限制

　　C. 软件既是逻辑实体，又是物理实体　　D. 软件是程序、数据与相关文档的集合

25. 在扫描键盘时，一般取低 4 位为扫描码，一共要进行（　　　）扫描。

　　A. 1 次　　　　　　　　B. 2 次　　　　　　　C. 3 次　　　　　　　D. 4 次

26. 程序计数器 PC 用来（　　　）。

　　A. 存放指令　　　　　　　　　　　　B. 存放正在执行的指令地址

　　C. 存放下一条的指令地址　　　　　　D. 存放上一条的指令地址

27. 在单相全控桥式整流电路中，当控制角 α 增大时，平均输出电压 U_d（　　　）。

　　A. 增大　　　　　　　B. 下降　　　　　　　C. 不变　　　　　　　D. 无明显变化

28. 在可控整流电路中，感性负载并联一个二极管，其作用是（　　　）。

　　A. 防止负载开路　　　　　　　　　　B. 防止负载过电流

　　C. 保证负载正常工作　　　　　　　　D. 保证晶闸管的正常工作

29. 在三相半波可控整流电路中，当负载为感性负载时，负载电感量越大，则（　　　）。

　　A. 输出电压越高　　　B. 输出电压越低　　　C. 导通角越小　　　D. 导通角越大

30. 在三相半波可控整流电路中，每只晶闸管的最大导通角为（　　　）。

　　A. 30°　　　　　　　　B. 60°　　　　　　　C. 90°　　　　　　　D. 120°

31. 工厂供电就是指工厂所需电能的（　　　）。

　　A. 生产和供应　　　B. 生产和分配　　　C. 供应和分配　　　D. 生产和消费

32. 电力变压器一次绕组供电线路不长时的额定电压（　　　）。

　　A. 高于同级电网额定电压 5%　　　　B. 等于同级电网额定电压

　　C. 低于同级电网额定电压 5%　　　　D. 高于同级电网额定电压 10%

33. 低压配电系统按接地形式，分为（　　　）。

　　A. TN-C、TT、IT　　　　　　　　　B. TN-S、TN-C、TN-C-S

　　C. TN、TT、IT　　　　　　　　　　D. TN-S、TN-C、IT

34. 对工厂供电来说，提高电能质量主要是提高（　　　）质量的问题。

　　A. 电流　　　　　　　B. 电压　　　　　　　C. 频率　　　　　　　D. 波形

35. 对电力负荷分级的描述如下：①中断供电将造成人身伤亡者或者中断供电将在政治、经济上造成重大损失者属一级负荷；②国民经济中重点企业的连续生产过程被打乱需要长时间才能恢复者属于一级负荷；③中断供电将在政治、经济上造成较大损失者属于二级负荷；④重点企业大量减产属于二级负荷；⑤一般不重要的负荷属于三级负荷。其中正确的说法是（　　　）。

　　A. ①②③　　　　　　B. ②③⑤　　　　　　C. ②③④⑤　　　　　D. ①②③④⑤

36. 在单闭环转速负反馈直流调速系统中，为了解决在"起动"和"堵转"时电流过大的问题，在系统中引入了（　　　）。

　　A. 电压负反馈　　　B. 电流正反馈　　　C. 电流补偿　　　　D. 电流截止负反馈

37. 当 74LS94 的控制信号为 00 时，该集成移位寄存器处于（　　　）状态。

　　A. 左移　　　　　　　B. 右移　　　　　　　C. 保持　　　　　　　D. 并行置数

38. 当 74LS94 的 Q3 经非门的输出与 Sr 相连时，电路实现的功能为（　　　）。

　　A. 左移环形计数器　　　　　　　　　B. 右移扭环形计数器

　　C. 保持　　　　　　　　　　　　　　D. 并行置数

39. 在晶闸管调速系统中，反馈检测元件的精准度对自动控制系统的精度（　　　）。

    A. 有影响，但被闭环系统完全补偿了　　B. 有影响，但无法补偿

    C. 有影响，但被闭环系统部分补偿了　　D. 无影响

40. 在调速系统中，当电流截止负反馈参与系统调节时，说明调速系统主电路电流（　　　）。

    A. 过大　　　　　　B. 过小　　　　　　C. 正常　　　　　　D. 发生了变化

41. 以下例子中，属于闭环控制系统的是（　　　）。

    A. 洗衣机　　　　　B. 空调　　　　　　C. 调级电风扇　　　D. 卧式车床

42. 无静差调速系统的调节原理是（　　　）。

    A. 依靠调节器的积分作用消除偏差　　　B. 依靠偏差对时间的积累

    C. 依靠偏差对时间的记忆　　　　　　　D. 用偏差进行调节

43. 在转速无静差闭环调速系统中，转速调节器一般采用（　　　）调节器。

    A. 比例　　　　　　B. 积分　　　　　　C. 比例积分　　　D. 比例微分

44. 在转速负反馈直流调速系统中，闭环系统的转速降减为开环系统转速降的（　　　）。

    A. $1+K$　　　　　B. $1+2K$　　　　　C. $1/(1+2K)$　　　D. $1/(1+K)$

45. 一般情况下，电压负反馈直流调速系统的调速范围 D 应为（　　　）。

    A. $D<10$　　　　B. $D>10$　　　　C. $10<D<20$　　　D. $20<D<30$

46. 利用继电保护电路限定系统断电的正确顺序是（　　　）。

    A. 先给主电路断电，再给控制电路断电

    B. 先给控制电路断电，再给主电路断电

    C. 同时给控制电路和主电路通电

    D. 先给控制电路通电，再给主电路通电

47. 直流电动机的转速 n 与电枢电压 U（　　　）。

    A. 成正比　　　　　B. 成反比　　　　　C. 的二次方成正比　　D. 的二次方成反比

48. 在有过载保护的接触器自锁控制电路中，实现短路保护的电器是（　　　）。

    A. 电源开关　　　　B. 热继电器　　　　C. 接触器　　　　D. 熔断器

49. 电流截止负反馈的截止方法不仅可以用电压比较方法，而且也可以在反馈回路中串联（　　　）来实现。

    A. 单结晶体管　　　B. 稳压管　　　　　C. 晶体管　　　　D. 晶闸管

50. 在晶闸管整流电路中，当晶闸管的控制角减小时，其输出电压平均值（　　　）。

    A. 减小　　　　　　B. 增大　　　　　　C. 不变　　　　　D. 不确定

51. 微机的核心是（　　　）。

    A. 存储器　　　　　B. 总线　　　　　　C. CPU　　　　　D. I/O 接口

52. PLC 的工作方式是（　　　）。

    A. 等待工作方式　　　　　　　　　　　B. 中断工作方式

    C. 扫描工作方式　　　　　　　　　　　D. 循环扫描工作方式

53. 在输出扫描阶段，将（　　　）寄存器中的内容复制到输出接线端子上。

    A. 输入映象　　　　B. 输出映象　　　　C. 变量存储器　　　D. 内部存储器

54. PLC 一般采用（　　）与现场输入信号相连。

　　A. 光电耦合电路　　　B. 晶闸管电路　　　　C. 晶体管电路　　　　D. 继电器

55. 以下 FX2N 可编程控制器控制电动机星-三角起动时，（　　）是三角形起动输出继电器。

　　A. Y0 和 Y1　　　　　　B. Y0 和 Y2　　　　　C. Y1 和 Y2　　　　　D. Y2

56. PLC 的输出方式为继电器型时，它适用于（　　）负载。

　　A. 感性　　　　　　　　B. 交流　　　　　　　C. 直流　　　　　　　D. 交直流

57. M8013 的脉冲输出周期是（　　）。

　　A. 5s　　　　　　　　　B. 13s　　　　　　　　C. 10s　　　　　　　　D. 1s

58. 在 FX 系列 PLC 中，16 位加法指令应用（　　）。

　　A. DADD　　　　　　　B. ADD　　　　　　　　C. SUB　　　　　　　　D. MUL

59. RS-232C 标准中规定逻辑 0 信号的电平为（　　）。

　　A. 0～15V　　　　　　　B. 3～15V　　　　　　C. −15～−3V　　　　　D. −5～0V

60. 555 定时器构成的单稳态触发器的单稳态脉宽由（　　）决定。

　　A. 输入信号　　　　　B. 输出信号　　　　　C. 电路电阻及电容　D. 555 定时器结构

61. 集成译码器与七段发光二极管构成（　　）译码器。

　　A. 变量　　　　　　　　B. 逻辑状态　　　　　C. 数码显示　　　　　D. 数值

62. 将二进制数 00111011 转换为十六进制数是（　　）。

　　A. 2AH　　　　　　　　B. 3AH　　　　　　　　C. 2BH　　　　　　　　D. 3BH

63. 逻辑非的表达式是（　　）。

　　A. $F = A \cdot B$　　　　　　B. $F = A + B$　　　　　C. $F = \overline{A}$　　　　　D. $F = A$

64. 绝缘栅双极晶体管 IGBT 是 MOSFET 与（　　）的优点集于一身的一种复合型电力半导体器件。

　　A. GTO　　　　　　　　B. GTR　　　　　　　　C. SCR　　　　　　　　D. TTL

65. PLC 采用梯形图编程，形象直观，具有（　　）功能，可迅速查找故障。

　　A. 自动修改　　　　　B. 自动编程　　　　　C. 自诊断　　　　　　D. 自适应

66. 微处理器中对每个字所包含的二进制位数叫（　　）。

　　A. 字节　　　　　　　　B. 字长　　　　　　　C. 位长　　　　　　　D. 字数

67. 清洗或拆卸电动机轴承时，应使用（　　　）。
　　A. 甲苯　　　　　　B. 绝缘漆　　　　　　C. 清水　　　　　　D. 煤油

68. 对电动机从基本频率向上的变频调速属于（　　　）调速。
　　A. 恒功率　　　　　B. 恒转矩　　　　　　C. 恒磁通　　　　　D. 恒转差率

69. 电子节气门的核心是位移传感器，（　　　）位移传感器为电子节气门控制器中的常用传感器。
　　A. 电位计式　　　　B. 差动变压器式　　　C. 电涡流式　　　　D. 光栅式

70. 通常用热电阻测量（　　　）。
　　A. 电阻　　　　　　B. 扭矩　　　　　　　C. 温度　　　　　　D. 流量

71. 电涡流接近开关可以利用电涡流原理检测出（　　　）的靠近程度。
　　A. 人体　　　　　　B. 水　　　　　　　　C. 黑色金属零件　　D. 塑料零件

72. 光敏电阻适于作为（　　　）。
　　A. 光的测量元件　　B. 光电导开关元件　　C. 加热元件　　　　D. 发光元件

73. 电压互感器的一次绕组与被测电路（　　　）。
　　A. 串联　　　　　　B. 并联　　　　　　　C. 混联　　　　　　D. 串并联

74. 压电式传感器目前多用于测量（　　　）。
　　A. 静态的力或压力　B. 动态的力或压力　C. 速度　　　　　　D. 加速度

75. 使用工业内窥镜，穿过火花塞孔或喷油嘴，可以直接观察到气缸内部的各种故障。这种工业内窥镜采用（　　　）作为成像和传输的元件。
　　A. 固态图像传感器　B. 光纤图像传感器　C. 红外图像传感器　D. 智能传感器

76. 当我们对同一物理量进行多次重复测量时，如果误差按照一定的规律性出现，则把这种误差称为（　　　）误差。
　　A. 随机　　　　　　B. 系统　　　　　　　C. 粗大　　　　　　D. 绝对

77. 变频器连接同步电动机或连接几台电动机时，变频器必须在（　　　）特性下工作。
　　A. 恒磁通调速　　　B. 调压调速　　　　　C. 恒功率调速　　　D. 变阻调速

78. 霍尔元件灵敏度的物理意义是表示在单位（　　　）和单位控制电流时的霍尔电动势的大小。
　　A. 电压　　　　　　B. 电流　　　　　　　C. 磁感应强度　　　D. 霍尔电动势

79. 压电式传感器的前置放大器将输出（　　　）放大，并使之与输入电压或输入电流成正比。
　　A. 电流　　　　　　B. 电压　　　　　　　C. 功率　　　　　　D. 磁场

80. 锯齿波触发电路由锯齿波产生与相位控制、（　　　）、强触发与输出、双窄脉冲产生等 4 个环节组成。
　　A. 矩形波产生与移相　　　　　　　　　　B. 脉冲形成与放大
　　C. 尖脉冲产生与移相　　　　　　　　　　D. 三角波产生与移相

81. 在有易燃、易爆气体的危险环境中应选用（　　　）。
　　A. 防护式电动机　　B. 开启式电动机　　C. 封闭式电动机　　D. 防爆式电动机

82. 变频器一通电就过电流故障报警并跳闸。此故障的原因不可能是（　　　）。
　　A. 变频器主电路有短路故障　　　　　　　B. 电动机有短路故障

C. 安装时有短路问题　　　　　　　　D. 电动机参数设置问题

83. 电动机铭牌上的接法标注为 380V/220V，丫/△，说明当电源线电压为 220V 时，电动机就接成（　　　）。

    A. 丫　　　　　　　B. △　　　　　　　C. 丫/△　　　　　　D. △/丫

84. 如果交流接触器的街铁吸合不紧，工作气隙较大将导致（　　　）。

    A. 铁心涡流增大　　B. 线圈电感增大　　C. 线圈电流增大　　D. 线圈电压增大

85. 按图样要求在管内重新穿线并进行（　　　）检测（注意管内不能有接头），进行整机电气接线。

    A. 外观　　　　　　B. 内部　　　　　　C. 绝缘　　　　　　D. 线路

86. 敷设在易受机械损伤部位的导线应采用（　　　）保护。

    A. 铁管　　　　　　B. 耐热瓷管　　　　C. 塑料管　　　　　D. 铁管或金属软管

87. 电气柜各导电部分对地绝缘阻值不应小于（　　　）MΩ。

    A. 0.5　　　　　　B. 1　　　　　　　C. 2　　　　　　　D. 4

88. 伺服电动机将输入的电压信号变换成（　　　），以驱动控制对象。

    A. 动力　　　　　　B. 位移　　　　　　C. 电流　　　　　　D. 转矩和速度

89. 同步电动机的转子磁极上装有励磁绕组，由（　　　）励磁。

    A. 单相正弦交流电　B. 三相交流电　　　C. 直流电　　　　　D. 脉冲电流

90. 步进电动机的步距角是由（　　　）决定的。

    A. 转子齿数　　　　　　　　　　　　B. 脉冲频率

    C. 转子齿数和运行拍数　　　　　　　D. 运行拍数

91. 步进电动机通电后不转，但出现尖叫声，可能是由于（　　　）。

    A. 电脉冲频率太高引起电动机堵转

    B. 电脉冲频率变化太频繁

    C. 电脉冲的升速曲线不理想引起电动机堵转

    D. 以上情况都有可能

92. 20/5t 桥式起重机的控制电路中包含了（　　　）、紧急开关 QS4、起动按钮 SB、过电流继电器 KC1~KC5、限位开关 SQ1~SQ4、欠电压继电器 KV 等。

    A. 主令控制器 SA4　　　　　　　　　B. 电动机 M1~M5

    C. 电磁制动器 YB1~YB6　　　　　　　D. 电阻 R1~R5

93. 20/5t 桥式起重机的小车电动机一般用（　　　）实现正反转的控制。

    A. 断路器　　　　　B. 接触器　　　　　C. 频敏变阻器　　　D. 凸轮控制器

94. 20/5t 桥式起重机的主钩电动机选用了（　　　）交流电动机。

    A. 绕线转子　　　　B. 笼型转子　　　　C. 双笼型转子　　　D. 换向器式

95. 20/5t 桥式起重机安装前检查各电器是否良好，其中包括检查（　　　）、电磁制动器、凸轮控制器及其他控制部件。

    A. 电动机　　　　　B. 过电流继电器　　C. 中间继电器　　　D. 时间继电器

96. 20/5t 桥式起重机安装前应准备好常用仪表，主要包括（　　　）。

    A. 验电笔　　　　　B. 直流开尔文电桥　C. 直流惠斯通电桥　D. 万用表

97. 20/5t 桥式起重机安装前应准备好辅助材料，包括电气连接所需的各种规格的导线、压接导线的线鼻子、（　　　）及钢丝等。

  A. 剥线钳　 B. 尖嘴钳　 C. 电工刀　 D. 绝缘胶布

98. 接地体制作完成后，应将接地体垂直打入土壤中，至少打入 3 根接地体，接地体之间相距（　　　）。

  A. 5m　 B .6m　 C. 8m　 D. 10m

99. 单相半波可控整流电路带阻性负载，导通角 θ 的最大变化范围是 $0°\sim$（　　　）。

  A. 90°　 B. 120°　 C. 150°　 D. 180°

100. 单相全控桥式整流大电感负载电路中，控制角 α 的移相范围是（　　　）。

  A. 0°～90°　 B. 0°～180°　 C. 90°～180°　 D. 180°～360°

101. （　　　）是无刷直流电动机的关键部分，其作用是检测转子磁场相对于定子绕组的位置。

  A. 电子开关　 B. 位置传感器　 C. 换向器　 D. 磁钢

102. 影响交流测速发电机性能的主要原因是（　　　）。

  A. 存在相位误差　 B. 有剩余电压　 C. 输出斜率小　 D. 以上三点都是

103. 555 定时器不能用来组成（　　　）。

  A. 多谐振荡器　 B. 单稳态触发器　 C. 施密特触发器　 D. JK 触发器

104. 555 定时器电源电压为 U_{CC}，构成施密特触发器，其回差电压为（　　　）。

  A. U_{CC}　 B. $U_{CC}/2$　 C. $2U_{CC}/3$　 D. $U_{CC}/3$

105. 三菱变频器 A700 系列的控制电路安装时，常用的正、反转功能端子为（　　　）。

  A. STOP、STF　 B. STF、STOP　 C. STR、STF　 D. STF、STR

106. 三相六拍运行比三相双三拍运行时（　　　）。

  A. 步距角不变　 B. 步距角增加一半　 C. 步距角减少一半　 D. 步距角增加一倍

107. 电气控制电路图测绘的方法是先画主电路，再画控制电路；（　　　）；先画主干线，再画各支路；先简单后复杂。

  A. 先画机械，再画电气　 B. 先画电气，再画机械

  C. 先画输入端，再画输出端　 D. 先画输出端，再画输入端

108. 时序逻辑电路的清零端有效，则电路为（　　　）状态。

  A. 计数　 B. 保持　 C. 置 1　 D. 清零

109. 当集成译码器 74LS138 的 3 个使能端都满足要求时，其输出端为（　　　）有效。

  A. 高电平　 B. 低电平　 C. 高阻　 D. 低阻

110. 反相比例运放电路应加的反馈类型是（　　　）负反馈。

  A. 电压串联　 B. 电压并联　 C. 电流并联　 D. 电流串联

111. 集成运放电路非线性应用要求（　　　）。

  A. 开环或加正反馈　 B. 负反馈

  C. 输入信号要大　 D. 输出要加限幅电路

112. PLC 控制系统的主要设计内容不包括（　　　）。

  A. 选择用户输入设备、输出设备以及由输出设备驱动的控制对象

  B. PLC 的保养和维护

  C. 分配 I/O 点、绘制电气连接图、考虑必要的安全保护措施

D. 必要时设计控制柜

113. 绝缘材料力学性能试验应用最广，最有代表性的试验是（　　）试验。

  A. 空载   B. 老化   C. 拉伸强度   D. 击穿电压

114. 安全色国家标准中表示"警告、注意"含义的是（　　）。

  A. 红色   B. 黄色   C. 蓝色   D. 绿色

115. 在 Proteus 原理图设计中，（　　）就是有电气连接的电路。

  A. 电网   B. 网络   C. 电路   D. 通路

116. 触摸屏是可以替代（　　）的器件。

  A. 传统继电控制系统   B. PLC 控制系统

  C. 工控机系统   D. 传统开关按钮型操作面板

117. MCGS 组态软件使用时，设备组态窗口添加 PLC 设备前，必须先添加（　　）。

  A. PU 控制软设备   B. 串口电话父设备   C. 串口通信父设备   D. 模拟设备

118. 双闭环直流调速系统包含电流环和速度环，两环之间的关系是（　　）。

  A. 电流环为外环，速度环为内环   B. 电流环为内环，速度环为外环

  C. 电流环与速度环并联   D. 两环无所谓内外

119. 下列不属于逻辑代数基本规则的是（　　）。

  A. 代入规则   B. 反演规则   C. 对偶规则   D. 冗余规则

120. 下列对于全加器的描述，不正确的是（　　）。

  A. 全加器进行二进制数相加   B. 半加器是全加器的基础

  C. 全加器考虑低位的进位   D. 全加器不产生进位

121. 低压验电笔检测的电压范围为（　　）。

  A. 直流 100V   B. 直流 100~500V   C. 交流 60~500V   D. 交流 10~500V

122. 为防止静电火花引起事故，凡是用来加工、贮存、运输各种易燃气、液、粉体的金属设备、非导电材料都必须（　　）。

  A. 有足够小的电阻   B. 有足够大的电阻

  C. 可靠接地   D. 可靠绝缘

123. 负荷计算时，连续工作制电动机的设备功率应为（　　）。

  A. 电动机的额定功率   B. 电动机的输入功率

  C. 负载持续率为 25% 的有功功率   D. 负载持续率为 40% 的有功功率

124. 一类高层建筑的消防用电设备为（　　）。

  A. 一级负荷   B. 二级负荷

  C. 三级负荷   D. 一级负荷中特别重要的负荷

125. 对于临时用电工程专用的电源中性点直接接地的 220/380V 三相四线制低压电力系统，下列规定中不符合要求的是（　　）。

  A. 采用三级配电系统   B. 采用 TN-S 接零保护系统

  C. 采用二级漏电保护系统   D. 采用 TN-C 接零保护系统

126. 施工现场临时用电设备在（　　）台及以上或设备总容量在（　　）kW 及以上者，应编制用电组织设计。

  A. 3，30   B. 3，50   C. 5，50   D. 5，100

127. 当三菱 E700 系列变频器的故障代码出现 "E. ILF" 时，可以判断属于（　　）故障类型。

    A. 输入断相　　　　B. 输出断相　　　　C. 电动机过载切断　 D. 变频器过载切断

128. 当三菱 E700 系列变频器的故障代码出现 "E. THT" 时，可以判断属于（　　）故障类型。

    A. 输入断相　　　　B. 输出断相　　　　C. 电动机过载切断　 D. 变频器过载切断

129. 对于变频器的异常显示，下列表述错误的是（　　）。

    A. 错误信息　　　　B. 报警　　　　　　C. 弱故障　　　　　 D. 重故障

130. 高频淬火设备的电源设备一般采用模块元件（　　）。

    A. IGBT　　　　　 B. GTO　　　　　　 C. MOSFET　　　　 D. MCT

131. 管道内的照明通信系统应采用（　　）。

    A. 高压电　　　　　B. 安全电压　　　　C. 低压电　　　　　 D. 汽车蓄电池电

132. 人工接地体材料的最小规格尺寸为（　　）。

    A. 角钢板厚不小于 4mm，钢管壁厚不小于 3.5mm，圆钢直径不小于 14mm

    B. 角钢板厚不小于 3mm，钢管壁厚不小于 4mm，圆钢直径不小于 14mm

    C. 角钢板厚不小于 3.5mm，钢管壁厚不小于 3mm，圆钢直径不小于 16mm

    D. 角钢板厚不小于 4mm，钢管壁厚不小于 3.5mm，圆钢直径不小于 18mm

133. 火灾自动报警系统供电应采用的方式为（　　）。

    A. 采用交流 220V 供电，但需要单独的供电回路

    B. 采用交流 220V 消防电源供电

    C. 采用主电源（即消防电源）和直流备用电源供电

    D. 用 UPS 装置供电

134. 安防监控中心应（　　）。

    A. 设置在一层，并设直通室外的安全出口　　　　B. 设置为禁区

    C. 设置在防护区内　　　　　　　　　　　　　　D. 设置在监视区内

135. 火灾自动报警系统专用接地干线应采用铜芯绝缘导线，其芯线截面积不应小于（　　）mm^2，专用接地干线宜穿（　　）埋设至接地体。

    A. 16，硬质塑料管　　　　　　　　　B. 25，硬质塑料管

    C. 16，镀锌钢管　　　　　　　　　　D. 25，镀锌钢管

136. 三相半波可控整流电路阻性负载的控制角 α 的移相范围是（　　）。

    A. 0°~90°　　　 B. 0°~100°　　　 C. 0°~120°　　　 D. 0°~150°

137. 由一组共阴极三相半波可控整流电路和一组共阳极三相半波可控整流电路（　　）组成的电路，称为三相全控桥式整流电路。

    A. 串联　　　　　　B. 并联　　　　　　C. 混联　　　　　　 D. 连接

138. 双闭环调速系统在起动过程中的调节作用主要靠（　　）的作用。

    A. I 调节器　　　　B. P 调节器　　　　C. 电流调节器　　　 D. 速度调节器

139. 液压马达是（　　）。

    A. 控制元件　　　　B. 执行元件　　　　C. 动力元件　　　　 D. 辅助元件

140. 为保证压缩空气的质量，气动仪表或气动逻辑元件前应安装（　　）。

A. 过滤器、减压阀、油雾器　　　　　　B. 过滤器、油雾器、减压阀

C. 减压阀、过滤器、油雾器　　　　　　D. 过滤器、减压阀

二、多项选择题（每题 1 分，共 20 分。多选、漏选、错选均不得分）

141. 关于爱岗敬业的描述中，正确的是（　　　）。

A. 爱岗敬业是现代企业精神

B. 爱岗敬业要树立终身学习观念

C. 现代社会提倡人才流动，爱岗敬业正逐步丧失它的价值

D. 发扬螺丝钉精神是爱岗敬业的重要表现

E. 爱岗敬业是国家对人们职业行为的共同要求

142. 提高功率因数一般采用的方法有（　　　）。

A. 提高自然功率因数　　　　　　　　B. 提高有功功率

C. 减小视在功率　　　　　　　　　　D. 并联补偿法

E. 选用尽量大的电容

143. 磁感线具有以下特点：（　　　）。

A. 磁感线是互不交叉的闭合曲线　　　B. 在磁体外部由 S 极指向 N 极

C. 磁感线上任意一点的切线方向就是该点的磁场方向

D. 磁感线越密，磁场越强　　　　　　E. 磁感线越疏，磁场越强

144. 要使晶体管具有电流放大作用，一方面要满足内部条件，另一方面要满足外部条件，就是要满足（　　　）。

A. 发射极正偏　　　B. 集电极正偏　　　C. 基极正偏

D. 发射极反偏　　　E. 集电极反偏

145. 单片机控制系统常见的硬件故障有（　　　）。

A. 逻辑错误　　　B. 元器件失效　　　C. 可靠性差

D. 电源故障　　　E. 人为失误

146. 为生产机械选择合适的电动机，要考虑以下几个方面的问题：（　　　）。

A. 根据电源电压条件，要求选用的电动机的额定电压与电源电压相符合

B. 在机械特性方面，选用的电动机应满足被驱动生产机械提出的要求

C. 电动机的结构形式应适应周围环境条件的要求

D. 电动机的功率必须与生产机械的负载大小相匹配

E. 要考虑生产机械的工作性质与其持续、间断的规律相适应

147. 常用电工仪表按照工作原理可以分为（　　　）等。

A. 磁电系　　　B. 电磁系　　　C. 电动系

D. 感应系　　　E. 整流系

148. 常用的绝缘材料有（　　　）。

A. 绝缘气体　　　B. 绝缘油　　　C. 绝缘浸渍材料

D. 云母　　　E. 层压制品

149. 根据电能的不同作用形式，电气事故分为（　　　）等。

A. 触电事故　　　B. 电气系统故障事故

C. 雷电事故　　　D. 电磁伤害事故　　　E. 静电事故

150. MCS-51 单片机引脚的第二功能有（　　　）。
    A. 定时/计数器的外部输入　　　　　B. 串行输入口　　　　　　　C. 串行输出口
    D. 外部中断口　　　　　　　　　　E. 内部数据存储器

151. 双闭环调速系统的起动过程分为（　　　）。
    A. 电流上升阶段　　B. 转速调节阶段　　　C. 电流调节阶段
    D. 稳态阶段　　　E. 恒流升速阶段

152. 设计组合逻辑电路时，为简化逻辑电路，可以（　　　）。
    A. 在列真值表时减少相应输入端
    B. 用卡诺图简化由真值表得到的逻辑函数式
    C. 用逻辑代数化简法简化由真值表得到的逻辑函数式
    D. 用不同的逻辑门电路方案来实现
    E. 用集成电路实现电路简化

153. 为保证全加器正常相加，其输入端和输出端的个数分别为（　　　）。
    A. 一个输入端　　B. 两个输入端　　　C. 三个输入端
    D. 一个输出端　　E. 两个输出端

154. 自动控制系统按信号的传递路径来分，有哪几种类型？（　　　）
    A. 闭环自动控制系统　　　　　　　B. 模拟自动控制系统
    C. 开环自动控制系统　　　　　　　D. 复合自动控制系统
    E. 离散自动控制系统

155. 变频器在电网中运行，容易受到雷击等异常影响，以下哪些做法有助于消除影响？（　　　）
    A. 电源侧加装防雷器　　　　　　　B. 电源侧加装漏电保护器
    C. 变频器进线端并联电容　　　　　D. 变频器出线端并联电容
    E. 变频器接地端子可靠接地

156. 伺服电动机按电流种类可分为（　　　）。
    A. 有刷伺服电动机　　　　　　　　B. 无刷伺服电动机
    C. 交流伺服电动机　　　　　　　　D. 直流伺服电动机
    E. 同步伺服电动机

157. 三相异步电动机在运行中过热是常见的故障现象，以下可能的原因有（　　　）。
    A. 电动机起动电流过大
    B. 电动机频繁起停次数过多
    C. 电动机机壳灰尘过多、有杂物影响电动机散热
    D. 电动机长时间超载运行，使电动机温度过高
    E. 电源电压长时间偏低，使电动机温度过高

158. 关于电能表的安装要求，下列说法正确的是（　　　）。
    A. 周围环境应干净明亮，不易受损、受震
    B. 无腐蚀性气体和易蒸发液体的侵蚀
    C. 安全可靠运行，抄表读数、校验、检查、更换方便
    D. 高层住宅一户一表，宜集中安装于二楼及以下的公共楼梯内

E. 周围环境应无磁场及烟灰影响

159. 液压机与机械压力机相比，有（   ）的特点。

A. 压力与速度可以无级调节　　　B. 能在行程的任意位置发挥全压

C. 运动速度快，生产率高　　　　D. 比曲柄压力机简单灵活

E. 价格便宜

160. 直流电动机的励磁方式不同，使得它们的特性有很大差异，满足不同的生产机械要求。按励磁方式不同，直流电动机可分为（   ）。

A. 同步电动机　　　B. 他励电动机　　　C. 并励电动机

D. 串励电动机　　　E. 复励电动机

三、判断题（每题 0.5 分，共 20 分）

（   ）161. 职业道德不倡导人们的牟利最大化观念。

（   ）162. 职业道德活动中做到表情冷漠、严肃待客是符合职业道德规范要求的。

（   ）163. 将一根条形磁铁截去一段仍为条形磁铁，它仍然具有两个磁极。

（   ）164. 电位高低的含义是指该点对参考点间的电流大小。

（   ）165. 在工程实践中，常把输出映象寄存器称为输出继电器。

（   ）166. 保护中性线在短路电流作用下不能熔断。

（   ）167. 重复接地可以加速电路保护装置的动作，缩短漏电故障持续时间。

（   ）168. 三相负载作星形联结时，线电流等于相电流。

（   ）169. 当低压断路器直接控制电动机运行时，应在其电源侧加装熔断器或刀开关。

（   ）170. 常见的饮水机，水在加热到 100℃时，饮水机内的电加热器应自动停止加热，为实现此功能，可以选择以热敏电阻作为温度敏感元件的温度传感器。

（   ）171. 现在的霍尔元件一般都是由 P 型半导体材料制成的。

（   ）172. 高压负荷有灭弧装置，可以断开短路电流。

（   ）173. 有中性线的三相供电方式叫三相四线制，它常用于低压配电系统。

（   ）174. 将十六进制数 26H 转换成二进制数为 00100110。

（   ）175. DIV 指令是指二进制除法。

（   ）176. 铝的强度比铜低，但焊接性能较好。

（   ）177. 硬磁材料的磁滞回线很宽，常用作磁源，适宜制造永磁铁。

（   ）178. 流量控制阀、方向控制阀、逻辑元件、传感元件和气动辅件连接起来即可组成气动控制系统。

（   ）179. 压力控制阀是指用来对液压系统中液流的压力进行控制与调节的阀。此类阀是利用作用在阀芯上的液体压力和弹簧力相平衡的原理来工作的。

（   ）180. 液压阀是用来控制液压系统中油液的流动方向或调节其流量和压力的。方向控制阀作为液压阀的一种，它利用流道的更换控制着油液的流动方向。

参 考 答 案

一、单项选择题

1. B　　　　2. A　　　　3. D　　　　4. B　　　　5. C　　　　6. D

7. D	8. D	9. A	10. C	11. D	12. D
13. D	14. B	15. D	16. B	17. C	18. D
19. A	20. D	21. A	22. A	23. A	24. D
25. D	26. C	27. B	28. D	29. D	30. D
31. C	32. A	33. C	34. B	35. D	36. D
37. C	38. B	39. B	40. A	41. B	42. A
43. C	44. D	45. D	46. A	47. A	48. D
49. B	50. B	51. C	52. D	53. B	54. A
55. B	56. D	57. D	58. B	59. B	60. C
61. C	62. D	63. C	64. B	65. C	66. B
67. D	68. A	69. A	70. C	71. C	72. A
73. B	74. B	75. B	76. B	77. A	78. C
79. B	80. B	81. D	82. D	83. B	84. C
85. C	86. D	87. B	88. D	89. C	90. C
91. B	92. A	93. D	94. A	95. A	96. D
97. D	98. A	99. D	100. A	101. B	102. B
103. D	104. D	105. D	106. C	107. C	108. D
109. B	110. B	111. A	112. B	113. C	114. B
115. B	116. D	117. C	118. B	119. D	120. D
121. C	122. C	123. A	124. A	125. D	126. C
127. A	128. D	129. C	130. A	131. B	132. A
133. C	134. B	135. C	136. D	137. A	138. C
139. B	140. D				

二、多项选择题

141. ABDE	142. AD	143. ACD	144. AE	145. ABCD	146. ABCDE
147. ABCDE	148. ABCE	149. ABCDE	150. ABCD	151. ABE	152. BC
153. CE	154. ACD	155. AE	156. CD	157. BCDE	158. ABCDE
159. AB	160. BCDE				

三、判断题

161. ×	162. ×	163. √	164. ×	165. √	166. ×	167. √
168. √	169. √	170. √	171. ×	172. ×	173. √	174. √
175. ×	176. √	177. √	178. ×	179. √	180. √	

参考文献 / REFERENCES

［1］ 金凌芳. 电气控制线路安装与维修：任务驱动模式 含工作页 微课视频 ［M］. 北京：机械工业出版社，2023.

［2］ 岳庆来. 变频器、可编程序控制器及触摸屏综合应用技术 ［M］. 北京：机械工业出版社，2006.

［3］ 阮毅，杨影，陈伯时，等. 电力拖动自动控制系统：运动控制系统 ［M］. 5 版. 北京：机械工业出版社，2016.

［4］ 钱平. 伺服系统 ［M］. 3 版. 北京：机械工业出版社，2021.

［5］ 李进华. 电工实训：高级 ［M］. 北京：中国劳动社会保障出版社，2017.

［6］ 唐修波. 变频技术及应用：三菱 ［M］. 2 版. 北京：中国劳动社会保障出版社，2014.

［7］ 浙江省人力资源和社会保障厅，浙江省职业技能鉴定中心. 维修电工：高级 ［M］. 杭州：浙江科学技术出版社，2009.

［8］ 盛继华，何锦军，黄清锋. 模拟电子技术 ［M］. 西安：西安交通大学出版社，2018.

［9］ 康华光. 电子技术基础 ［M］. 北京：高等教育出版社，2006.

［10］ 郭天祥. 新概念51单片机C语言教程：入门、提高、开发、拓展全攻略 ［M］. 北京：电子工业出版社，2009.

［11］ 人力资源和社会保障部教材办公室. 可编程序控制器及其应用 ［M］. 北京：中国劳动社会保障出版社，2015.

［12］ 人力资源和社会保障部教材办公室. 电力拖动控制线路与技能训练 ［M］. 6 版. 北京：中国劳动社会保障出版社，2020.